高职高专测绘类专业"十二五"规划教材·规范版

教育部测绘地理信息职业教育教学指导委员会组编

工程制图与识图

■ 主　编　王正荣

■ 副主编　高小六　何　猛　王和见

WUHAN UNIVERSITY PRESS
武汉大学出版社

图书在版编目(CIP)数据

工程制图与识图/王正荣主编;高小六,何猛,王和见副主编. —武汉:武汉大学出版社,2013.8(2023.1重印)
高职高专测绘类专业"十二五"规划教材·规范版
ISBN 978-7-307-10655-0

Ⅰ.工… Ⅱ.①王… ②高… ③何… ④王… Ⅲ.①建筑制图—高等职业教育—教材 ②建筑制图—识别—高等职业教育—教材 Ⅳ.TU204

中国版本图书馆 CIP 数据核字(2013)第 056471 号

责任编辑:李汉保   责任校对:刘 欣   版式设计:马 佳

出版发行:**武汉大学出版社** (430072 武昌 珞珈山)
(电子邮箱:cbs22@whu.edu.cn 网址:www.wdp.com.cn)
印刷:武汉邮科印务有限公司
开本:787×1092 1/16 印张:17.75 字数:413 千字 插页:1
版次:2013 年 8 月第 1 版 2023 年 1 月第 2 次印刷
ISBN 978-7-307-10655-0/TU·124 定价:36.00 元

高职高专测绘类专业 "十二五"规划教材·规范版
编审委员会

顾问

宁津生　教育部高等学校测绘学科教学指导委员会主任委员、中国工程院院士

主任委员

李赤一　教育部测绘地理信息职业教育教学指导委员会主任委员

副主任委员

赵文亮　教育部测绘地理信息职业教育教学指导委员会副主任委员
李生平　教育部测绘地理信息职业教育教学指导委员会副主任委员
李玉潮　教育部测绘地理信息职业教育教学指导委员会副主任委员
易树柏　教育部测绘地理信息职业教育教学指导委员会副主任委员
王久辉　教育部测绘地理信息职业教育教学指导委员会副主任委员

委员 （按姓氏笔画排序）

王　琴　黄河水利职业技术学院
王久辉　国家测绘地理信息局人事司
王正荣　云南能源职业技术学院
王金龙　武汉大学出版社
王金玲　湖北水利水电职业技术学院
冯大福　重庆工程职业技术学院
刘广社　黄河水利职业技术学院
刘仁钊　湖北国土资源职业学院
刘宗波　甘肃建筑职业技术学院
吕翠华　昆明冶金高等专科学校
张　凯　河南工业职业技术学院
张东明　昆明冶金高等专科学校
李天和　重庆工程职业技术学院
李玉潮　郑州测绘学校
李生平　河南工业职业技术学院
李赤一　国家测绘地理信息局人事司
李金生　沈阳农业大学高等职业学院
杜玉柱　山西水利职业技术学院
杨爱萍　江西应用技术职业学院
陈传胜　江西应用技术职业学院
明东权　江西应用技术职业学院
易树柏　国家测绘地理信息局职业技能鉴定指导中心
赵文亮　昆明冶金高等专科学校
赵淑湘　甘肃林业职业技术学院
高小六　辽宁省交通高等专科学校
高润喜　包头铁道职业技术学院
曾晨曦　国家测绘地理信息局职业技能鉴定指导中心
薛雁明　郑州测绘学校

序

　　武汉大学出版社根据高职高专测绘类专业人才培养工作的需要，于 2011 年和国家教育部高等教育高职高专测绘类专业教学指导委员会合作，组织了一批富有测绘教学经验的骨干教师，结合目前国家教育部高职高专测绘类专业教学指导委员会研制的"高职测绘类专业规范"对人才培养的要求及课程设置，编写了一套《高职高专测绘类专业"十二五"规划教材·规范版》。该套教材的出版，顺应了全国测绘类高职高专人才培养工作迅速发展的要求，更好地满足了测绘类高职高专人才培养的需求，支持了测绘类专业教学建设和改革。

　　当今时代，社会信息化的不断进步和发展，人们对地球空间位置及其属性信息的需求不断增加，社会经济、政治、文化、环境及军事等众多方面，要求提供精度满足需要，实时性更好、范围更大、形式更多、质量更好的测绘产品。而测绘技术、计算机信息技术和现代通信技术等多种技术集成，对地理空间位置及其属性信息的采集、处理、管理、更新、共享和应用等方面提供了更系统的技术，形成了现代信息化测绘技术。测绘科学技术的迅速发展，促使测绘生产流程发生了革命性的变化，多样化测绘成果和产品正不断努力满足多方面需求。特别是在保持传统成果和产品特性的同时，伴随信息技术的发展，已经出现并逐步展开应用的虚拟可视化成果和产品又极好地扩大了应用面。提供对信息化测绘技术支持的测绘科学已逐渐发展成为地球空间信息学。

　　伴随着测绘科技的发展与进步，测绘生产单位从内部管理机构、生产部门及岗位设置，进而相关的职责也发生着深刻变化。测绘从向专业部门的服务逐渐扩大到面对社会公众的服务，特别是个人社会测绘服务的需求使对测绘成果和产品的需求成为海量需求。面对这样的形势，需要培养数量充足，有足够的理论支持，系统掌握测绘生产、经营和管理能力的应用性高职人才。在这样的需求背景推动下，高等职业教育测绘类专业人才培养得到了蓬勃发展，成为了占据高等教育半壁江山的高等职业教育中一道亮丽的风景。

　　高职高专测绘类专业的广大教师积极努力，在高职高专测绘类人才培养探索中，不断推进专业教学改革和建设，办学规模和专业点的分布也得到了长足的发展。在人才培养过程中，结合测绘工程项目实际，加强测绘技能训练，突出测绘工作过程系统化，强化系统化测绘职业能力的构建，取得许多测绘类高职人才培养的经验。

　　测绘类专业人才培养的外在规模和内涵发展，要求提供更多更好的教学基础资源，教材是教学中的最基本的需要。因此面对"十二五"期间及今后一段时间的测绘类高职人才培养的需求，武汉大学出版社将继续组织好系列教材的编写和出版。教材编写中要不断将测绘新科技和高职人才培养的新成果融入教材，既要体现高职高专人才培养的类型层次特征，也要体现测绘类专业的特征，注意整体性和系统性，贯穿系统化知识，构建较好满足现实要求的系统化职业能力及发展为目标；体现测绘学科和测绘技术的新发展、测绘管理与生产组织及相关岗位的新要求；体现职业性，突出系统工作过程，注重测绘项目工程和生产中与相关学科技术之间的交叉与融合；体现最新的教学思想和高职人才培养的特色，在传统的教材基础上勇于创新，按照课程改革建设的教学要求，让教材适应于按照"项目教学"及实训的教学组织，突出过程和能力培养，具有较好的创新意识。要让教材适合高职高专测绘类专业教学使用，也可提供给相关专业技术人员学习参考，在培养高端技能应用性测绘职业人才等方面发挥积极作用，为进一步推动高职高专测绘类专业的教学资源建设，作出新贡献。

  按照国家教育部的统一部署，国家教育部高等教育高职高专测绘类专业教学指导委员会已经完成使命，停止工作，但测绘地理信息职业教育教学指导委员会将继续支持教材编写、出版和使用。

国家教育部测绘地理信息职业教育教学指导委员会副主任委员

二〇一三年一月十七日

前　言

为了满足高职高专院校教学的需求，培养高职高专高素质高级技能型人才，我们在总结多年教学经验的基础上，编写了这本高职高专测绘类专业"十二五"规划教材《工程制图与识图》。

本教材作者在国家教育部测绘地理信息职业教育教学指导委员会指导下，开展了认真的调研，走访了测绘生产企业，听取了大量宝贵建议和意见，认真讨论了编写大纲。使教材更加贴近我国测绘行业的发展及测绘类高职高专院校教学的实际情况，突出测绘类高职高专特点，注重应用，强调操作技能，体现了高素质高级技能型人才培养的特色。

本书在教材体系上遵循教学规律，从画和读基本体、简单体的三视图入手，讲述正投影的基本原理，使学生先从感性上学会形体分析的画图和读图方法，然后通过学习点、线、面的投影规律，掌握正投影的基本理论，最后从理论上进一步掌握形体分析的方法，学会线面分析的画图和读图方法。本书在编写过程中，坚持少而精，做到内容精练、概念清楚、注重教材的实用性。本书参照我国现行最新规范和标准编写。

本书由云南能源职业技术学院王正荣教授担任主编。全书共九章，其中，第1章、第2章由云南能源职业技术学院王和见编写；第3章由云南能源职业技术学院王正荣编写；第4章由云南能源职业技术学院蒋源编写；第5章由昆明冶金高等专科学校何猛编写；第6章由云南能源职业技术学院王祥邦编写；第7章~第9章由辽宁省交通高等专科学校高小六编写。全书由王正荣教授负责统稿。

为方便教师教学与学生的学习，与教材配套的《工程制图与识图习题集》同时出版。

本教材在编写过程中参阅了部分本、专科教材、相关研究成果及网上资料。其中，还引用了部分原书内容。在此，本书作者对被参考、引用的相关书籍的广大作者表示衷心的感谢！

由于作者水平有限，不妥之处，敬请读者批评指正。

作　者
2012年11月

目　　录

绪　论

1. 本课程的性质和任务

工程图样是工程设计人员表达设计思想的主要体现，是工程技术人员进行技术交流的重要工具，是工程管理人员进行管理、施工人员进行施工的依据。因此，工程图样被喻为"工程界的技术语言"。读画工程图是每一个工程技术人员必须具备的基本能力。

本课程是工程测量技术专业及其他土建类相关专业的一门专业基础课，主要学习绘制和阅读工程图样的理论和方法，培养空间想象力和读图能力，并为学习后续课程和完成课程设计与毕业设计打下基础。

本课程的主要任务：

（1）学习投影法（主要是正投影法）的基本理论及应用。

（2）培养学生的空间想象能力、形体表达能力和创新能力。

（3）掌握国家制图标准的相关规定，具有查阅相关标准和相关规范的初步能力。

（4）培养绘制和阅读土木建筑工程图的初步能力。

2. 本课程的内容与要求

本课程的内容主要包括投影理论部分和专业制图部分。其具体内容与要求如下：

（1）投影理论部分包括正投影法基础、标高投影与轴测投影、立体的表面交线、组合体、工程物体的表达方法等。通过学习，要求掌握用投影法图示空间物体和图解空间几何问题的基本理论和方法，具有绘制和阅读空间物体投影图的能力。

（2）专业制图部分主要包括制图的基本知识和技能、房屋施工图、路桥工程图、水利工程图等。通过学习，要求掌握有关的国家制图标准的基本规定和用仪器绘图的技能，掌握工程图样的主要内容及图示特点，具有绘制和阅读土木建筑工程图的能力。

3. 本课程的特点和学习方法

了解课程的特点，正确掌握课程的学习方法，是学好一门课程的关键。工程制图课程具有理论和实践相结合、逻辑分析和空间想象相结合的特点，在学习过程中应注意以下几点：

（1）培养空间想象力。空间想象力主要体现在正确图示空间物体和准确解读平面图形两方面。在学习本课程的过程中，对空间想象力的培养贯穿始终。学习时运用投影规律，由图到物，由物到图，由浅入深，反复训练，逐步理解二维投影图和三维空间物体之间的对应关系，建立空间概念。

（2）遵循循序渐进的学习方法。本课程的内容是由浅入深、环环相扣的。尤其是投影理论部分，在学习完每节课程内容后，都应及时地独立完成一定数量的作业和习题，以巩固所学内容，为后面的学习打基础。在学习完一章后，应结合章后思考与练习题检验自己对本章基本内容的掌握情况。

（3）勤于思考，善于动手。本课程具有很强的实践性，许多学生都有一听就会、一做就错的体会，所以，要想真正掌握所学内容和提高空间想象力，就应该动手多画多练。另外，要善于利用辅助手段进行学习。比如，学习点、直线、平面的投影时，要善于利用身边周围的物体，如教室可以看做投影体系，橡皮可以看做点，铅笔可以看做直线，书本可以看做平面等；再如，学习立体被截切时，可以利用橡皮泥制作模型，帮助想象各种切割体的造型。

（4）培养自学能力。必须学会通过查阅教材和参考书籍解决学习中和习题中的问题，并以此作为今后查阅相关标准、规范等技术资料来解决工程实际问题能力的起步。

（5）养成认真负责、一丝不苟的工作态度。工程图样是施工的依据，图样上一条线的疏忽或一个数字的差错，都可能造成返工和浪费。因此，学习制图课程，从一开始就要严格要求自己，养成认真负责、一丝不苟的工作态度。

第1章　制图基本知识

【教学目标】

工程图样是工程技术界的语言，必须有统一的标准与规定，对图样的内容、格式和表达方法作出统一要求，以保证图样画法一致，内容准确。每个工程技术人员都要掌握绘制工程图样的基本知识和基本技能。

通过本章学习，要求学生掌握 GB/T《技术制图》标准和行业制图标准，包括图纸幅面和格式、图线、字体、比例、尺寸标注、图例符号等规范要求；学会使用各种绘图工具和仪器；掌握平面图形的绘图方法和步骤。培养学生使用工程语言的严谨态度。

1.1　基本制图标准

1.1.1　制图标准

工程图样是工程界的共同语言，是指导工程施工、生产、管理等环节重要的技术文件。为使工程图样规格统一，便于生产和技术交流，要求绘制图样必须遵守统一的规定，即制图标准。现阶段我国实行的制图标准有 GB/T《技术制图》标准和行业制图标准（行业制图标准与 GB/T《技术制图》标准不同时，应遵循 GB/T《技术制图》标准）。

由我国国家职能部门制定、颁布的制图标准，是国家标准，简称"国标"，代号为GB，如中华人民共和国国家标准《技术制图》（GB/T14689—2008）、《房屋建筑制图统一标准》（GB/T50001—2010）、《道路工程制图标准》（GB 50162—1992）等。其中，GB/T表示推荐性的国家标准，代号后面的数字为标准的编号，"—"后面的数字为标准颁布的年号。国家标准是在全国范围内使图样标准化、规范化的统一准则，相关技术人员都要遵守。此外，某些部门根据本行业的特点和需要，还制定了部颁的行业标准，简称"行标"，如我国水利部批准、颁布的行标《水利水电工程制图标准》（SL73.1—1995—SL73.5—1995），其中"SL"表示水利部的行业标准。国际标准化组织（ISO）也制定了若干国际标准，皆冠以"ISO"。

制图标准的规定不是一成不变的。随着科学技术的发展和生产工艺的进步，制图标准要不断进行修改和补充。本教材中使用的制图标准均为我国当前正在实施的最新标准。

土木建筑工程制图涉及房屋建筑工程、道路桥梁工程、水利工程等多个专业的制图标准。本教材将在各专业图的章节中介绍和使用各自的制图标准。本章主要讲述带有共性的问题，主要依据的是《技术制图》（GB/T14689—2008）相关标准和《房屋建筑制图统一标准》（GB/T50001—2010）中的相关规定。其中，《技术制图》（GB/T14689—2008）标准适用于各类技术图样。

3

1.1.2 图纸幅面和格式

1. 图纸幅面

图纸幅面（简称图幅）即图纸面积，用 B×L（短边×长边）表示。《技术制图图纸幅面和格式》（GB/T14689—2008）标准中规定了五种基本幅面和五种加长幅面如表 1-1 所示。绘制图样时应优先选用基本幅面。

表 1-1   标准图幅及图框尺寸   （单位：mm）

图　幅	图幅代号	图框尺寸 B×L
基本图幅	A0	841×1189
	A1	594×841
	A2	420×594
	A3	297×420
	A4	210×297
加长图幅	A3×3	420×891
	A3×4	420×1189
	A4×3	297×630
	A4×4	297×841
	A4×5	297×1051

如图 1-1 所示，图中粗实线所示为基本幅面（第一选择）；细实线（第二选择）、虚线（第三选择）所示为表 1-1 中所规定的加长幅面。

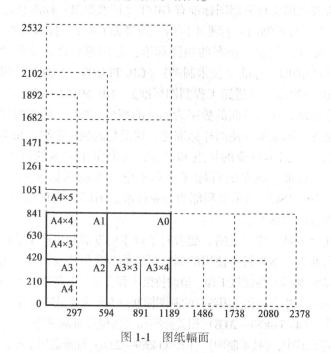

图 1-1 图纸幅面

2. 图框格式

图框绘制时，线型用粗实线。图形只能绘制在图框内。图框格式分为不留装订边和留有装订边两种，同一产品的图纸只能采用一种格式，如图1-2所示。

不留装订边图框到图纸边的距离一般为：A0、A1留20mm，A2、A3、A4留10mm；留有装订边图框到图纸边的距离一般为：装订边一侧25mm，其余边A0、A1、A2留10mm，A3、A4留5mm。如图1-2所示。

不留装订边的图纸对绘图、复制、折叠、装订和使用都十分方便，应优先选用。

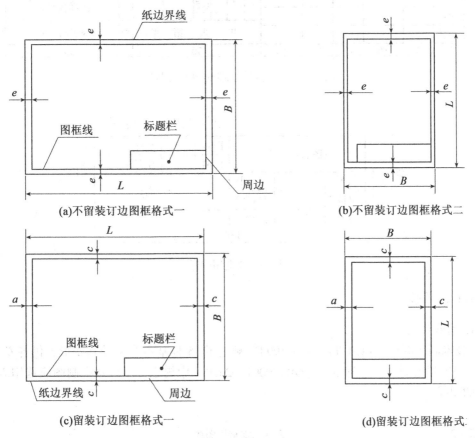

(a)不留装订边图框格式一   (b)不留装订边图框格式二

(c)留装订边图框格式一   (d)留装订边图框格式二

图1-2　图框格式

3. 标题栏

标题栏（简称图标）是图纸的重要内容之一，每张图纸均应画出图标。图标的位置位于图纸右下角。图标的外框线用粗实线绘制，分格线用细实线绘制，图标的右边框线和下边框线应与图框线重合。图标的长边置于水平方向并与图纸长边平行时，则构成X型图纸；图标的长边与图纸短边平行时则构成Y型图纸。不同行业图标的格式和尺寸不尽相同，在实际工作中，参照行业标准要求。国家标准图标格式如图1-3所示，学生作业用图标可以参考图1-4。

5

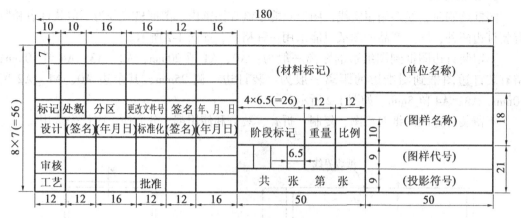

图 1-3　国家标准图标格式和尺寸规定

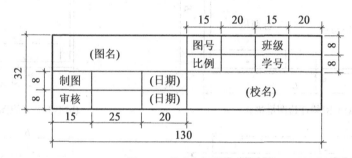

图 1-4　作业用图标

1.1.3　图线

1. 图线线型

《技术制图图线》（GB/T17450—1998）规定了 15 种基本线型及其变形，供各专业选用。《房屋建筑制图统一标准》（GBT50001—2010）中规定，工程建设制图应选用表 1-2 所示的图线。

表 1-2　　　　　　　　　　　工程建设常用图线

名　称		线　　型	线　宽	一般用途
实　线	粗		d	主要可见轮廓线
	中		$0.5d$	可见轮廓线
	细		$0.25d$	不可见轮廓线、图例线
虚　线	粗		d	见各有关专业制图标准
	中		$0.5d$	不可见轮廓线
	细		$0.25d$	不可见轮廓线、图例线

名 称		线 型	线 宽	一般用途
单点长画线	粗		d	见各有关专业制图标准
	中		$0.5d$	见各有关专业制图标准
	细		$0.25d$	中心线、对称线等
双点长画线	粗		d	见各有关专业制图标准
	中		$0.5d$	见各有关专业制图标准
	细		$0.25d$	假想轮廓线、成型前原始轮廓线
折断线			$0.25d$	断开界线
波浪线			$0.25d$	断开界线

2. 图线的宽度

所有线型的图线宽度（d）应按图样的类型和尺寸大小在下列数系中选择（该系数的公比为 $1:\sqrt{2}$）：

0.13mm、0.18mm、0.25mm、0.35mm、0.5mm、0.7mm、1.0mm、1.4mm、2.0mm。

图线是组成图形的基本要素。为了使图样中表达的内容主次分明，图线有粗线、中线和细线之分，三者的宽度比为 4∶2∶1。同一图样中，同类图线的宽度应一致。

3. 图线的画法

图面上线条应做到：清晰整齐、均匀一致、粗细分明、交接正确。画线时应注意：

（1）除非另有规定，两条平行线之间的最小间距不得小于 0.7mm。

（2）虚线、单（双）点长画线的线段长度和间距宜各自相等。虚线、单（双）点长画线相交时，应恰当地相交于画线处，如图 1-5 所示。

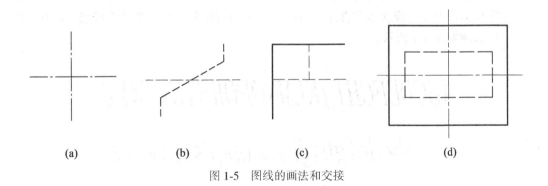

(a)　　　　　　(b)　　　　　　(c)　　　　　　(d)

图 1-5　图线的画法和交接

1.1.4　字体

《技术制图　字体》（GB/T14691—1993）对图样汉字、字母和数字的结构形式及基本尺寸都作了规定：

（1）书写字体必须做到：字体工整、笔画清楚、间隔均匀、排列整齐。

（2）字体高度（用 h 表示）的公称尺寸系列为：1.8mm、2.5mm、3.5mm、5mm、7mm、10mm、14mm、20mm。如果需要写更大的字，其字体高度应按 $\sqrt{2}$ 的比率递增。字体的高度代表字体的号数（注意与 CAD 制图系统区别）。用做指数、分数、极限偏差、注脚等的数字和字母，一般应采用小一号的字体。

（3）汉字应写成长仿宋字，并采用国家正式公布推行的简化字。汉字字高不应小于 3.5mm，字宽一般为 $h\sqrt{2}$。长仿宋体字的书写示例如图 1-6 所示。

10号字

字体端正 笔画清楚 排列整齐 间隔均匀

7号字

横平竖起 注意起落 结构均匀 填满方格

5号字

工程制图 比例尺 平面图 技术标准 施工单位 钢筋混凝土 土方量子 规划

图 1-6　长仿宋体字例

（4）数字和字母。数字应写成阿拉伯数字，字母应写成拉丁文字母和希腊、罗马字母。数字和字母分 A 型字体和 B 型字体。A 型字体的笔画宽度为字高的 1/14，B 型字体的笔画宽度为字高的 1/10。在同一图纸上，只允许选用一种形式的字体。为了与汉字协调，数字和字母建议采用 A 型字体。

数字和字母可以写成斜体和直体。斜体字字头向右倾斜，与水平基准线成 75°角。数字和字母示例如图 1-7 所示。

ABCDEFGHI JKLMNOPQRSTUVWXYZ

abcdefghi jklmnopqrstuvwxyz

1234567890 1234567890

图 1-7　字母和数字字例

1.1.5 比例

图中图形与其实物相应要素的线性尺寸之比称为比例。比值为 1 的比例，即 1：1，称为原值比例；比值大于 1 的比例，如 2：1 等，称为放大比例；比值小于 1 的比例，如 1：2 等，称为缩小比例。无论采用何种比例，图中所注尺寸均应是物体的真实尺寸，与比例无关。

图纸上必须标明比例。比例不同时应分别注明。

《技术制图 比例》（GB/T 14690—1993）中规定，需要按比例绘制图样时，应由表 1-3 的系列中选取适当的比例。优先选择第一系列，必要时也允许选择第二系列。

表 1-3   比　　例

种　类	第一系列（优先）	第二系列（允许）
原值比例	1：1	
放大比例	5：1　2：1 5×10^n：1　2×10^n：1　1×10^n：1	4：1　2.5：1 4×10^n：1　2.5×10^n：1
缩小比例	1：2　1：5 1：2×10^n　1：5×10^n　1：1×10^n	1：1.5　1：2.5　1：3　1：4　1：6 1：1.5×10^n　1：2.5×10^n　1：3×10^n 1：4×10^n　1：6×10^n

比例一般应标注在标题栏中的比例栏内。必要时，可以在视图名称的下方或右侧标注比例，如：

$$\frac{B-B}{1.5：1} \qquad \frac{墙板位置图}{1：200} \qquad 平面图 1：100$$

一般情况下，一个图样应选用一种比例。必要时，允许在同一视图的铅垂方向和水平方向标注不同的比例（但两种比例的比值不应超过 5 倍），如：

$$河流横断面 \quad \frac{铅垂方向 1：1000}{水平方向 1：2000}$$

必要时，也可以用比例尺的形式标注比例。

1.1.6 尺寸标注

工程图样上必须标注尺寸。尺寸注写，对各专业图纸有不同要求，本节仅介绍都应遵守的一般规则。

1. 尺寸的组成

一个完整的尺寸包括尺寸界线、尺寸线、尺寸起止符号和尺寸数字，如图 1-8（a）所示。

（1）尺寸界线。尺寸界线应用细实线绘制，一般应与被注长度垂直，其一端应离开图样轮廓线不小于 2mm，另一端宜超出尺寸线 2～3mm。图样轮廓线可以做尺寸界线，如图 1-8（b）所示。

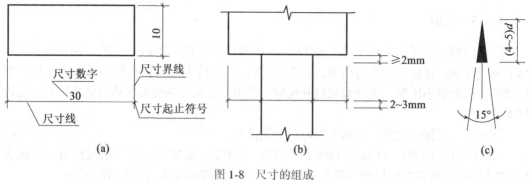

图 1-8 尺寸的组成

（2）尺寸线。尺寸线应用细实线绘制，应与被注长度平行。图样本身的任何图线均不得用做尺寸线。

（3）尺寸起止符号。尺寸起止符号一般用中粗斜短线绘制，其倾斜方向应与尺寸界线成顺时针 45° 角，长度宜为 2~3mm。半径、直径、角度与弧长的尺寸起止符号，宜用箭头表示，尺寸箭头的画法如图 1-8（c）所示。

（4）尺寸数字。图样上的尺寸，应以尺寸数字为准，不得从图上直接量取。

图样上的尺寸单位，除标高及总平面图是以米为单位外，其他一般以毫米为单位。但在道路、桥梁、水利等专业的工程图样中，表示长度的里程桩号以公里为单位，工程结构物多以厘米为单位，读图时必须注意图中说明。

尺寸数字的书写位置及字头方向，应按图 1-9（a）中的规定注写。若尺寸数字在 30° 斜线区内，宜按图 1-9（b）中的形式注写。

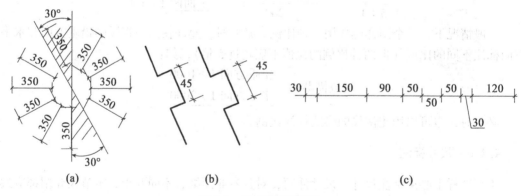

图 1-9 尺寸数字的标注

尺寸数字一般应依据其方向注写在靠近尺寸线的上方中部。若没有足够的注写位置，最外边的尺寸数字可以注写在尺寸界线的外侧，中间相邻的尺寸数字可以错开注写，也可以引出注写，如图 1-9（c）所示。

为保证图上的尺寸数字清晰，任何图线不得穿过尺寸数字，不可避免时，应将尺寸数字处的图线断开，如图 1-9（a）所示。

10

2. 尺寸的排列与布置

（1）尺寸宜标注在图样轮廓线以外，不宜与图线、文字及符号等相交。必要时可以标注在图样轮廓线以内。

（2）互相平行的尺寸线，应从被注写的图样轮廓线由近向远整齐排列，较小尺寸应离轮廓线较近，较大尺寸应离轮廓线较远。距轮廓线最近的尺寸，其距离不宜小于10mm。平行排列的尺寸线的间距宜为7~10mm，且应保持一致，如图1-10所示。

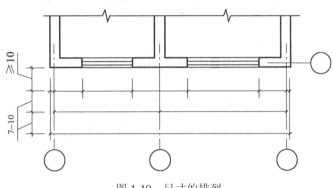

图1-10　尺寸的排列

3. 半径、直径、角度、坡度的尺寸标注

（1）半径。半圆或小于半圆的圆弧宜标注其半径。半径尺寸线的一端应从圆心开始，另一端画箭头指向圆弧。半径数字前应加注半径符号"R"，如图1-11（a）所示。较小圆弧的半径，可以按图1-11（b）的形式标注。较大圆弧的半径，可以按图1-11（c）的形式标注。

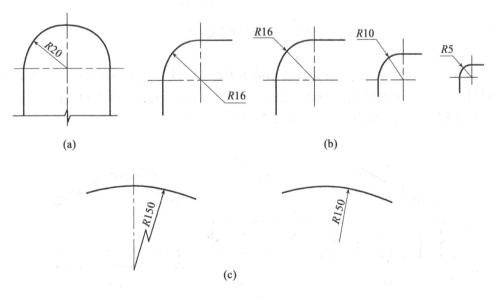

图1-11　半径的标注方法

（2）直径。圆及大于半圆的圆弧宜标注直径。尺寸线应通过圆心，两端画箭头指至圆弧，直径数字前应加直径符号"ϕ"，如图1-12（a）所示。较小圆的直径尺寸可以按图1-12（b）的形式标注。

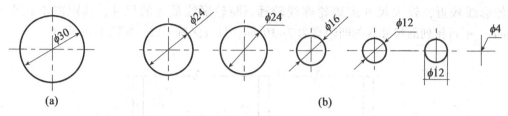

图1-12　直径的标注方法

（3）角度。角度的尺寸线应以圆弧表示。该圆弧的圆心应是该角的顶点，角的两条边为尺寸界线。起止符号应以箭头表示，若没有足够位置绘制箭头，可以用圆点代替，角度数字应按水平方向注写，如图1-13所示。

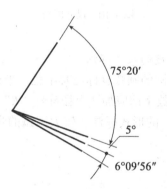

图1-13　角度的标注方法

（4）坡度。标注坡度时，在坡度数字的下面加画箭头以指示下坡方向。坡度数字可写成比例形式，如图1-14（a）所示；也可以写成百分数形式，如图1-14（b）所示；坡度还可以用直角三角形的形式标注，如图1-14（c）所示。

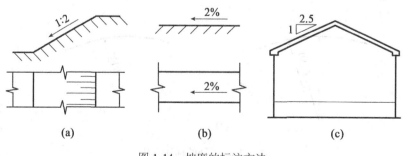

图1-14　坡度的标注方法

1.1.7 常用材料图例

土木建筑工程中所使用的建筑材料是多种多样的，工程图样中采用材料图例表示所用的建筑材料。

表1-4中列出了《房屋建筑制图统一标准》（GB/T 50001—2010）中所规定的部分常用建筑材料图例，其余可以查阅相关标准。

使用时应注意下列事项：

（1）图例中的斜线一律绘制成与水平成45°角的细线。图例线应间隔均匀，疏密适度。

（2）当选用标准中未包括的建筑材料时，可以自编图例，需在适当位置绘出该材料图例，并加以说明。

表 1-4   常用建筑材料图例（部分）

材料名称	图　　例	说　　明
自然土壤		包括各种自然土壤
夯实土壤		
砂、灰土		靠近轮廓线绘制较密的点
石　材		
毛　石		

1.2　绘图工具及使用

1.2.1　常用绘图工具

手工绘制工程图样必须具备绘图工具和相关用品。绘图工具的质量和使用方法，直接影响着绘图的质量。

1. 绘图板和绘图台

工程图样有多种类型和不同比例尺的各种图件，图幅有大有小，规格不一，为保证绘图质量，应在专用绘图板或绘图台上进行。

绘图板是特制的由质料较软且富有弹性的木料制成。表面要平整，图板四周镶有硬木导边，导边必须平直且相邻两边要互相垂直。如图 1-15 （a）所示。

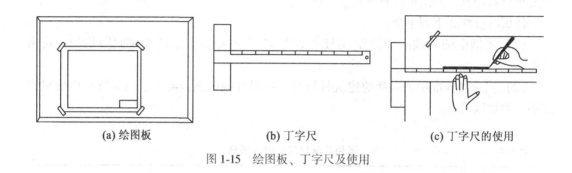

| (a) 绘图板 | (b) 丁字尺 | (c) 丁字尺的使用 |

图 1-15　绘图板、丁字尺及使用

若有条件，最好制作绘图台，绘图台面尺寸应尽量宽大，以利于较大图幅的编绘。

绘图板有各种不同规格，一般有 0 号（900mm×1200mm）、1 号（600mm×900mm）和 2 号（400mm×600mm）三种规格。

绘图台两侧可以制成存图柜，并装配抽屉以存放绘图工具等。也有将绘图台面装上玻璃，下面装有灯管，可以作透晒图台使用，绘图台面要求光洁平整，以保证绘图质量。

2. 绘图仪器

绘制工程图样，挑选购买绘图仪器时，最好选择作精密制图使用的盒装绘图仪器。绘图仪器中除应包括的分规、直线笔等外，还应有单、双曲线笔和升降小圆规，以满足绘制非直线性对象的需要。

（1）点规。各种绘图仪器中，升降小圆规（也称降落式圆规）称为点规。使用升降小圆规时，首先要根据所绘圆圈的直径，调节好调整螺丝，使笔头与轴针的距离等于所绘小圆半径，并调整好笔头粗细，然后将笔头上墨，用右手拇指和中指将套管连同笔头提起，用食指放在轴针上端螺丝帽上，使轴针尖精确地置于圆心上，并使轴针与纸面垂直，然后轻轻放下笔头，用中指拨动，使笔头顺时针方向旋转，当圆画好后，先提起笔头，再把轴针拿出。

（2）圆规。圆规是绘圆和圆弧的专用工具。为了扩大圆规的功能，圆规一般配有铅笔插腿（绘铅笔圆用）、直线笔插腿（绘墨线圆用）、钢针插腿（代替分规用）等三种插腿。

圆规接上延伸杆，可以扩大绘圆的半径，如图 1-16 所示。

绘铅笔线圆或圆弧时，所用铅芯的型号要比绘同类直线的铅笔软一号。例如绘直线时用 B 号铅笔，则绘圆时用 2B 号铅芯。使用圆规时需要注意，圆规的两条腿应该垂直纸面。

（3）分规。分规是量取线段长度和分割线段、圆弧的工具，如图 1-17 （a）、（b）

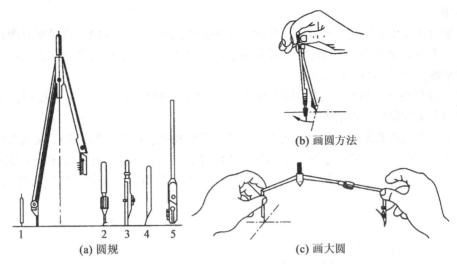

(b) 画圆方法

(a) 圆规

(c) 画大圆

图 1-16　圆规及其使用

1—钢针；2—铅笔插腿；3—直线笔插腿；4—钢针插腿；5—延伸杆

所示。

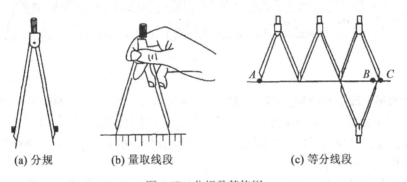

(a) 分规　　　　(b) 量取线段　　　　(c) 等分线段

图 1-17　分规及其使用

如图 1-17（c）所示，是表明将已知线段 AB 三等分的试分方法：

首先将分规两针张开约 $1/3AB$ 长，在线段 AB 上连续量取三次，若分规的终点 C 落在点 B 之外，应将张开的两针间距缩短 $1/3BC$，若终点 C 落在点 B 之内，则将张开的两针间距增大 $1/3BC$，重新再量取，直到点 C 与点 B 重合为止。此时分规张开的距离即可将线段 AB 三等分。

等分圆弧的方法类似等分线段的方法。

3. 常用绘图用具

（1）丁字尺或钢板尺。丁字尺由尺头和尺身两部分组成，尺头与尺身互相垂直，尺身带有刻度，也有不同的规格型号，如图 1-15（b）所示。绘制长直线时需要长度为 1m 左右的丁字尺（或钢板尺）。

在选购时要认真挑选。检查是否平直，可以将尺的起止点掉头画直线，若重合或平行即可使用。

丁字尺主要用于绘制水平直线，使用时左手握住尺头，使尺头内侧边缘紧靠图板的左侧边缘，上下移动到位后，用左手按住尺身，即可沿丁字尺的工作边自左向右绘制出一系列的水平线，如图1-15（c）所示。

（2）比例尺（三棱尺）。为在图上准确地表示出实物形状和尺寸，就需要用一定的方法使图形和实物保持一定的关系。

一般工程图样都是用一定的比例来确定图形和实物的长度关系的。为了使用方便，根据图的比例所做的一种专门量图的工具称为比例尺或缩尺。这是一种直接在图上量出实物长度的工具。为适应不同的作图比例关系，比例尺有三个面呈三棱状，所以又称三棱尺，如图1-18所示。

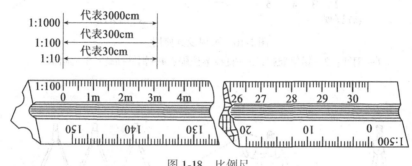

图1-18 比例尺

三棱尺的每个面上有两种比例，一般是1∶100与1∶200、1∶250、1∶300、1∶400和1∶500；三个面共有六种不同的比例。使用时，可以根据图形与实物的关系选择所用比例。此外，变换单位还适用于不同比例关系不同数量级的制图，如1∶200的一边也适用于1∶20和1∶2000等。

（3）曲线尺或曲线板。为使所绘曲线圆滑均匀，需要使用曲线尺或曲线板，自由曲线尺可以弯成需要的各种不同弧度，绘制圆滑连续曲线灵活方便，还可以度量图纸中曲线的长度。

曲线板是具有各种固定弧度形态的画板，最好备有一套不同式样的曲线板，以适应不同曲线曲率的变化。用曲线尺绘制较长曲线时，要注意曲线段衔接的连续圆滑。

用曲线板描绘曲线时，应先确定出曲线上的若干个点，然后徒手沿着这些点轻轻地勾绘出曲线的形状，再根据曲线的若干段走势形状，选择曲线板上形状相同的轮廓线，分几段把曲线绘制出。

使用曲线板时要注意，曲线应分段绘制，每段至少应有3~4个点与曲线板上所选择的轮廓线相吻合。

为保证曲线的光滑性，前后两段曲线应有一部分重合，如图1-19所示。

（4）量角器。用于测量方位和角度时使用。量角器有半圆、全圆及不同直径的多种型式。

16

(a)按相应作图法作出曲线上一些点　　(b)用铅笔徒手把各点连成曲线(底线)

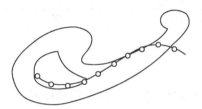
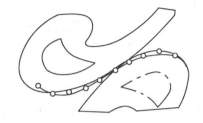

(c)找出曲线板与曲线相
吻合的一段曲线

(d)同样找出下一段曲线，注意应有部分
与已画曲线重合，所画曲线才会圆滑

图 1-19　用曲线板画曲线

（5）擦图片。擦图片是具有多种形态空心的薄钢片，用于涂擦局部需要修改的部分。

（6）三角板。三角板应包括等腰直角三角形和锐角直角三角形，两块组成一副，如图 1-20（a）所示。为适应不同需要，其长边应不小于 250mm。考虑到展点需要，也可以选择从直角端点刻度或刻有展点器的三角板。两块三角板互相配合使用，可以绘制出任意直线的平行线和垂直线，如图 1-20（b）、（c）所示。

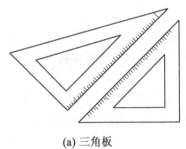
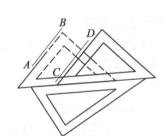
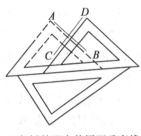

(a) 三角板　　　　　(b) 三角板的配合使用画平行线　　　(c) 三角板的配合使用画垂直线

图 1-20　三角板及其使用

三角板与丁字尺配合可以绘制出竖直线及 15°、30°、45°、60°、75°角等斜线及这类斜线的平行线。如图 1-21 所示。

4. 绘图笔

（1）绘图铅笔。绘制工程图样，一般均先用铅笔作图，以利于修改。绘图用铅笔以铅芯的软硬程度分类，"B"表示软，"H"表示硬，其前面的数字越大则表示铅笔的铅芯越软或越硬。"H"铅笔介于软硬之间，属于中等。绘图时要进行选择，一般线条用 2H~4H 铅笔，填绘精细的点可以用硬一些的铅笔。

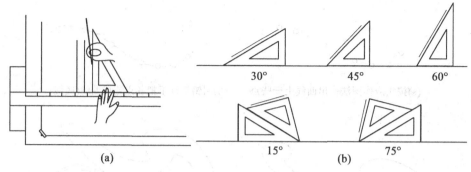

图 1-21　三角板与丁字尺的配合使用

绘制铅笔图时，图纸的类型不同所用的铅笔型号及铅芯的削磨形状也不同，具体选用时可以参考表 1-5。

表 1-5　　　　　　　　　　　　　　　铅笔的应用与分类

	粗线 b	中粗线 $0.5b$	细线 $0.35b$
型号	B（2B）	HB（B）	2H（H）
铅芯形状			

徒手写字宜用磨成锥状形铅芯的 HB 铅笔。

（2）绘图墨水笔。绘图墨水笔用于绘图较为普遍，一般多取代了蘸水小钢笔。绘图墨水笔的结构与注射针类似，在注射针状的笔头装有活动通针。上下摇动笔有响动时，表示通针能够活动，可以使用。

这种笔绘制出的线条宽窄比较均匀，能保证绘图质量。为适应线条粗细的需要，笔头有不同的型号，包括 0.2~1.2mm 等多种规格。这种笔适用于制图、模板绘图、也可书写字体，使用方便，如图 1-22 所示。

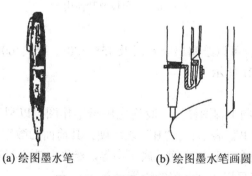

(a) 绘图墨水笔　　　　　(b) 绘图墨水笔画圆

图 1-22　绘图墨水笔及使用

此外，绘图蘸水小钢笔也可以绘制短小直线和曲线，书写文字、绘画符号等，绘图钢笔尖可以在油石上进行修磨，能满足不同使用要求，具有一定的灵活性。另外，若要使用油墨或广告色等黏稠度较大的颜料绘图时，也可以对小笔尖进行加工，用刀片等工具使小笔尖夹缝较原宽度加宽1/3即可使用，这种笔能弥补绘图笔的不足。

使用绘图笔或小钢笔时，注意正确握笔。画线时笔尖与纸面保持一定的角度，使所画线条粗细一致。

此外，在画线时要采用逐渐接长法，应避免不间断的描绘，要根据运笔的分段描绘，笔尖和画线方向始终保持一致。

（3）直线笔。直线笔又称鸭嘴笔，是传统的上墨、描图工具，如图1-23所示。

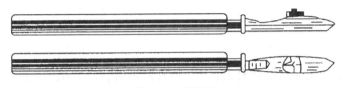

图1-23　直线笔

使用直线笔上墨或描图时，应根据所绘线条粗细旋转螺母、调节好两叶片间距，用吸墨管把墨水注入两叶片之间，墨水高度5~6mm为宜。

绘线时执笔要直，不能内外倾斜，上墨不能过多，否则会影响图线质量，如图1-24所示。

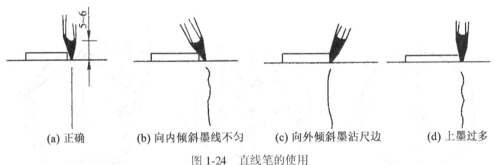

(a) 正确　　　(b) 向内倾斜墨线不匀　　　(c) 向外倾斜墨沾尺边　　　(d) 上墨过多

图1-24　直线笔的使用

直线笔插腿装在圆规上可以绘制出墨线圆或圆弧。

1.2.2　绘图材料

常用绘图材料有以下一些：

（1）绘图纸。绘制工程图样原图一般采用特制的绘图纸。绘图纸有成卷和单张两种。图纸有正、反两面之分，比较光滑平整的一面为正面，应使用正面绘图。绘图纸受气候影响有一定变形，应避免潮湿。

（2）透明纸。透明纸主要用于描图使用。透明纸受潮易起皱变形而影响使用。

（3）方格纸。方格纸是印有毫米级正方形网格的纸张，可以直接在纸上绘图。

（4）橡皮、刷图排笔。修改铅笔线用软橡皮擦，修改上墨线用硬橡皮擦。刷图排笔用于扫刷图面上的尘屑。

（5）透明胶纸。透明胶纸用于粘贴图纸或固定图纸，有时也可以用三角图钉或肥皂、蛋清等裱图。

（6）刀片。刀片用于刮修（削）图时使用。

（7）绘图墨水、碳素墨水。供直线、曲线笔绘图使用或灌注绘图笔等。

（8）照相水色或彩色铅笔、彩色墨水笔。用于图面着色或彩色注记等。

1.3 平面图形画法

1.3.1 几何作图

工程图样是由几何图形组合而成的。因而在绘图时，经常用到一些几何作图的方法。几何作图是根据已知条件按几何原理及作图方法，利用绘图工具和仪器准确地绘制出图形。以下介绍一些常用几何作图的方法和步骤。

1. 作正多边形

正多边形常用等分其外接圆圆周的方法作图。正三角形、正方形、正六边形可以利用三角板配合丁字尺直接作出。

（1）作正五边形。作图步骤如下：

1）作外接圆 O，如图 1-25（a）所示。

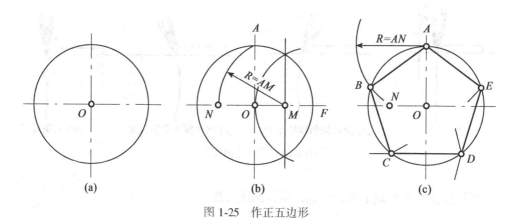

图 1-25 作正五边形

2）作半径 OF 的中点 M，以点 M 为圆心，AM 为半径作圆弧，交直径于 N，如图 1-25（b）所示。

3）以点 A 为起点，以 AN 的长度将圆周五等分，顺次连接各等分点 A、B、C、D、E，即得正五边形，如图 1-25（c）所示。

（2）作任意边数的正多边形。以正七边形为例，介绍一种作任意正多边形的近似画法，其作图步骤如下：

1）作外接圆 O，如图 1-26（a）所示。

2）将铅垂直径 AK 七等分，标记各等分点依次为 1、2、3、4、5、6；以点 K 为圆心，KA 为半径作圆弧，交水平直径于点 M、点 N，如图 1-26（b）所示。

3）分别由点 M、点 N 向偶数点 2、4、6 点（或奇数点 1、3、5 点）连线，延长后与圆周交得点 G、F、E、D、C、B，$ABCDEFG$ 即为内接正七边形，如图 1-26（c）所示。

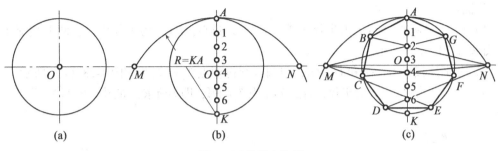

图 1-26　作正七边形

2. 圆弧连接

在绘制平面图形时，常遇到圆弧连接的作图问题，即用已知半径的圆弧光滑连接已知的直线或圆弧。这段已知半径的圆弧称为连接弧。为了确保光滑相切，作图时，必须先求出连接弧的圆心和切点的位置。

（1）圆弧连接两相交直线。用半径为 R 的圆弧光滑连接两相交直线 L_1 和 L_2，如图 1-27（a）所示。

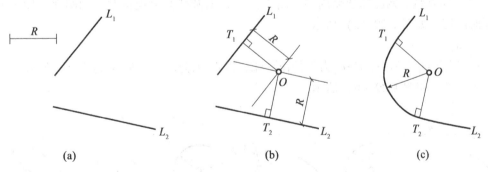

图 1-27　用半径为 R 的圆弧光滑连接相交两直线 L_1 和 L_2

分析：连接弧的圆心位于距离直线为 R 的平行线上。

作图：

1）分别作与直线 L_1、直线 L_2 平行且相距为 R 的两直线，交点 O 即所求圆弧的圆心，如图 1-27（b）所示。

2）过点 O 分别作直线 L_1 和 L_2 的垂线，垂足 T_1 和 T_2 即所求的切点，如图 1-27（b）所示。

3）以 O 为圆心，R 为半径，自点 T_1 至点 T_2 画弧，即为所求，如图 1-27（c）所示。

（2）作圆弧与两已知圆弧外切。用半径为 R 的圆弧光滑连接两已知圆弧，使圆弧之间同时外切，如图 1-28（a）所示。

分析：圆弧和圆弧外切时，圆心距为两圆弧半径之和；内切时，圆心距为两圆弧半径之差。

作图：

1）以 O_1 为圆心，$R+R_1$ 为半径作弧，以 O_2 为圆心，$R+R_2$ 为半径作弧，两弧相交于点 O，如图 1-28（b）所示。

2）分别连接点 O、O_1 和 O、O_2，与圆弧交得切点 T_1 和 T_2，如图 1-28（c）所示。

3）以点 O 为圆心，R 为半径，自点 T_1 至点 T_2 画弧，即为所求，如图 1-28（c）所示。

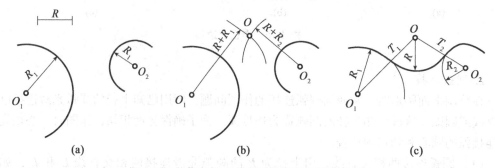

图 1-28　作半径为 R 的圆弧与两已知圆弧外切

（3）作圆弧与两已知圆弧内切。用半径为 R 的圆弧光滑连接两已知圆弧，使圆弧之间同时内切，如图 1-29（a）所示。

作图：

1）以点 O_1 为圆心，$R-R_1$ 为半径作圆弧，以点 O_2 为圆心，$R-R_2$ 为半径作圆弧，两弧相交于点 O，如图 1-29（b）所示。

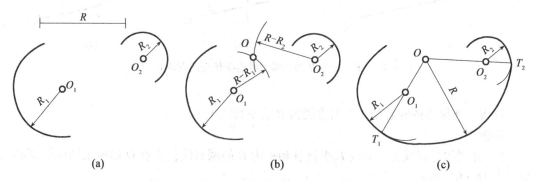

图 1-29　作半径为 R 的圆弧与两已知圆弧内切

22

2）分别连接点 O、O_1 和 O、O_2，延长后与圆弧交得切点 T_1 和 T_2，如图 1-29（c）所示。

3）以点 O 为圆心，R 为半径，自点 T_1 至点 T_2 画弧，即为所求，如图 1-29（c）所示。

3. 椭圆画法

非圆曲线中，椭圆应用较为广泛。椭圆的画法很多，下面介绍已知椭圆长短轴作椭圆的两种常用方法：同心圆法和四心圆法。

（1）同心圆法。

作图：

1）以点 O 为圆心，分别以长轴 AB、短轴 CD 为直径，作两个同心圆，如图 1-30（a）所示。

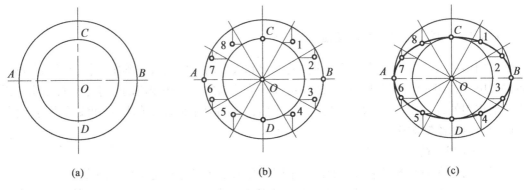

图 1-30　同心圆法画椭圆

2）分圆为若干等分（如 12 等分），与两圆周分别交得若干点；过大圆上的等分点作短轴 CD 的平行线，过小圆上对应的等分点作长轴 AB 的平行线，两线相交即得椭圆上的点 1、2、…、8，如图 1-30（b）所示。

3）曲线板顺次光滑连接，即得椭圆，如图 1-30（c）所示。

（2）四心圆法。

作图：

1）作 $OE = OA$，连接长短轴的端点 AC，并在其上截取 $CF = CE$，如图 1-31（a）所示。

2）作 AF 的垂直平分线，交 OA 于点 O_1，交 OD 于点 O_2，再取对称点 O_3、O_4，此即为四段圆弧的圆心，如图 1-31（b）所示。

3）连接 O_1O_2、O_3O_2、O_1O_4、O_3O_4 并延长，四段圆弧的连接点即在该四条连心线上，如图 1-31（c）所示。

4）分别以点 O_1、O_3 为圆心，以 O_1A、O_3B 为半径画弧；再分别以点 O_2、O_4 为圆心，以 O_2C、O_4D 为半径画弧，四段圆弧在连心线处相接，成为以点 T_1、T_2、T_3、T_4 为切点的近似椭圆，如图 1-31（c）所示。

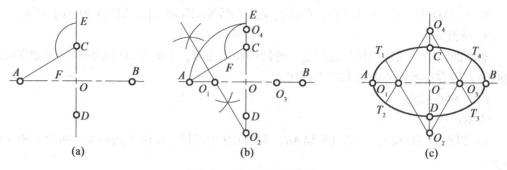

图 1-31　同心圆法画椭圆

1.3.2　平面图形的分析与画法

平面图形由若干段线段组成，线段的形状和大小由给定的尺寸确定。构成平面图形的各线段中，有些线段的尺寸是已知的，可以直接绘制出，有些线段的尺寸未直接给出，需用几何作图的方法才能绘制出。因此，绘图前，必须对平面图形的尺寸和线段进行分析，以确定线段的绘制顺序。

1. 平面图形的尺寸分析

根据尺寸在平面图形中所起的作用不同，分为定形尺寸和定位尺寸两类。

（1）尺寸基准。标注尺寸首先确定尺寸基准。在图 1-32 中，长度方向的尺寸基准为 $\phi20$ 左端面，高度方向的尺寸基准为水平中心线。

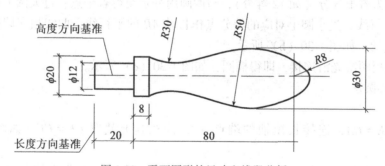

图 1-32　平面图形的尺寸和线段分析

（2）定形尺寸。定形尺寸是用来确定图形中几何元素大小的尺寸。如线段的长度，圆及圆弧的半径、直径等尺寸，如图 1-33 中的尺寸 $\phi20$、$\phi12$、20、8、$R8$、$R30$、$R50$ 等。

（3）定位尺寸。定位尺寸是用来确定图形中几何元素之间相对位置的尺寸。对于平面图形应有水平、竖直两个方向的定位尺寸，见图 1-32 中的尺寸 80，是确定 $R8$ 圆弧左右位置的定位尺寸。

24

2. 平面图形的线段分析

平面图形中的线段按所给尺寸的齐全与否分为已知线段、中间线段和连接线段三种：

（1）已知线段：定形尺寸和定位尺寸齐全，根据所注尺寸可以直接绘制的线段。如图 1-32 中左边两个矩形的边线及 R8 圆弧均为已知线段。

（2）中间线段：具有定形尺寸和一个方向的定位尺寸，缺少另一个方向的定位尺寸，需依靠相切或相接的条件才能绘制出的线段。如图 1-32 中的 R50 圆弧，其圆心在与水平中心线相距（50—15）的水平线上，但缺少圆心水平方向的定位尺寸，故为中间线段。

（3）连接线段：只有定形尺寸没有定位尺寸，需根据两端相切或相接的条件才能绘制出的线段，如图 1-32 中的 R30 圆弧。

3. 平面图形的绘图步骤

由以上分析可知，平面图形的作图顺序一般为：先绘制基准线和已知线段，再绘制中间线段，最后绘制连接线段。具体绘图步骤如下：

（1）绘制基准线和已知线段，如图 1-33（a）所示。

（2）绘制中间线段 R50 圆弧，该圆弧与 R8 圆弧内切，如图 1-33（b）所示。

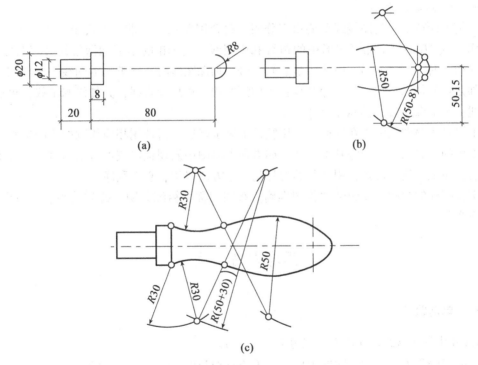

图 1-33　平面图形的绘图步骤

（3）绘制连接线段 R30 圆弧，该圆弧与 R50 圆弧外切并通过矩形的顶点，如图 1-33（c）所示。

（4）检查描深，标注尺寸，如图 1-32 所示。

25

1.4 仪器绘图的方法和步骤

手工仪器绘制工程图样，除了正确使用绘图工具和仪器外，还要掌握正确的绘图方法和步骤。

1. 固定图纸，绘图框和标题栏

准备好绘图工具和仪器。将图纸放于图板的左下方，图纸的水平边与丁字尺的工作边平行，图纸底边与图板底边之间的距离大于丁字尺尺身的宽度，用胶带纸固定好图纸四角。然后画上图框及标题栏。

2. 画底稿

根据选用的绘图比例来估计图形及注写尺寸需占用的面积，安排好图面。一般用 H 或 2H 的铅笔画底稿。底稿中的图线要轻、要细。画图的一般顺序是：先画基准线，然后画主要轮廓线、细部图形线，最后画尺寸界线、尺寸线。图中的尺寸数字和说明在画底稿时可以不注写，待以后铅笔加深或上墨时直接注写。

仔细校对所画的底稿，改正画错或漏画的图线，擦去多余的线条。

3. 铅笔加深或上墨

铅笔加深或上墨的图线线型要粗细分明，符合国家相关标准中的规定。铅笔加深时，一般用 B 或 2B 的铅笔加深图形中的粗线和中粗线，用 HB 的铅笔加深细线并书写字体。在加深圆弧时，圆规的铅芯应比铅笔芯软一号。加深图线时，同类型的图线一次加深，具体步骤是：先加深粗线，再加深细线；先加深曲线，再加深直线；先加深水平线，再加深竖直线；先加深图线，再标注尺寸。

上墨是将描图纸蒙盖在底稿上，用胶带纸固定好后，再选用相应线宽的绘图墨水笔描图。上墨的步骤同铅笔加深基本一样。如果在上墨图中发现描错或染有墨污时，要待墨汁干涸后，在纸下垫上硬板，用锋利的刀片朝一个方向轻刮，直至刮净。

工程图样的绘制，要做到"作图准确、布图匀称、粗细分明、排列美观、书写规范、干净整齐"。

思考与练习题

一、单选题

1. GB 中规定 A2 图幅 B×L 的尺寸是（   ）。

  A. 210×297   B. 420×594   C. 841×1189   D. 297×420

2. A0 图幅是 A4 图幅的（   ）。

  A. 8 倍   B. 16 倍   C. 4 倍   D. 32 倍

3. GB 中规定图标在图框内的位置是（   ）。

  A. 左下角   B. 右上角   C. 右下角   D. 左上角

4. 分别用下列比例画同一个物体，画出图形最大的比例是（   ）。

A. 1 : 100   B. 1 : 50   C. 1 : 10   D. 1 : 200

5. 图线有粗线、中粗线、细线之分，它们的宽度比率为（   ）。

A. 1 : 2 : 4   B. 2 : 4 : 1   C. 4 : 2 : 1   D. 2 : 1 : 4

6. 图上尺寸数字代表的是（   ）。

A. 图上线段的长度   B. 物体的实际大小

C. 随比例变化的尺寸   D. 图线乘以比例的长度

7. 标注直线段尺寸时，铅直尺寸线上的尺寸数字字头方向是（   ）。

A. 朝上   B. 朝左   C. 朝右   D. 任意

8. 制图标准规定尺寸线（   ）。

A. 可以用轮廓线代替   B. 可以用轴线代替

C. 可以用中心线代替   D. 不能用任何图线代替

9. 平面图形的分析包括（   ）。

A. 尺寸分析和线型分析   B. 线型分析和连接分析

C. 线段分析和连接分析   D. 尺寸分析和线段分析

10. 绘制平面图形时，首先绘制（   ）。

A. 曲线、直线   B. 已知线段   C. 中间线段   D. 连接线段

二、简答题

1. 常用的制图仪器和工具有哪些？试述这些制图仪器和工具的用法。

2. 图纸基本幅面有哪几种？相邻幅面（如 A2 与 A3）的边长关系如何？

3. 图框格式有哪几种？尺寸如何规定？

4. 图线宽度有哪几种？各种线型主要用途如何？

5. 虚线和单（双）点长画线绘制时应注意哪些问题？

6. 长仿宋体汉字的书写要领是什么？

7. 试简述说明尺寸的组成及标注法。

8. 圆弧连接分哪几种情况？试说明其作图过程。

9. 如何区分已知线段、中间线段、连接线段？绘制这些线段时应遵循怎样的顺序？

10. 试简述仪器绘图的方法和步骤。

第2章 投影的基本知识

【教学目标】

  工程图样是应用投影的方法绘制的。点、线、面是构成一切物体的最基本的几何元素，任何复杂的物体都可以分解为若干基本几何体（简称基本体），因此，掌握点、线、面和基本体的投影规律和作图方法是绘制和阅读工程图样的基础。

  通过本章学习，要求学生掌握投影的基本概念及三视图的投影规律，点、线、面的投影方法；理解曲线和曲面的投影，平面立体和曲面立体的投影；掌握三视图的画法和识读方法。

2.1 投 影 法

2.1.1 投影法及其分类

1. 投影的概念

  物体在光源的照射下会出现影子，如图 2-1（a）所示。当光源移到无限远时，光线互相平行，如图 2-1（b）所示。但是影子只能反映物体的轮廓，而不能确切地表达物体的形状和大小。人们对这种自然现象进行了科学的抽象，假设光线能透过物体，在承影面上把物体所有的内外轮廓线全都表示出来，可见的轮廓线画实线，不可见的轮廓线画虚线，就形成了物体的投影，如图 2-1（c）所示。此时光源称为投射中心（通常用 S 表示），光线称为投射线，承影面称为投影面。

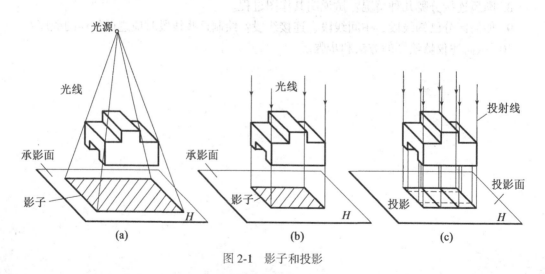

图 2-1　影子和投影

这种令投影线通过物体，向选定的投影面投射，并在该投影面上得到投影的方法就称为投影法。

由空间的三维物体转变为平面上的二维图形就是通过投影法实现的。

2. 投影法的分类

根据投射方式的不同，投影法分为中心投影法和平行投影法。

（1）中心投影法。投射中心距投影面有限远，各投射线汇交于投射中心的投影法称为中心投影法，如图 2-2 所示。

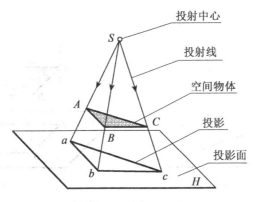

图 2-2　中心投影法示意图

（2）平行投影法。投射中心距投影面无限远，各投射线相互平行的投影法称为平行投影法。在平行投影法中，根据投射线与投影面的相对位置关系不同，又分为正投影法和斜投影法，如图 2-3 所示。

1）正投影法。投射线与投影面相垂直的平行投影法。由正投影法得到的图形称为正投影图（正投影），如图 2-3（a）所示。

2）斜投影法。投射线与投影面相倾斜的平行投影法。由斜投影法得到的图形称为斜投影图（斜投影），如图 2-3（b）所示。

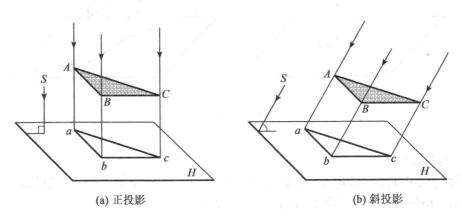

(a) 正投影　　　　　　　　　　　　　(b) 斜投影

图 2-3　平行投影法示意图

正投影能真实地表达物体的形状和大小，并且度量性好，作图简便，在实际工程中应用广泛。本书主要介绍正投影。以后章节内容中，除特殊说明，所称投影均指正投影。

2.1.2 正投影的基本性质

正投影的基本性质是今后作图的依据，现分别介绍如下：

1. 真实性

当直线、平面与投影面平行时，投影反映实长或实形，这种投影特性称为真实性（实形性），如图 2-4 所示。

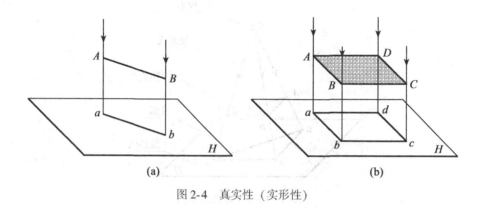

图 2-4 真实性（实形性）

2. 积聚性

当直线、平面垂直于投影面时，投影分别积聚成点或直线，这种投影特性称为积聚性，如图 2-5 所示。

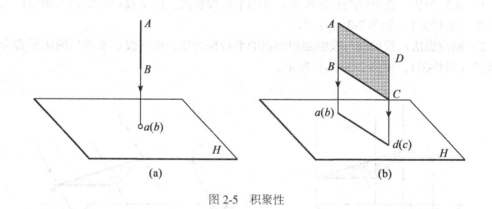

图 2-5 积聚性

3. 类似收缩性

直线、平面倾斜于投影面，投影仍是直线或平面，但小于实际大小，其投影是实形的类似形，这种投影特性称为类似收缩性，如图 2-6 所示。

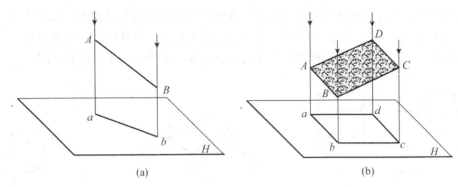

(a)　　　　　　　　　　　　(b)

图 2-6　类似收缩性

4. 平行性

两平行直线的同面投影（同一投影面上的投影）仍互相平行，这种投影特性称为平行性，如图 2-7 所示。

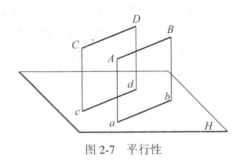

图 2-7　平行性

5. 从属性

点在直线上，则点的投影必定在直线的同面投影上，这种性质称为从属性。

2.1.3　实际工程中常用的投影图

实际工程中常用的投影图主要有多面正投影图、轴测图、透视图和标高投影图。

1. 多面正投影图

将空间物体投射到互相垂直的两个或两个以上投影面上，然后把投影面连同其上的正投影按一定方法展开在同一平面上，从而得到多面正投影图。如图 2-8 所示，是物体的三面正投影图。多面正投影图能够正确表达空间物体的真实形状和大小，度量性好，作图简便，所以在实际工程中应用最广。

2. 轴测图

用平行投影法将空间物体向单一投影面投射得到的具有立体感的图形称为轴测图。如图 2-9 所示，是物体的轴测图，可以看出物体上互相平行的线段，在轴测图上仍平行。轴测图直观性强，但度量性差，实际工程中常用作辅助图样。

3. 透视图

用中心投影法将空间物体向单一投影面投射得到的图形称为透视图。如图 2-10 所示，为物体的透视图。透视图符合人们的视觉习惯，近大远小，近高远低，形象逼真。但作图复杂，且度量性差，不能表达物体的尺寸大小，实际工程中常用于绘制效果图。

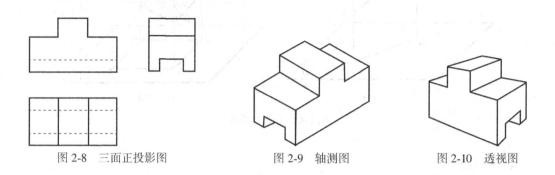

图 2-8　三面正投影图　　　　图 2-9　轴测图　　　　图 2-10　透视图

4. 标高投影图

用正投影法将物体向水平的投影面上投射，并在投影中用数字标记物体各部分的高度，所得到的单面正投影图就是标高投影图。标高投影图多用于表达起伏不平的地面，常用来绘制地形图。如图 2-11（a）所示，用一系列平行等距的水平面截切一座小山，将得到的各条等高线向水平的投影面投射，并标注其高度数值，就是小山的标高投影图，实际工程中称之为地形图，如图 2-11（b）所示。

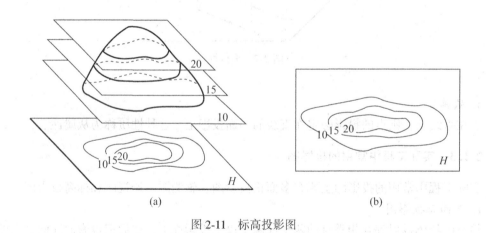

(a)　　　　　　　　　　　　　　(b)

图 2-11　标高投影图

2.1.4　三面投影图的形成及投影规律

为了准确表达物体的空间形状，最基本的方法是用三面投影图。

1. 三视图的形成

（1）投影面的设立。如图 2-12 所示，是按 GB/T《技术制图》（GB/T14689—2008）标准中规定设立的 3 个相互垂直的投影面，称为三投影面体系。三投影面分别称为正立投影面（V）、水平投影面（H）、侧立投影面（W）。两投影面之间的交线称为投影轴（OX、

OY、OZ），交点 O 为原点。OX、OY、OZ 分别表示长、宽、高方向和左右、前后、上下方位。

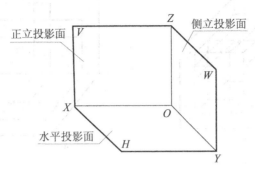

图 2-12　三投影面体系

（2）分面进行投影。将物体置于三投影面体系中，使物体的各表面尽可能多的平行于投影面，摆放端正后，分别向三个投影面投射，得到物体的三个投影图（也称三视图），如图 2-13（a）所示。

从上向下投射在 H 面上得到水平投影图，简称水平投影或 H 面投影（也称俯视图）；从前向后投射在 V 面上得到正立面投影图，简称正面投影或 V 面投影（也称主视图）；从左向右投射在 W 面上得到侧立面投影图，简称侧面投影或 W 面投影（也称左视图）。

（3）投影面的展开。为了得到实际工程中使用的三面投影图（三视图），需将投影体系展开，将处于空间位置的三个投影图摊平在同一平面上。规定 V 面不动，H 面绕 OX 轴向下旋转 $90°$，W 面绕 OZ 轴向右旋转 $90°$，使它们展开在同一平面上，如图 2-13（b）所示。在展开的过程中，OY 轴被"一分为二"，随 H 面旋转的标记为 OY_H，随 W 面旋转的标记为 OY_W，摊平后的三个投影图如图 2-13（c）所示。实际作图时，不需绘注投影面的名称和边框，在表示物体的三面投影图中，三条投影轴省略不画，如图 2-13（d）所示，这种图称为无轴投影图。

展开后的三视图位置是：俯视图在主视图正下方，左视图在主视图正右方。绘制物体的三视图时，必须遵守这个位置关系。

2. 三面投影图（三视图）的投影规律

在三投影面体系中，规定 OX 轴方向为物体的长度方向，表示左、右方位；OY 轴方向为物体的宽度方向，表示前、后方位；OZ 轴方向为物体的高度方向，表示上、下方位。因此，H 投影反映物体的长度、宽度和前后、左右方位；V 投影反映物体的长度、高度和上下、左右方位；W 投影反映物体的宽度、高度和上下、前后方位。并且 V、H 投影之间长对正，V、W 投影之间高平齐，H、W 之间宽相等，如图 2-13（d）所示。

"长对正，高平齐，宽相等"是三面投影图（三视图）的投影规律，称为三等规律。

三等规律是今后绘图和读图的基本规律，对于物体无论是整体还是局部，都必须符合这一规律。

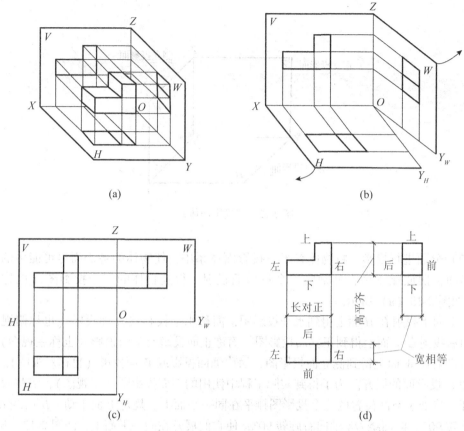

图 2-13 三面投影图的形成及投影规律

2.2 点、线、面的投影

点、直线和平面是构成空间物体的基本几何要素，熟练掌握这类要素的投影特性和作图方法是对各种立体进行投影分析的基础。

2.2.1 点的投影

1. 点的三面投影及投影特性

如图 2-14 (a) 所示，将空间点 A 置于三投影面体系中。

过点 A 作垂直于 H 面的投射线，得到 A 点的 H 面投影，用相应的小写字母 a 表示；过点 A 向 V 面作投射线，得到 A 点的 V 面投影，用 a' 表示；过点 A 向 W 面作投射线，得到点 A 的 W 面投影，用 a'' 表示。将投影体系展开后，得到如图 2-14 (b) 所示的点 A 的三面投影图。

通过分析空间情况，对照投影图可以看出，点的投影有如下特性：

（1）点的 H 面投影和 V 面投影的连线垂直于 OX 轴，即 $aa' \perp OX$；

（2）点的 V 面投影和 W 面投影的连线垂直于 OZ 轴，即 $a'a'' \perp OZ$；

（3）点的 H 面投影到 OX 轴的距离等于点的 W 面投影到 OZ 轴的距离，即 $aa_x = a''a_z$。

上述投影特性即"长对正，高平齐，宽相等"的根据所在。

分析可知，点的投影与三视图之间的投影规律一致，只是点在 W 面上的投影（侧面投影或左视图）要用45°角斜线或者圆弧来体现宽相等，如图 2-14（b）所示。

根据点的投影特性，已知点的任意两个投影，可以作其第三投影。

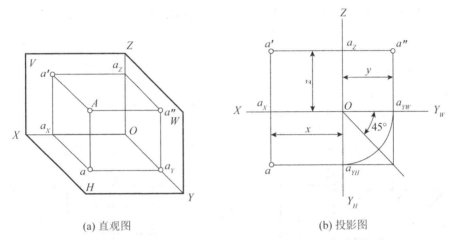

(a) 直观图　　　　　　　　　(b) 投影图

图 2-14　点的三面投影

2. 点的坐标与空间位置关系

空间点的位置可以由其直角坐标（X，Y，Z）来确定，即点的坐标确定点在空间中的位置。点的三个坐标值都不为零时，点在空间；点的一个坐标值为零时，点在投影面；点的两个坐标值为零时，点在投影轴上；点的三个坐标值都为零时，点在坐标原点。

点的（X，Y，Z）坐标反映空间点到投影面的距离，如图 2-15 所示。

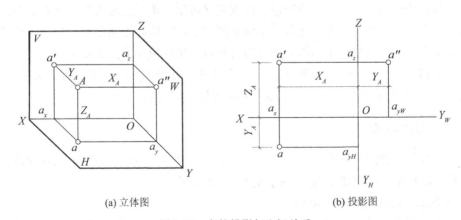

(a) 立体图　　　　　　　　　(b) 投影图

图 2-15　点的投影与坐标关系

（1）点 A 的 X 坐标，等于点 A 到 W 面的距离，即 $X_A=Oa_x=aa_y=a'a_z=Aa''$。

（2）点 A 的 Y 坐标，等于点 A 到 V 面的距离，即 $Y_A=Oa_y=aa_x=a''a_z=Aa'$。

（3）点 A 的 Z 坐标，等于点 A 到 H 面的距离，即 $Z_A=Oa_z=a'a_z=a''a_y=Aa$。

则点 A 三个投影的坐标分别为 a $(X_A,\ Y_A)$，a' $(X_A,\ Z_A)$，a'' $(Y_A,\ Z_A)$。

3. 两点的相对位置

空间两点的相对位置是指空间两点之间上下、左右、前后的位置关系。即空间两个点具有左右、前后、上下的位置关系。确定两点的相对位置只需要比较两点对应坐标值的大小：X 大在左、Y 大在前，Z 大在上。如图 2-16 所示，点 B 在点 A 的右、前、下方，点 B 在点 A 之右 X_A-X_B、在点 A 之前 Y_B-Y_A、在点 A 之下 Z_A-Z_B。

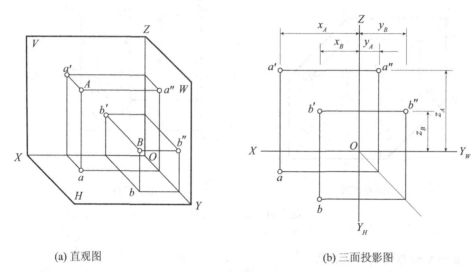

(a) 直观图　　　　　　　　　　　　　(b) 三面投影图

图 2-16　两点的相对位置

4. 重影点

当空间两点的某两个坐标值相同时，这两个点在投影线垂直的投影面上的投影重合为一点，这两点即称为该投影面的重影点。根据定义可知，重影点必有两个坐标值相同。

由于重影，有可见与不可见之分，不可见用 "（ ）" 将投影括起来。重影点由第三坐标来判别投影点的可见性，坐标值大的点为可见点，坐标值小的点为不可见点。

如图 2-17 所示，A、B 两点为对 V 面的重影点，由于 $Y_A>Y_B$，所以点 A 在点 B 的前方，点 A 的 V 面投影可见，点 B 的 V 面投影不可见，用 (b) 表示。

2.2.2　直线的投影

直线的投影一般情况下仍为直线。两点决定一条直线，确定了直线上两点的投影也就确定了直线的投影。即直线上两点的同面投影的连线就是直线的投影。

1. 直线上点的从属性和定比性

如图 2-18 所示，点 K 在线段 AB 上，点 K 的水平投影 k 在线段 AB 的同面投影 ab 上，

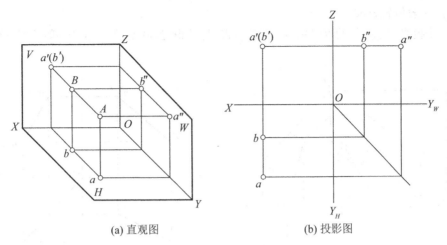

(a) 直观图　　　　　　　　　　(b) 投影图

图 2-17　重影点的投影

由初等几何定理可知，$AK:KB=ak:kb$。

　　同样，正面投影 k 在 $a'b'$ 上，侧面投影 k'' 在 $a''b''$ 上，且 $AK:KB=ak:kb=a'k':k'b'=a''k'':k''b''$。

　　由此可以得出直线上的点的投影特性：

　　（1）从属性。直线上任一点的投影必在该直线的同面投影上，这个特性称为点的从属性。

　　（2）定比性。直线上的点分割直线之比，投影后保持不变，这个特性称为点的定比性。

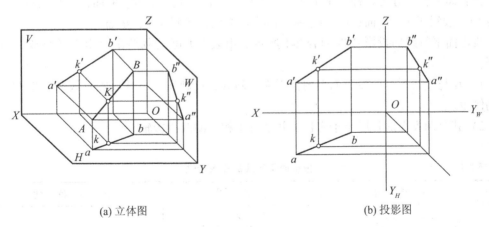

(a) 立体图　　　　　　　　　　(b) 投影图

图 2-18　直线上点的投影特性

　　2. 各种位置直线的投影特征

　　在三面投影体系中，直线的位置有三类：一般位置直线、投影面平行线、投影面垂直线。后两类统称为特殊位置线。

（1）一般位置直线。

与三个投影面都倾斜的直线称为一般位置直线，如图 2-19 所示，AB 为一般位置直线。

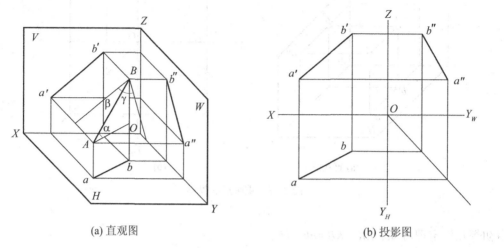

(a) 直观图　　　　　　　　　　　　　(b) 投影图

图 2-19　一般位置直线

由图 2-19（b）可知一般位置直线的投影特性：

1）三投影均为斜线（倾斜于投影轴），且小于实长。

2）三投影与投影轴的夹角，均不反映空间直线与投影面的真实倾角。

（2）投影面平行线。

平行于一个投影面，倾斜于另外两个投影面的直线称为投影面平行线。

投影面平行线分为三种：正平线——平行于 V 面，倾斜于 H、W 面；水平线——平行于 H 面，倾斜于 V、W 面；侧平线——平行于 W 面，倾斜于 V、H 面。

投影面平行线的投影特性如表 2-1 所示。由表 2-1 可以概括出投影面平行线的投影特征：

1）在与直线平行的投影面上的投影为一斜线，反映实长，并反映直线与其他两投影面的倾角。

2）其余两投影的长度小于实长，并平行于相应的两投影轴。

表 2-1　　　　　　　　　　　　　投影面平行线的投影特性

名称	立 体 图	投 影 图	投 影 特 性
水平线			1. $ab = AB$，反映真实倾角 β、γ 2. $a'b' \parallel OX$，$a''b'' \parallel OY_W$

名称	立体图	投影图	投影特性
正平线	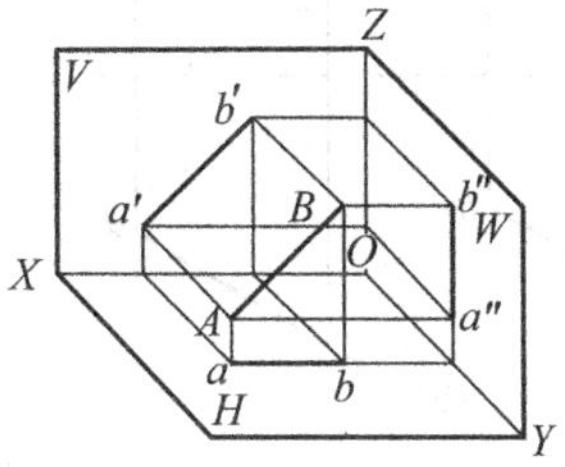	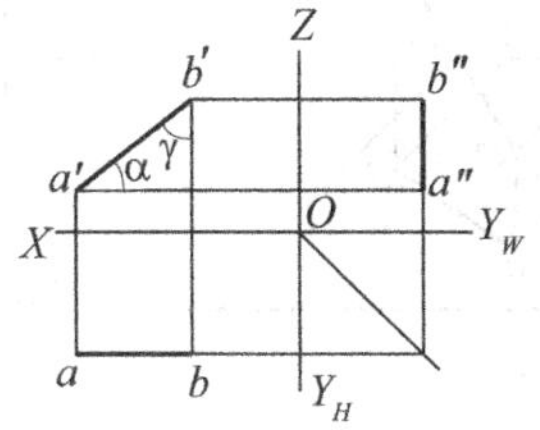	1. $a'b'=AB$，反映真实倾角 α、γ 2. $ab /\!/ OX$，$a''b'' /\!/ OZ$
侧平线	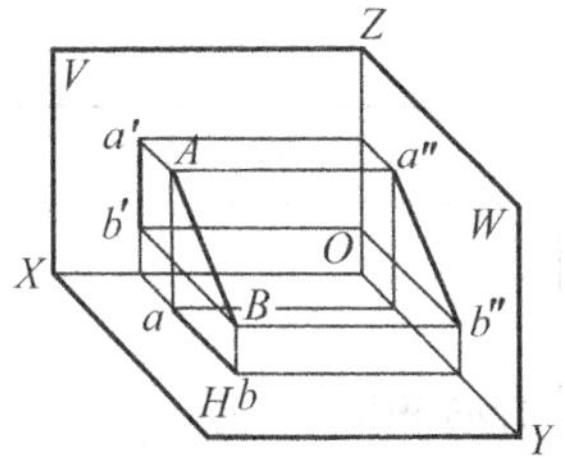	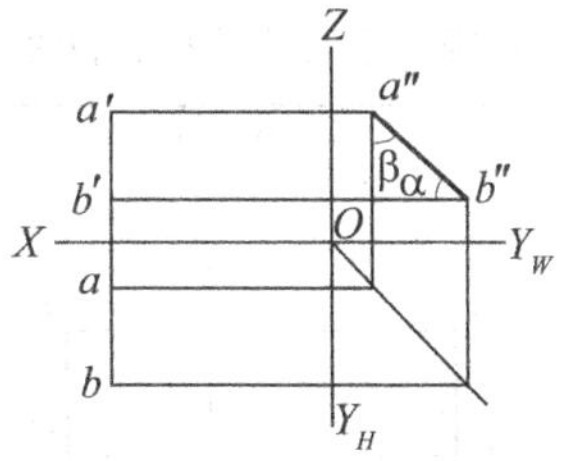	1. $a''b''=AB$，反映真实倾角 α、β 2. $ab /\!/ OY_H$，$a'b' /\!/ OZ$

（3）投影面垂直线。

垂直于一个投影面，平行于另外两个投影面的直线称为投影面垂直线。

投影面垂直线也分为三种：正垂线——垂直于 V 面，平行于 H、W 面；铅垂线——垂直于 H 面，平行于 V、W 面；侧垂线——垂直于 W 面，平行于 V、H 面。

投影面垂直线的投影特性如表 2-2 所示。由表 2-2 可以概括出投影面垂直线的投影特征：

1）与直线垂直的投影面上的投影积聚为一点；

2）其他两投影反映实长，并垂直于相应的两投影轴。

3. 两直线的相对位置

两直线的相对位置有平行、相交、交叉和垂直四种情况。

（1）两直线平行。

若空间两直线平行，则这两条直线的同面投影必定相互平行。如图 2-20 所示，已知 $AB /\!/ CD$，则 $ab /\!/ cd$，$a'b' /\!/ c'd'$。反之，各组同面投影都互相平行，两直线在空间必然互相平行。

当两直线是一般位置时，只要有两对同面投影互相平行就可以判定两直线平行，若两直线同时平行某投影面，一般还要看这两条直线在该投影面上的投影是否平行才能判定。

（2）两直线相交。

相交两直线必有一交点，交点为两直线的共有点。

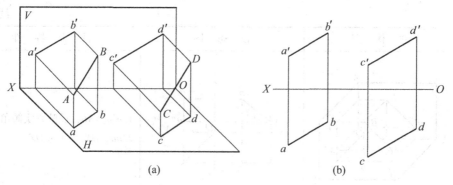

图 2-20　两直线平行

表 2-2　　　　　　　　　　　　投影面垂直线的投影特性

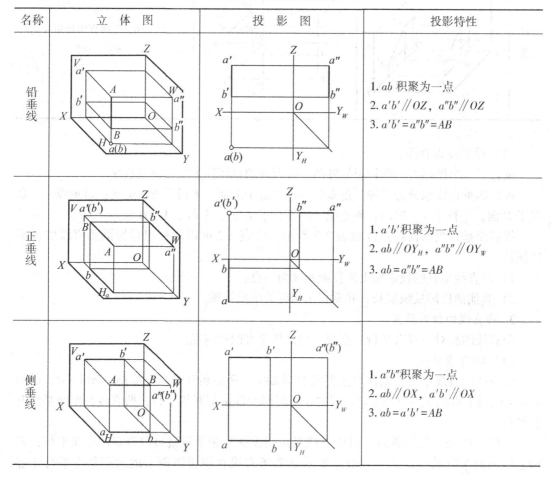

名称	立 体 图	投 影 图	投 影 特 性
铅垂线			1. ab 积聚为一点 2. $a'b'$ // OZ，$a''b''$ // OZ 3. $a'b' = a''b'' = AB$
正垂线			1. $a'b'$ 积聚为一点 2. ab // OY_H，$a''b''$ // OY_W 3. $ab = a''b'' = AB$
侧垂线			1. $a''b''$ 积聚为一点 2. ab // OX，$a'b'$ // OX 3. $ab = a'b' = AB$

若空间两直线相交，则这两条直线的同面投影必定相交，并且交点的投影符合点的投影规律。反之，两直线的各组同面投影都相交，而且交点符合空间的投影规律，这两直线在空间一定相交。

如图 2-21 所示，相交两直线 *AB* 和 *CD*，这两条直线的交点为 *K*。在投影图中，*k* 为 *ab*、*cd* 的交点，*k'* 为 *a'b'*、*c'd'* 的交点，*k* 与 *k'* 的连线垂直于投影轴。

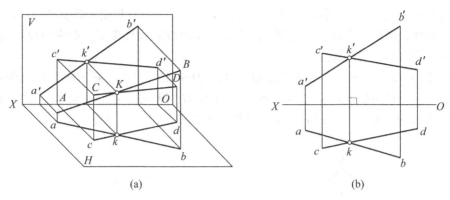

(a)   (b)

图 2-21　两直线相交

（3）两直线交叉。

两直线既不平行也不相交称为两直线交叉。

交叉两直线的投影特征为各面投影既不符合两直线平行的投影特征，也不符合两直线相交的投影特征。

交叉两直线的同面投影可能平行、也可能相交，如图 2-22（a）、（b）所示，但同面投影的交点不符合点的投影规律，而是两直线上不同的两点在同一投影面上的重合投影。

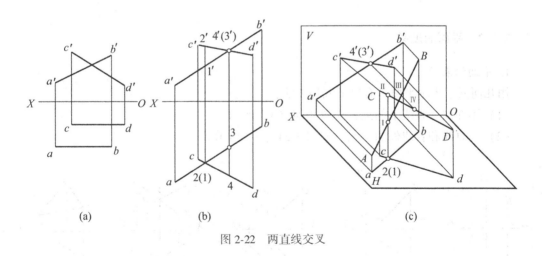

(a)   (b)   (c)

图 2-22　两直线交叉

如图 2-22（b）所示，直线 *AB*、*CD* 为两交叉直线，*ab* 和 *cd* 的交点实际上是 *AB* 上的 Ⅰ 点和 *CD* 上的 Ⅱ 点的重合投影，因为 Ⅰ、Ⅱ 两点位于同一条投射线上，故 Ⅰ、Ⅱ 两点是对 *H* 面的一对重影点。Ⅰ 点在下，Ⅱ 点在上，在 *H* 面投影中，1 不可见，2 可见。同理，*a'b'* 和 *c'd'* 的交点是 *AB* 上的 Ⅲ 点与 *CD* 上的 Ⅳ 点的重合投影，Ⅲ、Ⅳ 点是对 *V* 面的一对重影点，由 H 面投影可见，Ⅲ点在后，Ⅳ点在前，则 3′ 不可见，4′ 可见。立体图如图 2-22（c）所示。

（4）两直线垂直。

两直线相交成直角时，称为垂直相交或正交。两直线垂直相交，只要其中一条直线为投影面平行线，则在所平行的投影面上两直线的同面投影垂直相交，即交角投影为直角。这一特性称为直角投影定理。

如图 2-23（a）所示，空间两直线 $AB \perp BC$，其中 $AB /\!/ H$ 面，则这两条直线在 H 面上的投影 $ab \perp bc$，证明如下：因为 $AB \perp BC$，且 $AB /\!/ H$，则 $AB \perp Bb$，所以 $AB \perp BCcb$；由于 $ab /\!/ AB$，因而 $ab \perp BCcb$，所以 $ab \perp bc$。其投影图如图 2-23（b）所示。

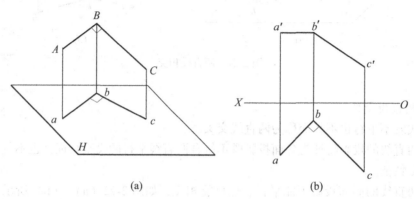

(a)　　　　　　　　(b)

图 2-23　两直线垂直，其中一条直线平行于投影面

2.2.3　平面的投影

1. 平面的表示

用几何元素表示平面，有以下五种方法：

（1）不在同一直线上的点，如图 2-24（a）所示。

（2）一直线和直线外的一点，如图 2-24（b）所示。

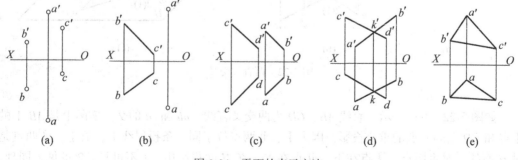

(a)　　　　　(b)　　　　　(c)　　　　　(d)　　　　　(e)

图 2-24　平面的表示方法

（3）两条平行直线，如图 2-24（c）所示。

（4）两条相交直线，如图 2-24（d）所示。

（5）任意平面图形，如图 2-24（e）所示。

2. 平面的空间位置

在三面投影体系中，平面的空间位置有三类：一般位置平面、投影面平行面、投影面垂直面。后两类统称为特殊位置。平面与投影面 H、V、W 的倾角，分别用 α、β、γ 表示。

（1）一般位置平面。

相对三投影面都倾斜的平面称为一般位置平面，如图 2-25 所示。

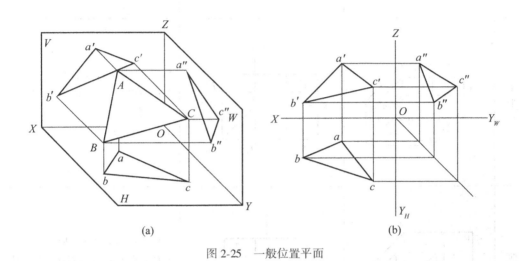

图 2-25　一般位置平面

一般位置平面的投影特征是：其三个投影均为类似形，而且不反映该平面与投影面的倾角。既没有积聚性，也不反映实形。

（2）投影面平行面。

平行于一个投影面，垂直于另外两个投影面的平面称为投影面平行面。投影面平行面分为三种：正平面——平行于 V 面，倾斜于 H、W 面；水平面——平行于 H 面，倾斜于 V、W 面；侧平面——平行于 W 面，倾斜于 V、H 面。投影面平行面的空间位置、投影图和投影特性，如表 2-3 所示。

从表 2-3 中可以归纳出投影面平行面的投影特征：

1）与平面所平行的投影面上的投影反映实形；

2）其余两投影均积聚为一直线，而且平行于相应的两投影轴。

（3）投影面垂直面。

仅垂直于一个投影面，倾斜于另外两个投影面的平面称为投影面垂直线。投影面垂直面也分为三种：正垂面——垂直于 V 面，平行于 H、W 面；铅垂面——垂直于 H 面，平行于 V、W 面；侧垂面——垂直于 W 面，平行于 V、H 面。投影面垂直面的空间位置、投影图和投影特性，如表 2-4 所示。

表 2-3   投影面平行面的投影特性

名称	立 体 图	投 影 图	投影特性
水平面			1. H 面投影 p 反映实形 2. V 面投影 p'、W 面投影 p'' 积聚成直线 3. $p' /\!/ OX$, $p'' /\!/ OY_W$
正平面			1. V 面投影 q' 反映实形 2. H 面投影 q、W 面投影 q'' 积聚成直线 3. $q /\!/ OX$, $q'' /\!/ OZ$
侧平面			1. W 面投影 s'' 反映实形 2. H 面投影 s、V 面投影 s' 积聚成直线 3. $s /\!/ OY_H$, $s' /\!/ OZ$

表 2-4   投影面垂直面的投影特性

名称	立 体 图	投 影 图	投影特性
铅垂面			1. H 面投影 p 积聚为一斜线,且反映实倾角 β、γ。 2. V 面投影 p'、W 面投影 p'' 为类似形。

名称	立 体 图	投 影 图	投影特性
正垂面	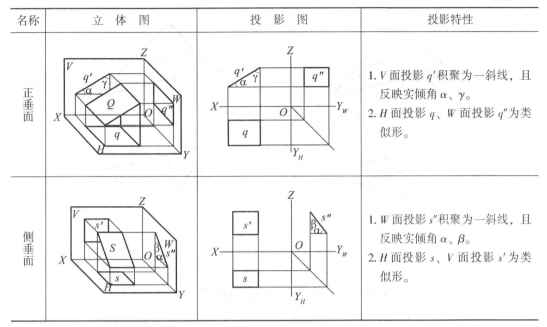		1. V 面投影 q′ 积聚为一斜线，且反映实倾角 α、γ。 2. H 面投影 q、W 面投影 q″ 为类似形。
侧垂面			1. W 面投影 s″ 积聚为一斜线，且反映实倾角 α、β。 2. H 面投影 s、V 面投影 s′ 为类似形。

从表 2-4 中可以归纳出投影面垂直面的投影特征：

1）与平面所垂直的投影面上的投影积聚为一斜线；该斜线与相应投影轴的夹角反映平面对其他两投影面的倾角；

2）其他两投影均为实形的类似形。

3. 平面内的点和直线

（1）平面内取点和直线。点在平面内的几何条件是：如果点位于平面内的任一直线上，则此点在该平面内。这是平面内取点的作图依据。

直线在平面内的几何条件必须满足下列两个条件之一：

1）通过平面内的两个已知点。如图 2-26（a）所示，点 M、N 分别为 △ABC 平面两个边上的点，连接这两点，所得直线 MN 在 △ABC 平面内。

2）通过平面内的一个已知点，且平行于该平面内一已知直线。如图 2-26（b）所示，点 K 是 △ABC 平面内 AB 边上的点，通过点 K 且平行于 △ABC 平面内 AC 边的直线 KM 必在 △ABC 平面内。

（2）平面内的投影面平行线。平面内的投影面平行线既应满足直线在平面内的几何条件，又应符合投影面平行线的投影特性。

（3）平面内的最大斜度线。平面内垂直于该平面的某一投影面平行线的直线，是平面内对这个投影面的最大斜度线。垂直于平面内水平线的直线，称为对 H 面的最大斜度线；垂直于平面内正平线的直线，称为对 V 面的最大斜度线；垂直于平面内侧平线的直线，称为对 W 面的最大斜度线。

最大斜度线的几何意义是：平面对某一投影面的倾角就是平面内对该投影面的最大斜度线的倾角。在土木建筑工程图中，应用最多的是对 H 面的最大斜度线（坡度线）。

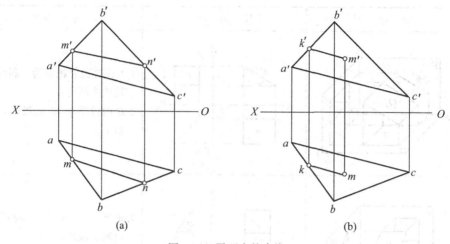

图 2-26　平面内的直线

图 2-27 为作平面 △ABC 内对 H 面的最大斜度线的过程：

1）先在平面内作任一条水平线，如 AD（$a'd'$、ad）。

2）在 △ABC 内适当位置作一条该水平线的垂线，根据直角投影定理，作 $be \perp ad$，由 be 向上作出 $b'e'$，be、$b'e'$ 即为对 H 面的最大斜度线 BE 的两面投影。

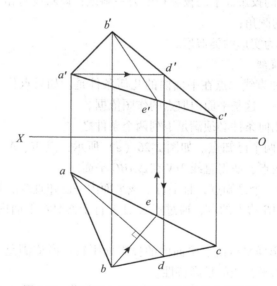

图 2-27　作平面 △ABC 内对 H 面的最大斜度线

2.2.4　直线与平面、平面与平面的相对位置

直线与平面、平面与平面的相对位置有三种：平行、相交、垂直。

1. 平行关系

（1）直线与平面平行。若一直线与平面上任一直线平行，则此直线与该平面平行。反之亦然。如图 2-28（a）所示。

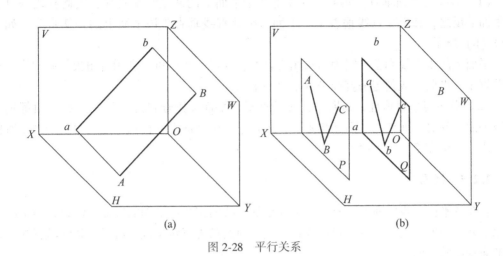

图 2-28　平行关系

（2）平面与平面平行。一平面上的两相交直线对应平行于另一个平面内的两相交直线，则这两个平面平行。如图 2-28（b）所示。

2. 相交关系

（1）直线与平面相交。直线与平面相交只有一个交点，这个交点也称为贯穿点，该交点是直线与平面的共有点。作图时，应先求出该交点的投影，然后判定直线与平面重影部分的可见性，该交点是可见与不可见的分界点，如图 2-29（a）所示。

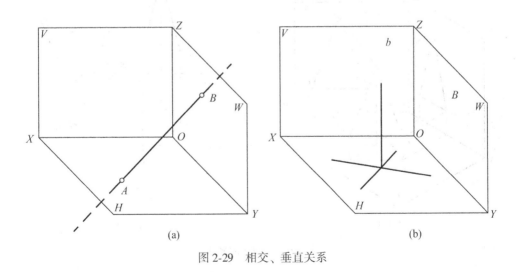

图 2-29　相交、垂直关系

（2）平面与平面相交。平面与平面相交，交线为一直线，该直线是两平面的共有线。

作图时，应先求出两平面的两个共有点，连接共有点得交线，然后判定两平面重影部分的可见性，交线是可见与不可见部分的分界线。

3. 垂直关系

（1）直线与平面垂直。如果一直线垂直于平面上的两条相交直线，则此直线垂直于该平面。反之，如果一直线垂直于一平面，则此直线垂直于该平面上的一切直线，如图 2-29（b）所示。

平面上的水平线和正平线为两条相交直线，这样，我们可以利用直角投影原理作一直线垂直于一平面，或判定一直线是否垂直一平面。

（2）平面与平面垂直。如果一直线垂直于一平面，则通过此直线的所有平面都垂直于该平面。反之，如果两平面互相垂直，则自第一个平面上的任意一点向第二个平面所作的垂线，一定在第一个平面上。

2.2.5 换面法

直线或平面与投影面平行时，投影才反映直线的实长或平面的实形。因此，当空间几何元素处于一般位置时，将一般位置直线或平面变换为特殊位置，就可以达到求直线实长或平面变形的目的。

应用换面法可以解决实长、实形和倾角问题。

换面法就是保持空间几何元素的位置不动，用一个新的投影面代替原来的某个投影面，使空间元素在新的投影面体系中处于平行或垂直的位置，并求出几何元素在新投影面上的投影。如图 2-30 所示。

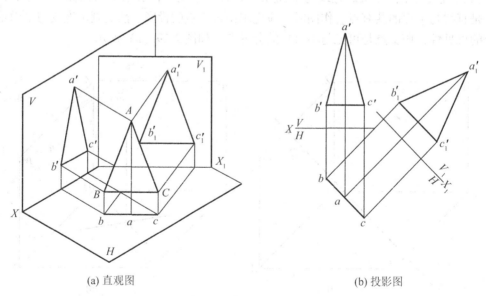

(a) 直观图　　　　　　　　　　(b) 投影图

图 2-30　换面法的概念

如图 2-30（a）所示，△ABC 在 V/H 投影面体系中，其铅垂面不反映实形。若设一个

48

与 H 面垂直且平行于 $\triangle ABC$ 平面的新投影面 V_1 来代替 V 面，组成新的投影面体系 V_1/H，则 $\triangle ABC$ 平面在 V_1 面上的投影 $\triangle a'_1 b'_1 c'_1$ 反映实形。在 V_1/H 中，V_1 与 H 面的交线为新投影轴 X_1，将 V_1 绕 X_1 轴展开和原投影面 H 同处一面时，得出 V_1/H 投影体系的投影图，如图 2-30（b）所示。

新投影面的建立应符合以下两个条件：

（1）投影面必须处于有利于解题位置。

（2）新投影面必须与原来投影面之一垂直。这样才能组成一个新的互相垂直的投影面体系，方可根据正投影规律作图。

1. 点的变换规律

如图 2-31（a）所示，在 V、H 两投影面体系中有一空间点 A，及两面投影 a、a'，在适当位置设立一个新的投影面 V_1 代替 V 面，形成新的两投影面体系 V_1/H。V_1 面与 H 面交于 $O_1 X_1$，称为新投影轴。过点 A 向 V_1 面作正投影，得到 A 点在 V_1 面上的新投影 a'_1。这时，H 面称为不变投影面，其投影 a 称为不变投影；V 面称为旧投影面，其投影 a'，称为旧投影；V_1 面称为新投影面，其投影 a'_1 称为新投影；OX 轴称为旧轴，$O_1 X_1$ 称为新轴。

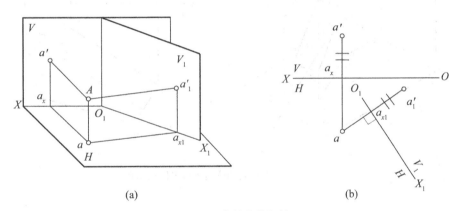

图 2-31　点的变换规律

由图 2-31（a）可知，将 V_1 面绕新轴 $O_1 X_1$ 旋转与 H 面展开在同一平面，则 a 和 a'_1 的连线一定垂直于新轴 $O_1 X_1$，并且 $a' a_x$，都反映点 A 到 H 面的距离 Aa，即 $a' a_x = a'_1 a_{x1}$。

由此，点的新投影作图方法如图 2-31（b）所示。

（1）在适当位置作新投影轴 $O_1 X_1$，由不变投影 a 向 $O_1 X_1$ 轴作垂线，使其与 $O_1 X_1$ 轴交于点 a_{x1}。

（2）在该垂线上截取 $a'_1 a_{x1} = a' a_x$，点 a'_1 即为点 A 在 V_1 面上的新投影。为了区别不同的投影体系，在投影轴的两侧注上相应的投影面符号。

由以上分析得出在换面法中点的投影变换规律为：

1）新投影和不变投影之间的连线垂直于新轴。

2）新投影到新轴的距离等于旧投影到旧轴的距离。

点的投影变换规律是换面法中直线和平面的作图基础。

2. 求一般位置直线的实长和倾角

两点确定一条直线，直线进行投影变换时，只要作出直线上两端点的新投影，即可求得直线的新投影。

如图 2-32（a）所示，在 V、H 两投影面体系中有一般位置直线 AB，其 V 面、H 面投影都不反映实长及倾角。保留 H 面不动，设立一个垂直于 H 面，且平行于直线 AB 的新投影面 V_1，代替 V 面，则 V_1 面、H 面就构成了一个新的两投影面体系。在新的两投影面体系中，直线 AB 在 V_1 面上的新投影 $a'_1b'_1$ 就反映实长和对 H 面的倾角 α。

在图 2-32（a）中，经过换面，在新的投影体系 V_1、H 两面中，直线 AB 变换为 V_1 面的平行线，不变投影 $ab // O_1X_1$ 轴，新投影 $a'_1b'_1$ 反映实长，$a'_1b'_1$ 与 O_1X_1 轴的夹角反映直线 AB 对 H 面的倾角 α。作图步骤如图 2-32（b）所示。

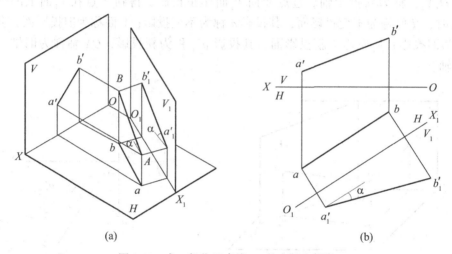

(a)　　　　　(b)

图 2-32　求一般位置直线 AB 的实长和倾角

（1）在不变投影 ab 一侧的适当位置作 $O_1X_1 // ab$。

（2）根据点的投影变换规律分别作出 A、B 两点的新投影 a'_1、b'_1，连接 $a'_1b'_1$ 即得直线 AB 的新投影，$a'_1b'_1$ 与 O_1X_1 轴的夹角为 α。

如果要求直线 AB 对 V 面的倾角 β，请读者自行思考作图方法。

3. 求投影面垂直面的实形

如图 2-33（a）所示，$\triangle ABC$ 为一铅垂面，若设立一新投影面 V_1 平行于 $\triangle ABC$，则 V_1 面也一定垂直于 H 面，则 $\triangle ABC$ 在 V_1 面上的新投影 $a'_1b'_1c'_1$ 反映实形。

作图方法如图 2-33（b）所示：

（1）作新轴平行于平面的有积聚性的不变投影，即作 $O_1X_1 // bac$。

（2）根据点的投影变换规律分别作出 A、B、C 各点的新投影 a'_1、b'_1、c'_1，连成 $\triangle a'_1b'_1c'_1$，即为 $\triangle ABC$ 的实形。

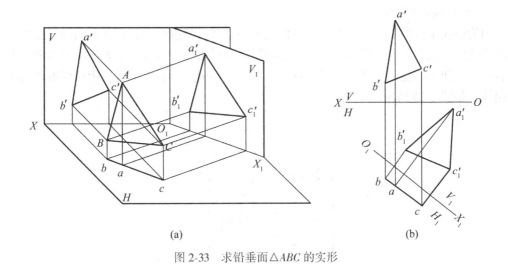

(a)   (b)

图 2-33　求铅垂面△ABC 的实形

2.3　曲线和曲面的投影

2.3.1　曲线的投影

1. 曲线的形成和分类

曲线可以看做是一个点在运动过程中连续改变其运动方向所形成的轨迹，也可以看做是两曲面相交或平面与曲面相交所形成的交线，如图 2-34 所示。

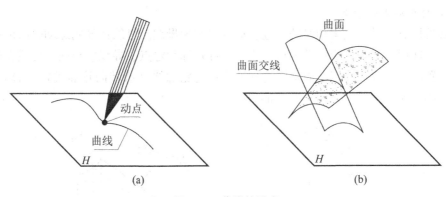

(a)   (b)

图 2-34　曲线的形成

按点的运动有无规律，曲线可以分为规则曲线和不规则曲线。通常研究的是规则曲线。按曲线上各点的相对位置，曲线可以分为：

（1）平面曲线——曲线上所有的点都在同一平面上，如圆锥曲线等。

（2）空间曲线——曲线上任意连续四个点不在同一平面上，如螺旋线等。

2. 曲线的投影特性

因为曲线是点的集合，所以绘制出曲线上一系列点的投影，并将各点的同面投影光滑地顺次连接，就得到该曲线的投影，这是绘制曲线投影的一般方法。若能绘制出曲线上一些特殊点，如最高点、最低点、最左点、最右点、最前点、最后点等，则可以更确切地表示曲线，如图 2-35 所示。

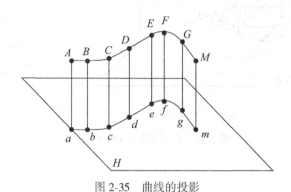

图 2-35　曲线的投影

曲线的投影特性：
（1）曲线的投影一般仍为曲线；
（2）曲线上点的投影必定在曲线的同面投影上；
（3）曲线的切线其投影仍与曲线的投影相切，而且切点的投影仍为投影的切点。

2.3.2　曲面的投影

1. 曲面的形成和分类

曲面可以看成是动线运动时的轨迹。动线也称为母线。母线作规则运动时所形成的曲面称为规则曲面。控制母线运动的点、线、面分别称为定点、导线、导面。母线在曲面上的任何位置称为素线。确定曲面范围的外形线称为轮廓线（或转向轮廓线），轮廓线与素线重合，称为轮廓素线，如图 2-36（a）所示。

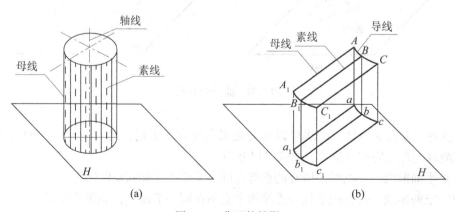

(a)　　　　　　　　　　　　　(b)

图 2-36　曲面的投影

52

按母线的性质和形成方法等，曲面可以分为：

（1）直纹面——母线为直线时所形成的曲面。

（2）曲纹面——母线为曲线时所形成的曲面。

（3）自由曲面——母线为不规则形状所形成的曲面，如地面。

2. 曲面的表示方法

用投影表示曲面时，一般应绘制出形成曲面的导线、导面、定点和母线等几何要素以及曲面轮廓线的投影，如图2-36（b）所示。

2.4 基本体的投影

任何物体都可以看成是由一些形状规则且简单的形体组成，这样的形体称为基本体。基本体分为平面立体和曲面立体两类。表面都由平面所构成的形体，称为平面立体；表面中含有曲面的形体称为曲面立体。

2.4.1 平面立体的投影

常见的平面立体有棱柱、棱锥、棱台。

1. 棱柱的投影

棱柱有直棱柱（侧棱与底面垂直）和斜棱柱（侧棱与底面倾斜）之分，本节只介绍常用的直棱柱。当直棱柱的底面为正多边形时，又称为正棱柱，如图2-37所示。

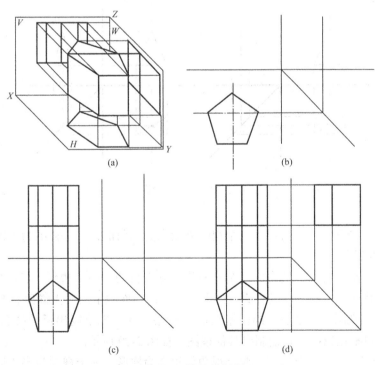

图 2-37　棱柱的投影

（1）直棱柱的形体特征。直棱柱两个底面为全等且相互平行的多边形，各侧棱垂直底面且相互平行，各侧面均为矩形。底面是直棱柱的特征面，反映该直棱柱的特征，底面是几边形（或某形状）即为几棱柱（或某形状）。

（2）直棱柱三视图的绘制法。一般是先绘制出反映棱柱底面实形的特征图，然后再根据投影关系和柱高绘制出其他视图，如图2-37所示。

（3）直棱柱三视图的图形特征。两个视图外轮廓为矩形，一个视图为多边形。

2. 棱锥的投影

（1）棱锥的形体特点。棱锥只有一个底面为多边形，各侧面均为三角形，且具有公共顶点。底面是棱锥的特征面，底面是几边形即为几棱锥。

（2）棱锥三视图的绘制法。一般也是先绘制出反映棱锥底面实形的特征图，然后再根据投影关系和锥高绘制出其他视图，如图2-38所示。

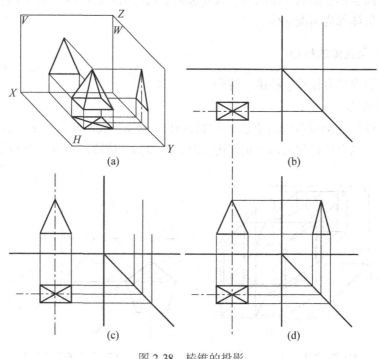

图 2-38　棱锥的投影

（3）棱锥三视图的图形特征。两个视图外轮廓为三角形，一个视图为多边形。

3. 棱台的投影

（1）棱台的形体特征。棱台的两个底面为相互平行的相似多边形，各侧面均为梯形，底面是棱台的特征面。棱台可以看成是由平行于棱锥底面的平面截去锥顶后的部分。

（2）棱台三视图的绘制法。同棱锥绘制法思路一样，先绘制出反映棱台底面实形的特征图，然后再根据投影关系绘制出其他视图，如图2-39所示。

（3）棱台三视图的图形特征。两个视图外轮廓为梯形，一个视图为多边形。

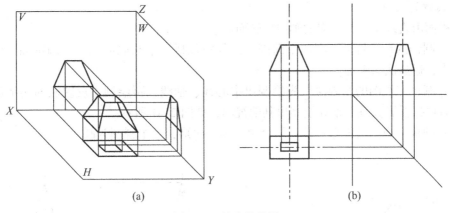

(a)   (b)

图 2-39 棱台的投影

2.4.2 曲面立体的投影

由一动线（直线、圆或其他曲线）绕固定轴线旋转而成的曲面，统称为回转面。动线称为母线，母线在回转面上的任一位置称为回转面的素线。

常见的曲面立体有：圆柱、圆锥、圆台和圆球。

1. 圆柱的投影

圆柱面由直线绕与其平行的轴线旋转而成。

（1）圆柱的形体特点。由三个面围成，其中包括两个全等、平行的底面和一个圆柱面，轴线与底面垂直且通过底面圆心。

（2）圆柱三视图的绘制法。先绘制出中心线、轴线，再绘制出反映底面实形的特征图，然后根据投影关系和柱高绘制出其他视图，如图 2-40 所示。

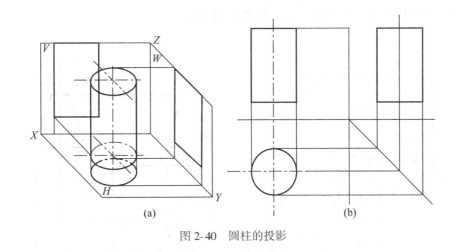

(a)   (b)

图 2-40 圆柱的投影

（3）圆柱三视图的图形特征。两个视图为矩形，一个视图为圆。

2. 圆锥的投影

圆锥面由直线绕与其相交的轴线旋转而成。

（1）圆锥的形体特征。由两个面围成，其中包括一个圆底面和一个圆锥面，轴线与底面垂直且通过底面圆心。

（2）圆锥三视图的绘制法。先绘制出中心线、轴线，再绘制出反映底面实形的特征图，然后根据投影关系和锥高绘制出其他视图，如图 2-41 所示。

（3）圆锥三视图的图形特征：两个视图为三角形，一个视图为圆。

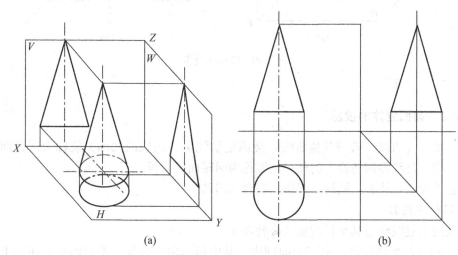

图 2-41 圆锥的投影

3. 圆台的投影

圆台是圆锥平行底面削去尖端部分。

圆台三视图的绘制法同圆锥一致，如图 2-42 所示。

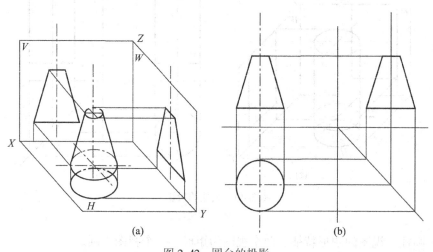

图 2-42 圆台的投影

圆台三视图的图形特征为：两个视图为梯形，一个视图为圆。

4. 圆球的投影

圆球面由圆绕其直径旋转而成，球面是不可展的曲面。如图 2-43 所示。

圆球三视图的绘制法，如图 2-43 所示。

圆球三视图的图形特征：三个视图均为直径相等的圆。

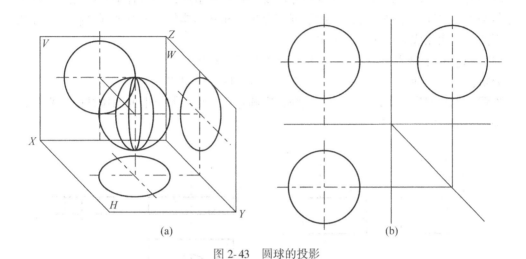

<table>
<tr><td>(a)</td><td>(b)</td></tr>
</table>

图 2-43　圆球的投影

2.5　简单体三视图的绘制法和识读

工程图中采用多面正投影来表达物体，多面正投影图又称为视图，所以三面投影图通常又称为三视图。

由较少的基本体经过简单的叠加或切割而形成的立体，称为简单体。如图 2-44（a）所示物体为两个四棱柱叠加，如图 2-44（b）所示物体为四棱柱上挖切圆柱通孔。叠加和切割是构型的两种基本方式。

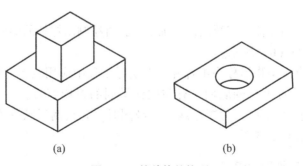

<table>
<tr><td>(a)</td><td>(b)</td></tr>
</table>

图 2-44　简单体的构型

这种将物体看做由基本体通过叠加或切割所形成的分析方法，称为形体分析法。该方法是为了理解物体的形状而采用的一种分析手段，形体分析法是画图和读图的基本方法。

2.5.1 简单体三视图的绘制法

画图前先运用形体分析法分析该物体由哪些基本体组成，分析各基本体的形状以及基本体与基本体之间的相对位置，然后根据三等规律和基本体的投影特征逐个绘制出各基本体的视图，进而完成简单体的三视图。

【例2-1】 试绘制出如图2-45（a）所示物体的三视图。

分析：该物体前后、左右对称，由上、下两个四棱柱组成。

作图：先绘制出下面四棱柱的三视图，准确定位，再绘制出上面四棱柱的三视图，检查加深后，结果如图2-45（a）所示。

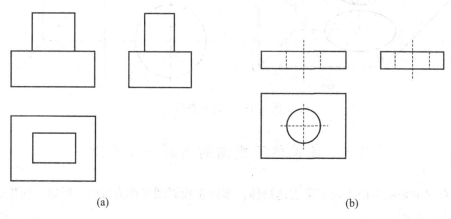

(a)　　　　　　　　　　　　　　　　(b)

图2-45　简单体的三视图

【例2-2】 试绘制出如图2-44（b）所示物体的三视图。

分析：该物体原体（没切割的基本体称为原体）是四棱柱，在其上正中挖了一个圆柱通孔。

作图：先绘制出四棱柱的三视图，准确定位，再绘制出挖掉的圆柱的三视图，检查加深后，结果如图2-45（b）所示。

在简单体中，有一类物体称为组合柱，在实际工程中应用较多。如图2-46所示，组合柱也具有两个全等且平行的底面，有与柱体类同的投影特征：一个视图为组合线框（反映底面实形），另两个视图为矩形线框。画图时，先绘制反映底面实形的特征视图，再按照投影规律完成其他视图。

2.5.2 简单体三视图的识读

读图是根据物体的视图想象其空间形状的思维过程。读图是每个技术人员必须具备的一种技能。

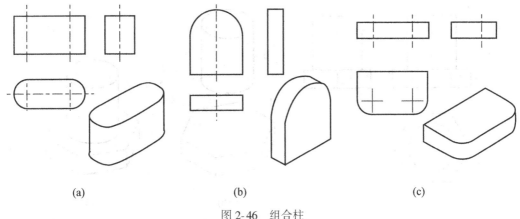

(a)   (b)   (c)

图 2-46　组合柱

要学会读图就应熟悉读图依据，掌握读图方法，反复实践。

读图时，首先运用形体分析法分析该物体由几部分组成，根据三等规律和基本体的投影特征确定各基本体的形状，再确定各基本体之间的相对位置，最后想象整体形状。

1. 读图的基本依据

（1）熟悉掌握三视图的投影规律及三视图与空间物体的对应关系。画图时每一部分都按投影规律绘制出，读图就是利用这个规律找出每一部分在三视图中的投影范围。

（2）熟悉掌握基本体三视图的图形特征。熟记基本体三视图的图形特征就能迅速看懂每一部分形状。

2. 形体分析法

形体分析法读图的要点就是一部分一部分地看，具体读图步骤可以分为：

（1）识视图、分部分。识视图是弄清各视图的观看方向、各视图与空间物体之间的方位关系，从而建立起图物关系，这是整个看图过程中不能忽视的问题。分部分是从一个投影重叠较少、结构关系明显的视图入手，结合其他视图，按线框把视图分解为若干部分。

（2）逐部分对投影、想形状。根据投影规律，逐一找出每个线框在其他视图中的对应投影，然后根据基本体三视图的图形特征，逐一想象出空间形状。

（3）综合起来想整体。判断出各部分的形状之后，再对照视图，按物体各部分形状的相互位置合在一起，综合想象出整体形状。

【例 2-3】试识读图 2-47（a）所示三视图，想象物体的空间形状。

分析：

（1）三视图中水平投影特征较明显，由一个正六边形线框 1 和圆形线框 2 组成，可以确定该物体由Ⅰ、Ⅱ两部分叠加而成。

（2）根据三等规律对照其他视图，可以看到Ⅰ、Ⅱ两部分的另两个投影都是矩形线框，由基本体的投影特征可以确定Ⅰ部分是铅垂的六棱柱，Ⅱ部分是铅垂的圆柱，如图 2-47（b）所示。

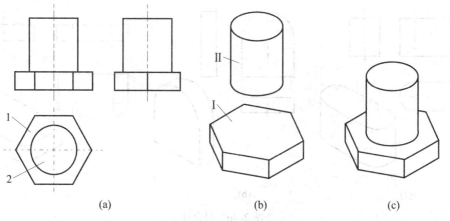

(a)   (b)   (c)

图 2-47　简单体三视图识读示例（一）

（3）确定两部分之间的相对位置，整体想象。圆柱位于六棱柱的顶面，前后左右居中，整体形状如图 2-47（c）所示。

【例 2-4】试识读图 2-48（a）所示三视图，想象物体的空间形状。

分析：

（1）三视图中侧面投影特征较明显，由一个"L"形大线框 1″和两个矩形小线框 2″、3″组成，可以确定该物体的 I 部分为原体，Ⅱ、Ⅲ 部分为切割处。

（2）根据三等规律对照其他视图，可以确定 I 部分为侧垂的"L"形棱柱，Ⅱ 部分为半圆柱，Ⅲ 部分为四棱柱，即在"L"形棱柱上切割掉 Ⅱ、Ⅲ 两部分，如图 2-48（b）所示。

（3）确定切割的位置，想象整体形状。在"L"形棱柱上部居中切割掉一个半圆柱，底部正前方居中切割掉一个四棱柱，整体形状如图 2-48（c）所示。

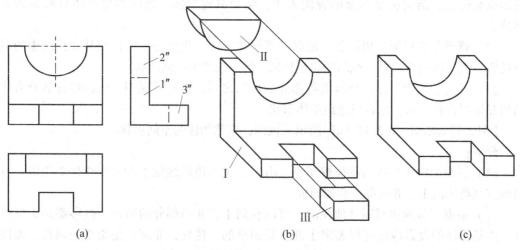

(a)   (b)   (c)

图 2-48　简单体三视图识读示例（二）

【例2-5】 已知物体的两视图，试想象其空间形状并补出第三视图，如图2-49（a）所示。

分析：根据两个视图补画第三视图，这是一种最常用的训练读图、画图的手段，简称"二求三"。补图前先根据已知的两视图，按照前面所述的读图方法想象物体的形状，再根据画图方法绘制出第三视图。

作图：由已知两视图可知该物体由Ⅰ、Ⅱ两部分组成，Ⅰ部分为正垂的"L"形棱柱，Ⅱ部分为正垂的三棱柱，Ⅱ部分位于Ⅰ部分顶部，前后居中，空间形状如图2-49（b）所示。按照三等规律分别作出Ⅰ、Ⅱ两部分的第三视图，考虑相对位置，检查加深，其结果如图2-49（c）所示。

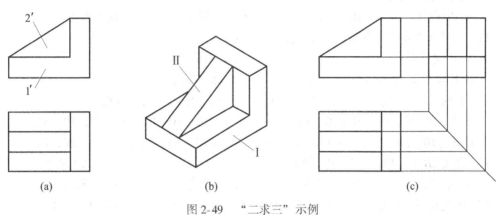

图2-49 "二求三"示例

思 考 与 练 习 题

一、单选题

1. 三视图采用的投影方法是（　　）。

    A. 斜投影法　　　B. 中心投影法　　　C. 多面正投影法　　　D. 单面投影法

2. 当直线、平面与投影面平行时，该投影面上的投影具有（　　）。

    A. 积聚性　　　　B. 真实性　　　　C. 类似收缩性　　　D. 收缩性

3. 正投影法中，投影面、观察者、物体三者相对位置是（　　）。

    A. 人—面—物　　B. 物—人—面　　C. 人—物—面　　D. 面—人—物

4. 三面投影体系中，H面展平的方向是（　　）。

    A. H面永不动　　　　　　　　　　B. H面绕Y轴向下转90°

    C. H面绕Z轴向右转90°　　　　　D. H面绕X轴向下转90°

5. 物体左视图的投影方向是（　　）。

    A. 由前向后　　　B. 由左向右　　　C. 由右向左　　　D. 由后向前

6. 左视图反映了物体的（　　）。

A. 上下方位　　　　　B. 左右方位　　　　　C. 上下前后方位　　　D. 前后左右方位

7. 能反映出物体左右前后方位的视图是（　　　）。

A. 左视图　　　　　　B. 俯视图　　　　　　C. 主视图　　　　　　D. 后视图

8. 三视图中"宽相等"是指（　　　）之间的关系。

A. 左视图和俯视图　　　　　　　　　　B. 主视图和左视图

C. 主视图和俯视图　　　　　　　　　　D. 主视图和侧视图

9. 空间点 A 的正面投影 a' 到 OX 轴的距离等于空间点 A 到（　　　）。

A. V 面的距离　　　　　　　　　　　B. H 面的距离

C. W 面的距离　　　D. H 面和 V 面的距离

10. 空间点 A 只有当 Y 坐标为零时，空间位置在（　　　）。

A. 原点处　　　　　B. W 面上　　　　　C. OX 轴上　　　　　D. V 面上

11. 空间点 A 在点 B 的正左方，这两个点为（　　　）。

A. H 面重影点　　　　　　　　　　　B. W 面重影点

C. V 面和 W 面重影点　　　　　　　D. V 面重影点

12. 下列几组点中，（　　　）是 W 面上的重影点，并且 A 点为可见。

A. A (5, 10, 8)、B (10, 10, 8)　　B. A (10, 10, 8)、B (10, 10, 5)

C. A (10, 30, −5)、B (8, 30, −5)　D. A (10, 30, 8)、B (10, 20, 8)

13. 直线 AB 的正面投影与 OX 轴倾斜，水平投影与 OX 轴平行，则直线 AB 是（　　　）。

A. 水平线　　　　　B. 正平线　　　　　C. 侧垂线　　　　　D. 一般位置线

14. 用直角三角形法求一般位置直线的倾角 α 时，直角三角形画在（　　　）。

A. H 面上　　　　　B. V 面上　　　　　C. W 面上　　　　　D. 任意投影面上

15. 求点 A 到直线 BC 的距离实长时，能从投影图中直接量取的已知条件是（　　　）。

A. 直线 BC 为一般位置　　　　　　　B. 直线 BC 为侧平线

C. 直线 BC 为铅垂线　　　　　　　　D. 直线 BC 为水平线

16. 在 V、H 两投影面上不能直接判断是否平行的是（　　　）。

A. 两水平线　　　　　B. 两正平线　　　　　C. 两侧平线　　　　　D. 两侧垂线

17. 空间两交叉直线在 V 面上的重影点为 a'、b'，若 a' 可见，应符合条件（　　　）。

A. $XA<XB$　　　　　B. $XA>XB$　　　　　C. $YA>YB$　　　　　D. $YA<YB$

18. 一条正平线与一条一般位置直线在空间垂直，投影图中互相垂直的是（　　　）。

A. 正面投影　　　　　B. 水平投影　　　　　C. 侧面投影　　　　　D. 三面投影

19. 平面的正面投影积聚为一条直线并与 OX 轴平行，该平面是（　　　）。

A. 正平面　　　　　B. 水平面　　　　　C. 正垂面　　　　　D. 铅垂面

20. 能取到正垂线的平面是（　　　）。

A. 铅垂面　　　　　B. 一般位置平面　　　C. 正垂面　　　　　D. 侧垂面

21. 在一般位置平面 P 内取一直线 AB，已知 $ab/\!/OX$ 轴，直线 AB 是（　　　）。

A. 水平线　　　　　B. 正平线　　　　　C. 侧平线　　　　　D. 侧垂线

22. 交线为水平线的一组平面是（　　　）。

A. 正垂面与侧垂面　　　　　　　　　　B. 水平面与正垂面

C. 两个一般位置面　　　　　　　　　D. 侧垂面与一般位置面

23. 用换面法求一般位置直线的实长时，需要经过（　　　）。

A. 一次换面　　　B. 二次换面　　　C. 三次换面　　　D. 四次换面

24. 用换面法求一般位置平面的实形时，需要经过（　　　）。

A. 一次换面　　　B. 二次换面　　　C. 三次换面　　　D. 四次换面

25. 圆柱面的形成条件是（　　　）。

A. 圆母线绕过其圆心的轴旋转　　　　B. 直母线绕与其平行的轴旋转

C. 曲母线绕轴线旋转　　　　　　　　D. 直母线绕与其相交的轴旋转

26. 曲面体的轴线和圆的中心线在三视图中（　　　）。

A. 可以不表示　　　　　　　　　　　B. 必须用点画线画出

C. 当体小于一半时才不画出　　　　　D. 体积小于等于一半时均不画出

27. 轴线垂直 H 面圆柱的正向轮廓素线在左视图中的投影位置（　　　）。

A. 在左边铅垂线上　　　　　　　　　B. 在右边铅垂线上

C. 在轴线上　　　　　　　　　　　　D. 在上下水平线上

28. 圆锥的四条轮廓素线在投影为圆的视图中的投影位置（　　　）。

A. 都在圆心　　　　　　　　　　　　B. 在中心线上

C. 在圆上　　　D. 分别积聚在圆与中心线相交的四个交点上

29. 两个视图为矩形的形体是（　　　）。

A. 直棱柱　　　　B. 圆柱　　　　　C. 组合柱　　　　D. 前三者

30. 一个视图为圆，两个视图为三角形的基本体是（　　　）。

A. 圆台　　　　　B. 圆柱　　　　　C. 圆锥　　　　　D. 圆球

二、简答题

1. 什么是投影法？投影法分为哪几种？

2. 正投影有哪些基本特性？

3. 试述三面投影图的形成、展开及投影规律。

4. 试述点的三面投影图的投影特性。

5. 试述各种位置直线和平面的投影特性。

6. 直线上的点有哪些投影特性？

7. 两直线垂直有什么样的投影特性？

8. 如何在平面内取点和直线？

9. 平面内的最大斜度线是什么样的直线？

10. 如何用换面法求直线的实长和平面的实形？

11. 平面曲线与空间曲线有什么区别？

12. 试述圆柱面、圆锥面和球面的形成及投影特性。

13. 平面立体的投影特征是什么？在平面立体表面上怎样取点？

14. 回转体的投影特征是什么？在回转体表面上怎样取点？

15. 什么是简单体？如何读、画简单体的三视图？

第3章 轴测投影与标高投影

【教学目标】

轴测投影是绘制富有立体感的轴测图的投影方法，轴测图在实际工程中常作为辅助图样，以帮助空间想象、构思分析和辅助读图；标高投影是绘制实际工程中表示地面高低起伏状况的地形图的投影方法，在地形图上可以表示工程建筑物和解决相关工程问题。

通过本章学习，要求学生掌握轴测投影与标高投影的图示特点、作图方法及工程应用，建立空间概念；了解轴测投影和标高投影的基本思想；理解轴测投影和标高投影的基本原理，能利用轴测投影和标高投影原理解决一些相关的基本工程问题。

3.1 轴测投影

轴测图是用轴测投影方法绘制出的富有立体感的图样，在实际工程中常作为辅助图样，帮助空间想象，建立空间概念、构思分析和辅助读图。本节主要介绍轴测图的图示特点和作图方法。

3.1.1 轴测投影图的形成与分类

1. 轴测投影图的形成

多面正投影图表达空间物体具有画图简单，投影形状真实、度量方便等优点，因此在实际工程中被广泛应用。但多面正投影图的投射方向总与物体的某一主要方向一致，使得每一个视图，只能表达物体一个方面的尺度和形状，且缺乏立体感，不够直观，读懂这类图需要具备专业的读图知识。如果用平行投影的方法，将物体连同其坐标轴一同向一个投影面进行投影，利用三个坐标轴确定物体的三个尺度，就能在一个投影面中得到反映物体长，宽、高三个方面的形状和尺度的图形，这种投影方法，称为轴测投影法。用轴测投影法所得到的图形，称为轴测投影图（简称轴测图或立体图），如图 3-1 所示。

轴测投影图的优点是比较直观和立体感强，能较清楚地表达物体的形象，容易看懂，因而在实际工程中也有较多应用，如辅助读图、外观设计等。其缺点是度量性较差，不能完全反映物体的真实形状和大小，且作图麻烦。实际工程中有时用轴测图作为辅助图，以表达物体的立体关系和位置。

如图 3-1 所示，为空间立方体的轴测投影图，该图是将立方体连同其直角坐标系，沿不平行于任一坐标面的方向，用平行投影法将其投射在单一投影面 P 上所得到的图形。由图 3-1 可以看出，该图反映了立方体三个尺度。图 3-1 中 P 为轴测投影面，ox、oy、oz 为空间直角坐标系的三个坐标轴，O_1x_1、O_1y_1、O_1z_1 为相应三个坐标轴在轴测投影面上的投影。

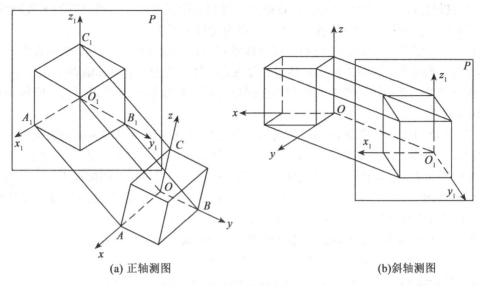

(a) 正轴测图   (b)斜轴测图

图 3-1　立方体的轴测投影图

空间直角坐标轴 Ox、Oy、Oz 在轴测投影面上的投影 O_1x_1、O_1y_1、O_1z_1 称为轴测投影轴，简称轴测轴。每两根轴测轴之间的夹角 $\angle x_1O_1y_1$、$\angle x_1O_1z_1$、$\angle z_1O_1y_1$ 称为轴间角。

空间某线段沿某轴测轴的投影长与其沿相应空间坐标轴的实际长度之比，称为该轴的轴向变形系数，即

$$\frac{O_1A_1}{OA}=p \qquad p \text{ 为 } x \text{ 轴的轴向变形系数；}$$

$$\frac{O_1B_1}{OB}=q \qquad q \text{ 为 } y \text{ 轴的轴向变形系数；}$$

$$\frac{O_1C_1}{OC}=r \qquad r \text{ 为 } z \text{ 轴的轴向变形系数。}$$

轴间角和轴向变形系数是绘制轴测图的两个重要参数，种类不同的轴测图其轴间角和轴向变形系数各不相同。

由于轴测投影是用平行投影方法进行的投影，所以轴测投影具有平行投影的特性：

（1）空间直线，其轴测投影仍然为直线；

（2）空间相互平行的直线，其轴测投影仍然相互平行；

（3）空间上平行于坐标轴 Ox、Oy、Oz 的线段，即轴向线段，其轴测投影也必然与相应的轴测轴平行，并且所有同轴的轴向线段，其变形系数相同。

由多面正投影图绘制轴测图时，物体上与轴向平行的线段，在多面正投影图中可以直接量取实际尺寸后，乘以相应的轴向变形系数即得其轴测投影长度，这就是"轴测"二字的含义，亦即沿轴的方向可以测量尺寸。而与轴向不平行的线段，不能在轴测图中直接作出，只能通过坐标定点的方法作出其两个端点后连线得到该线段。

2. 轴测投影图的分类

随着投射方向、空间物体和轴测投影面三者相对位置的变化，可以得到无数轴测图。根据投影线方向和投影面的关系，轴测投影图分为以下两类：

（1）正轴测图。使投影线与轴测投影面垂直所得到的轴测图称为正轴测投影图，也称为直角轴测投影。如图 3-1（a）所示，使确定物体位置的三个坐标轴 Ox、Oy、Oz 都与投影面 P 斜交，然后用正投影法将物体连同坐标系一起投射到 P 投影面上，即得到该物体的正轴测图。

（2）斜轴测图。使投影线与轴测投影面斜交所得到的轴测图称为斜轴测投影图，也称为斜角轴测投影图。如图 3-1（b）所示，使反映物体长和高的一面（即坐标面 xOz）平行于投影面 P，然后用斜投影法将物体连同坐标系一起投射到 P 投影面上，即得到该物体的斜轴测图。根据需要，在轴测投影中也可以使反映物体长和宽的一面（即坐标面 xOy）或宽和高的一面（即坐标面 yOz）平行于投影面 P。

根据轴向变形系数的不同，上述每种轴测投影图又可以分为三种：

1）当 $p=q=r$ 时，称为正（或斜）等测投影图；

2）当 $p=q\neq r$ 或 $p\neq q=r$ 或 $p=r\neq q$ 时，称为正（或斜）二测投影；

3）当 $p\neq q\neq r$ 时，称为正（或斜）三测投影。

实际工程中常用的是正等测图和斜二测图。本章主要介绍正等测图和斜二测图的画法。

3.1.2 正等测图

1. 正等测图的形成

正等测图是用正轴测投影的方法并使其三个轴向变形系数相等作出的轴测投影图。

绘制正等测图，首先作三根互成 120° 的轴测轴 O_1x_1、O_1y_1、O_1z_1，一般使 O_1z_1 与水平线成直角（铅垂方向），O_1x_1、O_1y_1 与水平线成 30°角，如图 3-2 所示。

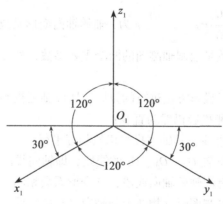

图 3-2　正等测图的轴间角

三个轴间角相等，即 $\angle x_1O_1y_1 = \angle x_1O_1z_1 = \angle z_1O_1y_1 = 120°$；三个轴向变形系数 p、q、r

相等，$p=q=r=0.816$。为了绘图方便，一般把三个轴向变形系数均取为 1，即 $p=q=r=1$。画图时，凡平行于各坐标轴的线段，可以按其实际长度量取，虽然作图结果放大了约 1.22 倍，但物体形状没有改变。

2. 平面体正等测图的画法

一般地，根据物体的正投影图绘制轴测图的基本步骤为：

（1）识读多面正投影图，通过形体分析看懂物体，并确定原点和参考坐标系的位置。

（2）确定轴测图种类，作出轴测轴，根据物体的特点，选取适当的方法完成轴测图。轴测图上只绘制可见部分的轮廓线，不可见部分的虚线一般不绘制。因此，作图时经常先从物体上的某一可见表面开始，在完成每一个表面时，先绘制和轴平行的线段，再绘制和轴不平行的线段。

（3）检查加深。确定作图结果后，擦去作图线，加深物体上所有可见轮廓线。

绘制轴测图的作图方法常有坐标法、特征面法、叠加法和切割法等。其中坐标法是最基本的方法，其他方法都是根据物体的特点对坐标法的灵活应用。

作比较复杂的物体的轴测图时，常将几种方法综合应用。下面举例说明各种作图方法的运用。

1）坐标法。首先引入参考直角坐标系，确定物体上相对于坐标系的坐标，然后绘制出相应的轴测轴，根据物体上各特征点的坐标，沿轴测轴方向进行度量，绘制出各点的轴测投影，最后依次连接各点，即可得到该物体的轴测图。

【例 3-1】如图 3-3 所示，为三棱锥的两面投影图，试作其正等测图。

分析：设三棱锥的坐标系为 $O_1X_1Y_1Z_1$，则可以确定三棱锥上各点 S、A、B、C 的坐标值。

为方便作图，使 $X_1O_1Y_1$ 坐标面与锥底面重合，O_1X_1 轴通过点 B，O_1Y_1 轴通过点 C，如图 3-3（a）所示。

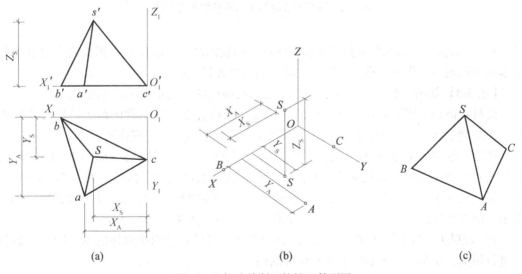

（a）　　　　　　　　　　（b）　　　　　　　　　　（c）

图 3-3　坐标法绘制三棱锥正等测图

作图：如图 3-3（b）所示，绘制出正等测的轴测轴，按坐标值沿轴向量取尺寸，由此确定各点的位置。连接点 S、A、B、C，并描深可见的棱线和底边，结果如图 3-3（c）所示。

2）特征面法。特征面法适用于绘制柱类物体的轴测图。通常是先绘制出反映柱体特征的一个可见端面，再绘制出可见的棱线和另一端面的可见边线，完成物体的轴测图。这种方法称为特征面法。

【例 3-2】如图 3-4（a）所示，为正六棱柱的两面投影，试作其正等测图。

分析：该正六棱柱前后、左右对称，为了便于作图，选取顶面中心点为坐标原点，以顶面六边形的中心线为 O_1X_1 轴和 O_1Y_1 轴，如图 3-4（a）所示。从可见的顶面开始作图。

作图：绘制出正等测的轴测轴，作正六棱柱的顶面，顶点 1、3 在 OX 轴上，点 2、4 在 OY 轴上，直接量取可得，分别过点 2、4 作 OX 轴的平行线，量取顶面上前后两个边的长度，可得 5、6、7、8 四个顶点，依次连线绘制出顶面的正等测图，如图 3-4（b）所示。过顶面各顶点沿 OZ 轴方向绘制出相平行的可见棱线，在棱线上截取棱柱的高度，得底面各点，如图 3-4（c）所示。擦去作图线，描深可见图线。结果如图 3-4（d）所示。

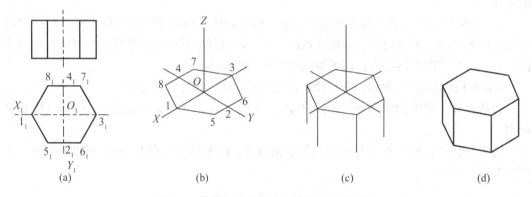

图 3-4　特征面法绘制正六棱柱的正等测图

3）叠加法。绘制由几部分叠加而成的物体的轴测图时，应该从主到次逐个绘制出各基本体的轴测图，作图时确定各部分之间的相对位置是关键。

【例 3-3】如图 3-5（a）所示，为挡土墙的两面投影，试完成其正等测图。

分析：该挡土墙可以看成由一个正垂"⊥"形棱柱和前后对称的两个三棱柱叠加而成。先绘制主体"⊥"形棱柱，再逐一将两个三棱柱绘制出，完成作图。

作图：绘制出正等测的轴测轴，用特征面法绘制"⊥"形棱柱，如图 3-5（b）所示；根据尺寸 Y_1 准确定位，以点 A 为起画点，用特征面法绘制前方三棱柱，如图 3-5（c）所示；根据尺寸 Y_2 准确定位，以点 B 为起画点，用特征面法绘制后方三棱柱，如图 3-5（d）所示；擦去被遮挡的图线，检查加深完成作图。结果如图 3-5（e）所示。

4）切割法。对于能从基本体切割而成的物体，可以先绘制出原体的轴测图，然后分步进行切割，切割时一定要注意切割位置的确定。

【例 3-4】如图 3-6（a）所示为物体的三面投影，试作其正等测图。

68

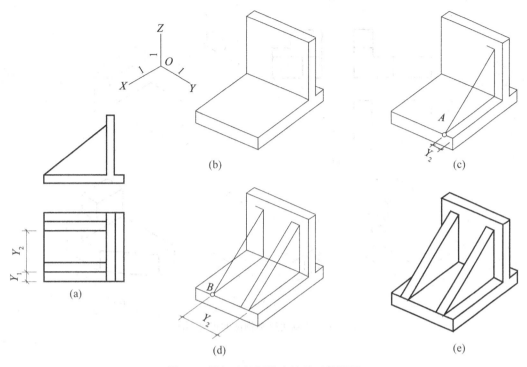

图 3-5 叠加法绘制挡土墙的正等测图

分析：该物体可以看成是"L"形棱柱被切割两次，右前上方切掉一个四棱柱，左前方切掉一个三棱柱。

绘制轴测图时，可以先绘制出完整的"L"形棱柱，再逐次进行切割。

作图：绘制出正等测的轴测轴，用特征面法绘制出"L"形棱柱，如图 3-6（b）所示；由投影图量取准确位置，切掉右前上方的小四棱柱，如图 3-6（c）所示；量取准确位置，切去左前方三棱柱，如图 3-6（d）所示；最后擦去作图线，描深可见图线。结果如图 3-6（e）所示。

5）观察方向的选择。对同一种轴测图，为了把物体表达得更清楚，可以根据物体的形状特征选择适当的观看方向，如俯视、仰视、从左看、从右看等。

如图 3-7 所示，为物体从不同方向观察得到的正等测的不同效果，其中图 3-7（a）为从左侧观看的俯视图，图 3-7（b）为从右侧观看的俯视图，图 3-7（c）为从左侧观看的仰视图，图 3-7（d）为从右侧观看的仰视图。对于本例，图 3-7（c）最能表现物体各部分的形状，效果最好。

3. 曲面体正等测图的画法

曲面体正等测图的画法与平面体相同。绘制曲面体正等测图的关键是掌握物体上圆和圆弧的画法。

（1）平行于坐标面的圆的正等测图画法。当圆所在的平面平行于轴测投影面时，其投影仍为圆；当圆所在的平面倾斜于轴测投影面时，其投影为椭圆。一般情况下，圆柱、

69

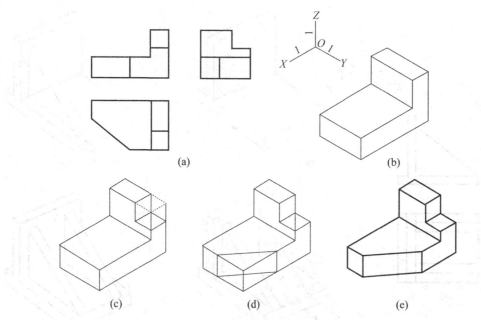

(a)

(b)

(c)　　　　(d)　　　　(e)

图 3-6　切割法绘制物体的正等测图

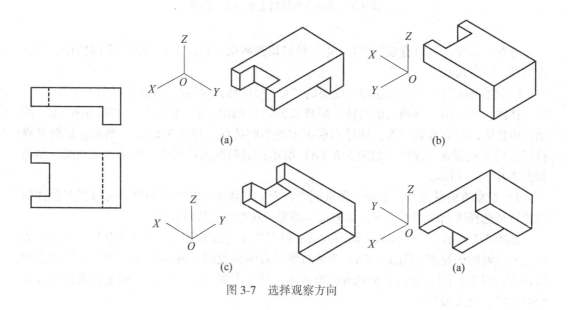

(a)

(b)

(c)

(a)

图 3-7　选择观察方向

圆锥和圆台等的端面圆都平行于某个坐标面，正等轴测投影中，各坐标面都倾斜于轴测投影面且倾角相同，所以平行于不同坐标面的圆其正等测图都是椭圆，如图 3-8 所示，从图 3-8 中可以看出：

1）圆的中心线的正等测图平行于相应坐标面上的两个轴测轴。若水平圆平行于

70

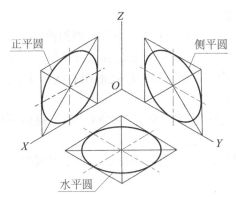

图 3-8　平行于坐标面的圆的正等测图

$X_1O_1Y_1$ 坐标面，其中心线的正等测图平行于 OX、OY 两个轴测轴；正平圆平行于 $X_1O_1Z_1$ 坐标面，其中心线的正等测图平行于 OX、OZ 两个轴测轴；侧平圆平行于 $Y_1O_1Z_1$ 坐标面，其中心线的正等测图平行于 OY、OZ 两个轴测轴。

2）椭圆的长轴方向垂直于相应坐标面之外的轴测轴。若水平圆的正等测图，其长轴垂直于 OZ 轴；正平圆的正等测图，其长轴垂直于 OY 轴；侧平圆的正等测图，其长轴垂直于 OX 轴。

平行于坐标面的圆的正等测图，常用菱形四心法绘制，即用四段圆弧光滑连接，近似绘制出椭圆，这种方法仅适用于正等测图。下面以作水平圆的正等测为例，具体画法如图 3-9 所示，其步骤为：

①定原点和坐标轴，作圆外切正方形，得 4 个切点 a、b、c、d，如图 3-9（a）所示。

②作轴测轴和四个切点 A、B、C、D，过这 4 点分别作 OX、OY 轴的平行线，得圆的外切正方形的正等测菱形，如图 3-9（b）所示。

③分别过这 4 个切点 A、B、C、D 作各自所在边的垂线，得 4 个交点 1、2、3、4，即为 4 段圆弧的圆心，其中 3、4 为菱形短对角线的端点，如图 3-9（c）所示。

④分别以 1、2 为圆心，$1B$ 为半径作圆弧 $\overgroup{AB}$ 和 $\overgroup{CD}$，再分别以 3、4 为圆心，$4B$ 为半径作圆弧 $\overgroup{AD}$ 和 $\overgroup{BC}$，4 段圆弧光滑地连成椭圆，如图 3-9（d）所示。

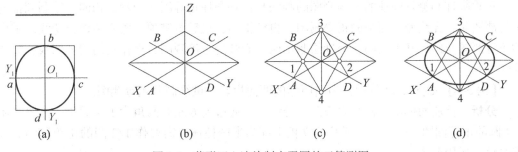

图 3-9　菱形四心法绘制水平圆的正等测图

（2）曲面体正等测画法。

【例 3-5】 如图 3-10（a）所示，为铅垂圆柱的两面投影，试绘制其正等测图。

分析： 该圆柱轴线为铅垂线，顶面圆和底面圆分别位于 $X_1O_1Y_1$ 坐标面及其平行面上，其正等测为形状、大小相同的两个椭圆，以菱形四心法作图，然后绘制两椭圆的公切线即可。

作图： 以顶面圆心为坐标原点，设定坐标轴，并作顶面圆的外切正方形，切点为、a、b、c、d，如图 3-10（a）所示。

按照图 3-9 的步骤用菱形四心法绘制出顶面圆的正等测图，如图 3-10（b）所示。

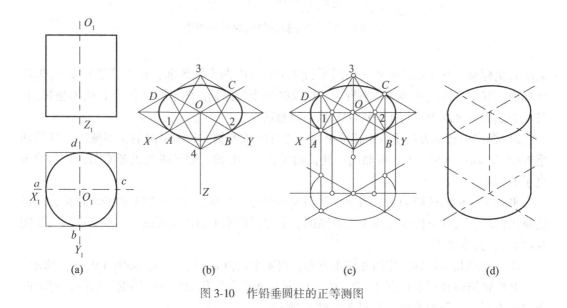

图 3-10　作铅垂圆柱的正等测图

为了减少作图，底面圆的正等测图只需绘制三段可见的圆弧，为此，用移心法将顶圆圆心 O、圆弧圆心 1、2、3 和 4 个切点 A、B、C、D 均沿 OZ 轴下移圆柱的高度，然后用相应的半径绘制出底圆圆弧，得底圆的正等测图，如图 3-10（c）所示。

绘制两椭圆的公切线，擦去作图线，描深可见轮廓线，完成作图，结果如图 3-10（d）所示。

正垂圆柱和侧垂圆柱的正等测图的画法与铅垂圆柱正等测图的画法相同。绘制圆锥的正等测图时，先绘制底面圆的正等测图，再定锥顶，最后由锥顶向底面圆作公切线。圆台的正等测图与圆柱基本相同，分别绘制出两端面圆的正等测图，再作它们的公切线，如图 3-11 所示。

【例 3-6】 如图 2-12 所示，为曲面体的两面投影，试绘制其正等测图。

分析： 该曲面体由底板和立板两部分组成。底板前方左右两角为 1/4 圆角，需要绘制 1/4 圆的正等测图。带有圆柱通孔的立板上部为半圆柱体，需要作 1/2 圆的正等测图。画图时综合运用前述方法。

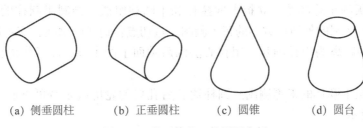

(a) 侧垂圆柱   (b) 正垂圆柱   (c) 圆锥   (d) 圆台

图 3-11　曲面体的正等测图实例

作图：

（1）作底板的正等测图。画底板的圆角时，从底板顶面左右两角点沿顶面的两边量取圆角半径，得切点 1、2、3、4，过切点作边线的垂线，交得圆心 O_1、O_2，以圆心到切点的距离为半径画弧，即为圆角正等测图，用移心法画底面圆角，注意作出右前角处的公切线，如图 3-12（b）所示。

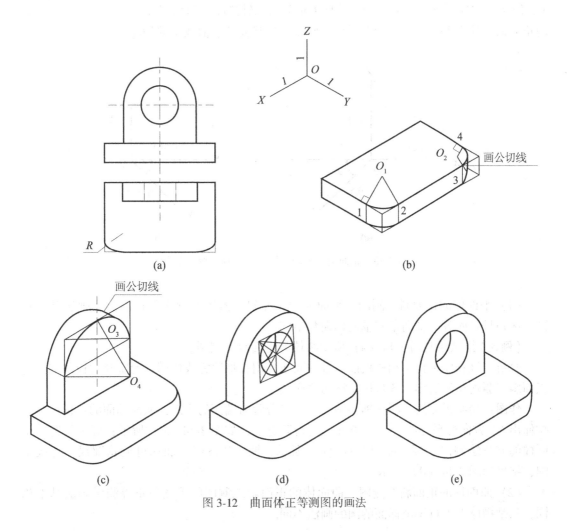

(a)   (b)

(c)   (d)   (e)

图 3-12　曲面体正等测图的画法

73

（2）作立板的正等测图。立板由四棱柱和半圆柱组成，绘制半圆柱的正等测图时，作出前端面上 1/2 圆的外切正方形的正等测图，过切点作边线的垂线，交得圆心 O_3、O_4，以圆心到切点的距离为半径画弧，用移心法画后端面上的半圆，注意作出公切线，如图 3-12（c）所示。

（3）作立板上圆柱的正等测图。圆柱通孔后孔口的轮廓线是否可见取决于板厚，如图 3-12（d）所示。

（4）擦去作图线，描深可见轮廓线，完成作图，结果如图 3-12（e）所示。

3.1.3 斜二测图

1. 正面斜二轴测图

斜二测图是用斜测投影的方法，并使其两个轴向变形系数相等作出的轴测投影图。为了作图方便和作出的轴测图立体感强，一般采用 $p=r=1$，$q=0.5$，轴向角 $\angle XOZ = 90°$，$\angle YOZ = 135°$，Y 轴与水平线成 $45°$。方向可以选向右下、左下、右上、左上等，如图 3-13所示。这样得到的正面斜轴测图称为正面斜二轴测图，简称正面斜二测。由于物体上的正立面反映实形，所以这种图适用于画正面形状复杂、曲线多的物体。

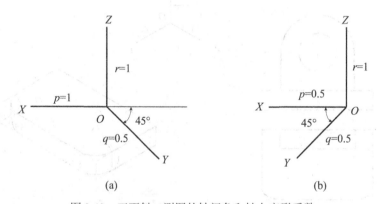

(a)　　　　　　(b)

图 3-13　正面斜二测图的轴间角和轴向变形系数

（1）平面体的正面斜二测图。平面体的正面斜二测图的画法与正等测图画法基本相同，区别只是两者的轴间角和轴向伸缩数不同。

【例 3-7】试绘制图 3-14（a）所示物体的正面斜二测图。

分析：该物体由台阶和栏板前后叠加而成，用叠加法完成作图。台阶和栏板前端面的正面斜二测均反映实形，各自用特征面法作图。

作图：绘制正面斜二测的轴测轴，绘制出台阶前端面的实形，从前端面的各顶点向后拉伸出 OY 方向的平行线，按 $q=0.5$ 确定台阶宽度，如图 3-14（b）所示；确定位置，用同样的方法绘制出栏板，如图 3-14（c）所示；擦去作图线，加深可见轮廓线，完成全图，结果如图 3-14（d）所示。

（2）曲面体的正面斜二测图。曲面体的正面斜二测图的画法与正等测图画法基本相同，只是物体上平行于坐标面的圆的画法不同。

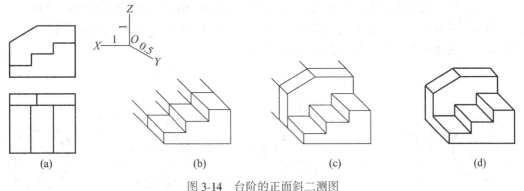

(a)   (b)   (c)   (d)

图 3-14　台阶的正面斜二测图

1）平行于坐标面的圆的正面斜二测图。正面斜二测图中，平行于坐标面 $X_1O_1Z_1$ 的圆（正平圆），其正面斜二测图反映实形，可以直接绘制出，如图 3-15 所示；平行于坐标面 $X_1O_1Y_1$ 和 $Y_1O_1Z_1$ 的圆（水平圆和侧平圆），其正面斜二测图是椭圆，常用八点法或描点法绘制图。

八点法作图适用于绘制任意位置圆的各类轴测图。

以水平圆为例，具体画法如图 3-15 所示，作出圆的外切正方形的正面斜二测图，得一平行四边形，然后以轴向伸缩系数为 1 的半条边为斜边作等腰直角三角形，将作得的直角边的长度量在这条边中点的两侧，由量得的点作 OY 轴的平行线，与平行四边形的对角线交得四个点，再连同平行四边形的四个中点一起，由八个点连成椭圆。

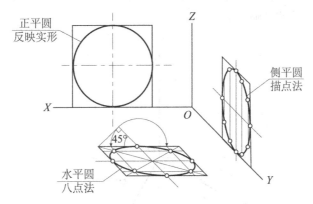

图 3-15　平行于坐标面的圆的正面斜二测图

描点法是通过平行于坐标轴的弦，作出圆周上若干点的轴测图，再光滑连成椭圆，如图 3-15 中侧平圆的正面斜二测图所示。

2）曲面体的正面斜二测画法。

【例 3-8】试绘制图 3-16（a）所示物体的正面斜二测图。

分析：该物体由同轴的大、小两个圆柱叠加而成，用叠加法完成作图。由于大、小两圆柱的前后端面都是正平圆，其正面斜二测图反映实形。

作图：作出轴测轴，先绘制小圆柱的轴测图，注意作前后端面圆的公切线，如图 3-16（b）所示；准确定位，绘制大圆柱的轴测图，如图 3-16（c）所示；擦去作图线，加深可见轮廓线，完成全图，结果如图 3-16（d）所示。

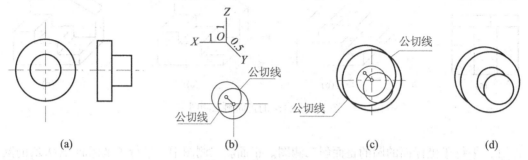

图 3-16　平行于坐标面的圆的正面斜二测图

2. 水平斜二轴测图

使空间物体的 $X_1O_1Y_1$ 坐标面（即物体上的水平面）平行于轴测投影面，所得到的斜轴测图称为水平斜轴测图。

由于坐标面 $X_1O_1Y_1$ 平行于投影面，故轴间角 $\angle XOY=90°$，轴向变形系数 $p=q=1$。OZ 轴及其轴向变形系数随着投射线方向的改变而变化，可以任意选择，为作图方便，OZ 轴绘制成竖直方向，取 $r=0.5$，OX 和 OY 分别与水平线成 30° 和 60°，这样得到的水平斜轴测图称为水平斜二轴测图，简称水平斜二测图，如图 3-17 所示。水平斜二测图在实际工程中常用于绘制建筑群的鸟瞰图。

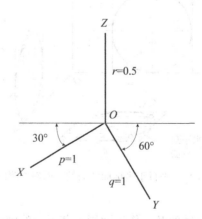

图 3-17　水平斜二测图的轴间角和轴向变形系数

【例 3-9】试绘制出如图 3-18（a）所示建筑物体的水平斜二测图。

作图：作出轴测轴，将图 3-18（a）中的水平投影逆时针旋转 30° 后绘制出，如图

3-18（b)所示；再在各转角处沿 OZ 轴方向画线，按照 $r=0.5$ 量取高度，最后绘制出各部分的顶面。

完成后的水平斜二测图，如图 3-18（c）所示。

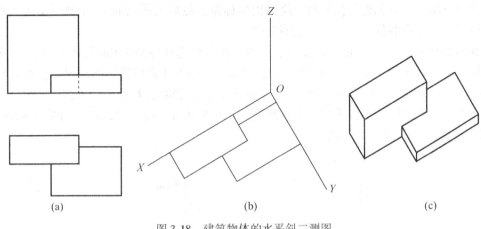

图 3-18　建筑物体的水平斜二测图

3.2　标 高 投 影

标高投影图是在物体的水平投影上加注某些特征面、线以及控制点的高程值的正投影图。标高投影常用于绘制地形图，同时，在矿业工程类图纸、土方工程填方、挖方中求作坡面与坡面、坡面与地面之间的交线时，也常用到标高投影方法。

3.2.1　标高投影的概念

标高投影就是在物体的水平投影上加注某些特征面、线以及控制点的高程值的正投影。利用标高投影所绘制的图形称为标高投影图。标高投影中的高度数值称为高程或标高，以米为单位，一般注记到小数点后两位，且不需注写"m"。高程是以某水平面作为计算基准的。基准面以上高程为正，基准面以下高程为负。在实际工作中，通常以我国青岛附近的黄海平均海平面作为基准面，所得的高程称为绝对高程，否则称为相对高程。另外，在标高投影图中必须注明绘图的比例或画出比例尺。

地形等高线图就是一种典型的标高投影图。标高投影图的优点是作图简单、精确、便于用图解法度量相关尺寸和方向，能在平面上既看出物体水平面投影图形，又可以解决高低起伏位置关系。其缺点是图形的立体感较差，没有这种投影知识的人不易看懂。

3.2.2　点、直线、平面的标高投影

任何物体的外形，都可以看做是由点，线、面等几何要素所构成的，由于几何概念是人类从生活与生产实践中抽象出来的，所以它具有广泛的代表性和现实意义。其中，点是

最简单、最基本的几何要素，是构成线和面的基础。

1. 点的标高投影

过空间的一个点，向投影面作垂线，其垂足即该点的正投影，用数值标注出点的标高（或距投影面的距离），就是该点的标高投影。

作图方法为：首先确定投影面，绘制出坐标系，然后根据点的 x、y 坐标值定出点的平面位置，并在点的投影旁边注明点的标高。

如图 3-19 所示，为点的标高投影示意图，投影面选择标高为 0m 的水平面，a、b、c 是空间点 A、B、C 的投影。点 A 的标高是+50m，说明点 A 高出投影面为 50m；点 B 标高是−42m，说明点 B 低于投影面 42m，点 C 标高是±0，表明点 C 恰好位于投影面上。

在平面直角坐标系中，任何一个点都有一个确定的 x、y、z 值，x、y 确定平面位置，z 确定空间位置，三者缺一不可。

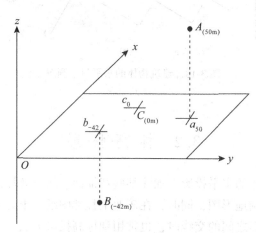

图 3-19　点的标高投影

2. 直线的标高投影

道路、河流，矿井巷道等虽然是曲线，但可以把它分成许多段，使各段近似于一直线。

从几何学中可知"两点决定一直线"，因此只要将直线上两个点用标高投影表示出来，则在标高投影平面图上，两个点投影的连线就是该直线标高投影，如图 3-20 所示。

此外，也可以根据一条直线上的一个点及直线的方向、坡度来决定该直线的标高投影。

（1）直线的方向角。在标高投影平面图上，直线的投影与直角坐标系中 x 轴的夹角称为直线的方向角，如图 3-20（b）中直线 AB 的方向角 α_{AB} 是指以该直线投影与 x 轴的交点 O 为圆心，从 x 轴的北端顺时针旋转到直线所指的方向的角值。从图 3-20（b）中也可以看出，直线 BA 的方向角 $\alpha_{BA}-\alpha_{AB}=180°$。

（2）直线的倾角（坡度）与实长。直线的标高投影，不一定是直线的实际长度，因为直线并不一定与水平投影面平行。直线与水平投影面的夹角称为直线的倾角（坡度），

78

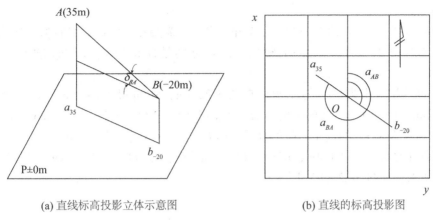

(a) 直线标高投影立体示意图   (b) 直线的标高投影图

图 3-20　直线的标高投影

用符号 δ 表示。从图 3-20（a）中可以看出，直线从点 B 至点 A 是仰角，故倾角 δ_{BA} 为"+"，反之，倾角是俯角，δ_{AB} 为"−"。

倾角与高差及平距的关系为

$$\mathrm{tg}\delta_{BA} = \left(Z_A - Z_B\right)/ab \tag{3-1}$$

式中：δ_{BA}——直线从点 B 到点 A 的倾角（坡度）；

　　　　Z_A、Z_B——点 A 和点 B 的标高；

　　　　ab——直线 AB 在平面图上的投影长度，又称为直线 AB 的平距。

在图 3-20（b）中，平面图上直线的投影长度 ab 并非直线的实长，但可以用作图法求出直线的实长 AB，如图 3-21 所示。

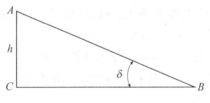

图 3-21　直线的实长及投影

直线的标高投影特点为直线的投影在一般情况下仍为直线，但比其实长短。直线的倾角（坡度）越大，直线的水平投影越短，当直线平行投影面时（直线倾角为 0°或 180°），其投影等于实长，当直线倾角为 90°时（垂直投影面时），其投影成为一个点。

（3）直线的分度（线段分解、标高内插）。在已知直线的投影上，按一定标高差定出一系列标高点的方法称为直线的分度。通常直线的分度是将直线上标高为整数的点绘制出，所以又称为刻度或分节，或称为标高内插。在实际工作中，通常利用计算法和图解法求取直线标高投影上各整数标高点。

【例 3-10】 如图 3-22（a）所示，已知直线 AB 的标高投影 $a_{3.3}b_{6.8}$，试求该直线上的整数标高点。

分析：直线上 A、B 两点的标高数字并非整数，需要在直线的标高投影上定出各整数标高点。本题中 A、B 两点之间的整数标高点分别是标高为 4、5、6m 的 C、D、E 三个点。

（1）计算法。根据已给的比例尺在图 3-22（a）中量得 $L_{AB}=7m$，又 $H_{AB}=6.8m-3.3m=3.5m$，可以计算直线的坡度 $i=H_{AB}/L_{AB}=3.5/7=1/2$，平距 $l=1/i=2m$。高程为 4m 的点 C 与高程为 3.3m 的点 A 之间的水平距离 $L_{AC}=H_{AC}/i=(4-3.3)m\times2=1.4m$，按照比例尺在直线上由 $a_{3.3}$ 量取 1.4m，即得高程为 4m 的点 c_4。自 c_4 用平距 2m，依次量得 d_5、e_6，即为所求，如图 3-22（b）所示。

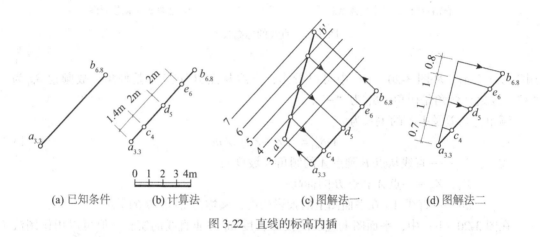

| (a) 已知条件 | (b) 计算法 | (c) 图解法一 | (d) 图解法二 |

图 3-22 直线的标高内插

（2）图解法一。利用换面法原理作图，如图 3-22（c）所示。

1）在与直线 AB 平行的辅助铅垂面上，按比例尺作一组高差为 1m 的水平线，这些水平线都平行于 ab，最低一条为 3m，最高一条为 7m。

2）根据 A、B 两点的高程在铅垂面上作出其投影 a'、b'。

3）连接 $a'b'$，得到该直线与各水平线的交点，由各交点向 $a_{3.3}b_{6.8}$ 作垂线，各垂足即为所求的整数标高点 c_4、d_5、e_6。

（3）图解法二。也可以利用作比例线段的方法绘制出直线 AB 上各整数标高点，其作法如图 3-22（d）所示。

3. 平面的标高投影

（1）表示方法。空间平面的位置可以由平面内的一组几何要素来确定，如图 3-23 所示，所以平面标高投影也可以用该平面内的一组几何要素的数字标高投影来表示。

在标高投影中，常用一组等高线来表示平面。用等高线表示空间平面时，等高线数量不少于两条，这些等高线一般取整数标高。

如图 3-24 所示是用等高线表示平面的实例。Q 为一空间平面，T、S、R 是高程分别为 +70、+80、+90 的三个水平面。三个水平面与 Q 面分别相交，其交线在空间平面 Q 上，

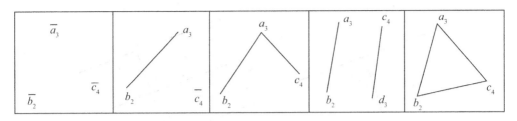

图 3-23 空间平面的表示方法

也在水平面内,所以交线为空间平面内的水平线,线上各点高程相等,该交线称为平面的等高线。这三条交线即为空间平面内的一组等高线,P 为一水平面,空间平面 Q 内的一组等高线垂直投影到水平面上得 a、b、c,它们代表了 Q 面上标高为+70、+80、+90 三条等高线的水平投影。由于 T、S、R 为水平面,所以等高线的投影也互相平行,把平面图上得到的这组等高线注记其标高值,就是空间平面数字标高投影图。

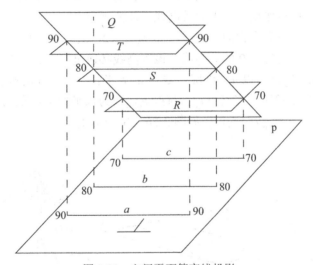

图 3-24 空间平面等高线投影

也可以用一条等高线和一条坡度线来表示平面的标高投影,如图 3-25 (a) 所示,用平面上一条高程为 10 的等高线和平面的坡度线表示平面,平面的坡度 $i=1:2$。若需求作该平面上整数高程的等高线,如 9 和 11,其作图方法如下:

1) 根据坡度 $i=1:2$,得平距 $l=2$。

2) 在坡度线上从与等高线 10 的交点 a 起,按照比例尺,沿下坡方向截取一个平距,得高程为 9 的 b 点;沿反方向截取一个平距,得高程为 11 的 c 点。

3) 过 b、c 点作等高线 10 的平行线,即得平面上高程为 9、11 的等高线,如图 3-25 (b) 所示。

此外,还可以用一条倾斜直线和平面的坡度表示平面。如图 3-26 (a) 所示,用平面

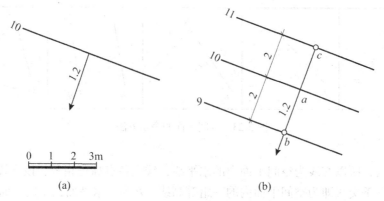

图 3-25　用一条等高线和一条坡度线来表示平面的投影

上一条倾斜直线 a_4b_0 和平面的坡度 $i=1:0.5$ 来表示平面。因为平面上的坡度线不垂直于该平面上的倾斜直线，所以用带箭头的虚线表示，箭头只表示该平面的大致坡向，指向下坡。其坡度的准确方向待作出平面上的等高线后才能确定。

若需求作该平面上整数高程的等高线，如 0、1、2、3，其作图方法如下：

①先求作该平面上高程为 0 的等高线。该等高线必通过点 b_0，且与 a_4 的水平距离为 $L=H/i=4\text{m}\times0.5=2\text{m}$。因该，以 a_4 为圆心，$R=2\text{m}$ 为半径，向平面的倾斜方向画圆弧，再过点 b_0 作直线与该圆弧相切，切点为 c_0，直线 b_0c_0 即为该平面上高程为零的等高线，c_0a_4 即为平面上的坡度线，且 $c_0a_4\perp b_0c_0$，如图 3-26（b）所示。

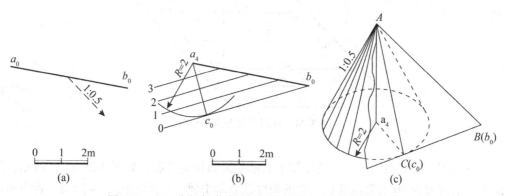

图 3-26　用一条倾斜直线和平面的坡度来表示平面的投影

上述作图方法可以理解为：以点 A 为锥顶，作一素线坡度为 $1:0.5$ 的正圆锥，该圆锥与高程为零的基准面交于一圆，其半径为 2m。过直线 AB 作一平面与该圆锥相切，切线 AC 是圆锥面上的一条素线，也是所作平面上的一条坡度线，该平面与高程为零的基准面交于 BC，BC 即为该平面上高程为零的等高线，且 BC 与圆锥底圆相切，如图 3-26（c）所示。

82

②将 c_0a_4，四等分，过各等分点作 b_0c_0 的平行线，即可得平面上高程分别为1、2、3 的等高线，如图3-26（b）所示。

在标高投影中，水平面高程的标注形式通常是用细实线绘制一矩形线框，在线框内注明高程数值。

（2）平面三要素。倾斜平面的标高投影，可以表示倾斜平面的空间状态。倾斜平面的空间状态用平面的走向、倾向和倾角来表示，称为平面三要素。

等高线的两端延伸方向称为倾斜平面的走向，如图3-27所示，走向一般用方位角表示。倾斜平面内由高向低垂直于等高线的直线称为倾斜线。倾斜线在水平面上的投影称为倾向线（坡度线），倾向线上高程值由高到低的方向称为倾斜平面的倾向，如图3-27所示 nm 线的方向，一般也用方位角表示。倾向线与倾斜线的夹角称为倾角，如图3-28所示中的 δ 角。确定了平面的三要素，平面在空间的状态也就明确了。平面三要素均可从平面标高投影图中用图解法求得，如图3-28（a）所示为某倾斜平面的标高投影图，该平面走向为135°，倾向为225°，倾角按图3-28（b）作图用量角器量出。

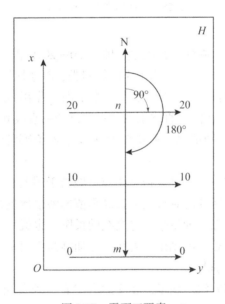

图3-27　平面三要素

在倾斜平面标高投影图中，相邻两条等高线在水平面内的垂直距离称为等高线平距，用 d 表示，可以按比例从图中量取；相邻两条等高线的高程之差称为等高距，用 h 表示，可以根据等高线的注记高程看出。

在识读和应用工程图时，有时需要在平面标高投影图上沿倾斜方向作剖面图，以表示平面的倾斜长度和倾角，其作图方法如图3-28所示。

首先按一定比例绘制一组相互平行的高程线，其间距等于相邻两条等高线的高差，然后按相同比例在0—0高程线上取 $ab=mn$，过点 a 按比例作直线 af 垂直于 ab（af 等于 m、n 两点的高差），连接 fb，则 fb 为平面的倾斜长，δ 为平面的倾角。也可以直接在图3-28

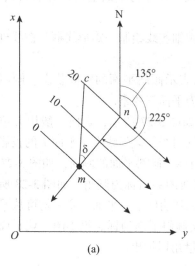
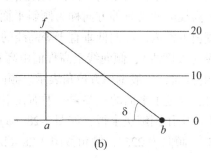

图 3-28　平面标高投影和剖面图

（a）中用作图法求出平面的倾斜长和倾角，即在 20—20 高程线上按比例取 nc（nc 等于 m、n 两点的高差），连接 cm，则 cm 为平面的倾斜长，δ 为平面的倾角。

（3）作图方法。平面标高投影作图是指在水平面上作出该平面的等高线。作平面的标高投影时，通常有已知不在同一直线上的三点；已知一直线和直线外一点；已知两相交直线；已知两平行直线等几种情况，如图 3-23 所示。不论哪种情况，其作图均按下列步骤进行：

1）根据已知条件，按一定比例，把直线或点展绘于图上。

2）在已知直线或各点所连的直线上，按高程值的整倍数进行标高内插。

3）连接高程相同的各点，即得平面等高线的投影，也就是该平面的标高投影。

4）垂直平面等高线投影，绘制出坡度线，并加画箭头表示由高到低的方向。

（4）两相交平面的标高投影。

1）两平面交线的求作方法。两平面相交后必然有一条交线，为了求出交线，必须设法求出交线上的两个点或一个点及交线的方向才能确定该交线。

在标高投影中，求两平面的交线时，通常采用辅助平面法。即用整数高程的辅助水平面与两已知平面相交，其交线为两条相同高程的等高线，这两条等高线的交点就是两平面的共有点，即两平面交线上的点。如图 3-29（a）所示，是两相交平面的示意图。

要求作空间平面 P 和 Q 的交线，可以通过作辅助截平面的方法求交线上的点。现采用一个标高为+100 的水平面 H_1 作辅助截平面，则平面 H_1 与平面 P 和 Q 的交线都是标高为+100 的等高线，它们的交点为 M，点 M 也是二平面交线上的一个点。同样方法，再取一个标高为+50 的水平面 H_2 作为辅助截平面，则又得到交线上的另一个点 N，连接直线 MN 即为所求二平面 P 和 Q 的交线。由此可知，在平面 P 和 Q 上，分别选两组标高相同的等高线，求出它们的交点并连接，即为所求二平面交线。

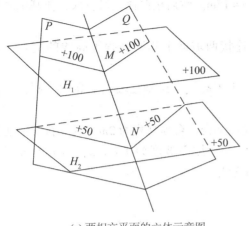
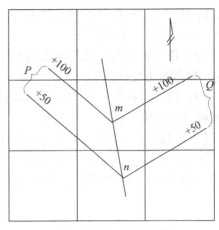

(a) 两相交平面的立体示意图   (b) 两相交平面的标高投影图

图 3-29 　两相交平面的标高投影

如图 3-29 （b） 所示，为两相交平面的标高投影。

2） 工程应用。在实际工程中，建筑物上相邻两坡面的交线称为坡面交线。坡面与地面的交线称为坡边线，填方形成的坡面与地面的交线称为填筑坡边线（简称坡脚线），挖方形成的坡面与地面的交线称为开挖坡边线（简称开挖线）。

【例 3-11】 已知地面高程为 8m，基坑底面的高程为 3m，坑底的大小和各坡面的坡度如图 3-30 （a） 所示，试求作开挖线和坡面交线，并在坡面上绘制出示坡线。

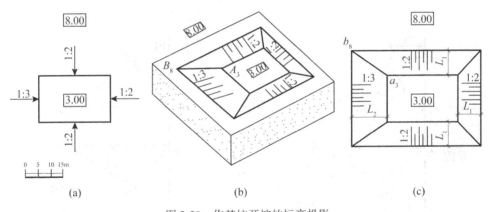

图 3-30 　作基坑开挖的标高投影

分析：如图 3-30 （b） 所示，该工程为挖方，坑底和地面均为水平面，基坑有四个坡面，需求作四条开挖线和四条坡面交线，均为直线。

作图：如图 3-30 （c） 所示。

（1） 作开挖线。开挖线即各坡面上高程为 8m 的等高线，分别与基坑底面的边线平行。其水平距离可以由 $L=H×l$ 求得，其中高差 $H=5m$，根据各坡面的坡度，当 $i=1:2$ 时，$L_1=5m×2=10m$；当 $i=1:3$ 时，$L_2=5m×3=15m$。然后按照比例尺量取，作基坑底边的平行线，即为开挖线。

（2）作坡面交线。运用求交线的方法，连接两坡面上相同高程等高线的交点，如 a_3b_8，即得四条坡面交线。

（3）绘制出各坡面的示坡线。示坡线垂直于等高线，绘制在坡面上高的一侧，用长短相间的细实线绘制。

【例 3-12】 在高程为 0m 的水平地面上修建一平台，台顶高程为 2m，有一斜坡道通至平台顶面，平台坡面的坡度为 1:1，斜坡道两侧的坡面坡度为 1:1.5，斜坡道坡度为 1:3，如图 3-31（a）所示，试求坡脚线和坡面交线。

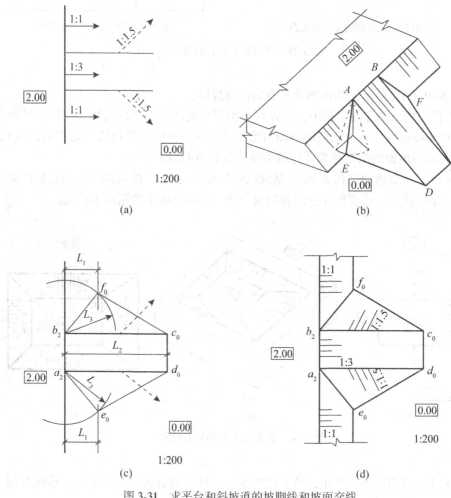

图 3-31　求平台和斜坡道的坡脚线和坡面交线

分析：如图 3-31（b）所示，地面上修筑平台和斜坡道为填方，需求作平台坡面的坡

86

脚线、斜坡道及两侧坡面的坡脚线，以及它们之间的坡面交线，其均为直线。

作图：如图 3-31（c）所示。

（1）求坡脚线。坡脚线是各坡面上高程为 0m 的等高线。

平台坡面的坡脚线。该坡面的坡度为 1：1，其坡脚线与坡面顶边 a_2b_2 平行，水平距离为 $L_1 = H \times l = 2\text{m} \times 1 = 2\text{m}$。根据比例作出平台坡面的坡脚线。

斜坡道坡面的坡脚线与平台坡面的坡脚线作法相同，斜坡道坡度为 1：3，$L_2 = 2\text{m} \times 3 = 6\text{m}$。

斜坡道两侧坡面的坡脚线求法与图 3-26 相同：

分别以 a_2、b_2 为圆心，以 $L_3 = 2\text{m} \times 1.5 = 3\text{m}$ 为半径画圆弧，再由 c_0、d_0 分别作两圆弧的切线，即为斜坡道两侧坡面的坡脚线。

（2）求坡面交线。平台坡面的坡脚线与斜坡道两侧坡面的坡脚线的交点 e_0、f_0 就是平台坡面与斜坡道两侧坡面的共有点，a_2、b_2 也是共有点，连接 a_2e_0、b_2f_0，即为所求坡面交线。

（3）绘制出各坡面上的示坡线。

（4）完成作图，结果如图 3-31（d）所示。

3.2.3　曲面的标高投影

1. 正圆锥面的标高投影

（1）正圆锥面的表示法。在标高投影中，取正圆锥面的轴线垂直于水平面，如果用一组等距离的水平面截切正圆锥面，就可以得到一组水平的截交线圆，即等高线，如图 3-32（a）所示。作出这些截交圆的水平投影并分别注上高程，即得正圆锥面的标高投影。

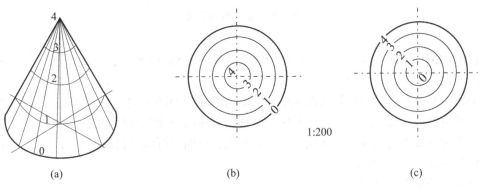

图 3-32　正圆锥面标高投影图

正圆锥面的等高线有如下特点：

1）等高线是一组同心圆。

2）高差相同时，等高线之间的水平距离相等。

3）圆锥正立时，等高线越靠近圆心，其高程数字越大，如图 3-32（b）所示；圆锥倒立时，等高线越靠近圆心，其高程数字越小，如图 3-32（c）所示。

高程数字的字头规定朝向高处。圆锥面常用一条等高线（圆弧）加坡度线表示，如图 3-34（a）所示。

正圆锥面上各素线均为正圆锥面上的坡度线，因此，圆锥面上的示坡线应通过锥顶。

（2）工程应用。在土石方工程中，常在建筑物两坡面转角处采用与坡面坡度相同的圆锥面过渡，如图 3-33 所示。

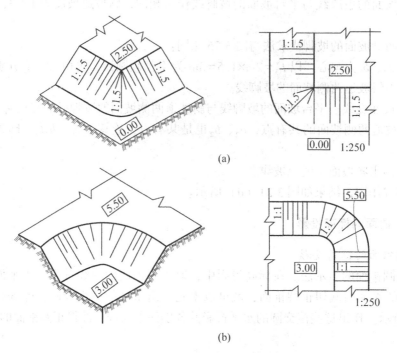

(a)

(b)

图 3-33　正圆锥面应用

【例 3-13】　在高程为 2m 的地面上，修筑一高程为 5m 的平台，台顶形状及各坡面坡度如图 3-34（a）所示，求坡脚线和各坡面交线。

分析：平台坡面由两侧斜坡面和中部圆锥面组成，如图 3-34（b）所示。坡脚线共有三条，其中斜坡面与地面的交线是直线，圆锥面与地面的交线是圆曲线。坡面交线共有两条，是两侧斜坡面与圆锥面的交线，为非圆曲线，该曲线可以由斜坡面与圆锥面上一系列同高程等高线的交点确定。

作图：如图 3-34（c）所示。

1）求坡脚线。因地面是水平面，各坡面与地面的交线是各坡面上高程为 2m 的等高线，且与同一坡面上的等高线平行。平台顶轮廓线是各坡面上高程为 5m 的等高线，两等高线的水平距离分别为：$L_1 = H/i = 3m \times 2 = 6m$，$L_2 = H/i = 3m \times 1 = 3m$，按照比例尺量取可以作出各坡面的坡脚线。其中圆锥面的坡脚线是平台顶面轮廓线圆的同心圆，其半径为 $R + L_2$。

2）求坡面交线。在各坡面上作出高程为 3、4m 的一系列等高线，得相邻坡面上同高程等高线的一系列交点，如 e_4、f_4 等，即为坡面交线上的点，用光滑曲线依次连接各点，即得交线。作图原理如图 3-34 （b） 所示。

3） 绘制出各坡面的示坡线，完成作图，结果如图 3-34 （d） 所示。

注意：圆锥面上的示坡线通过锥顶。

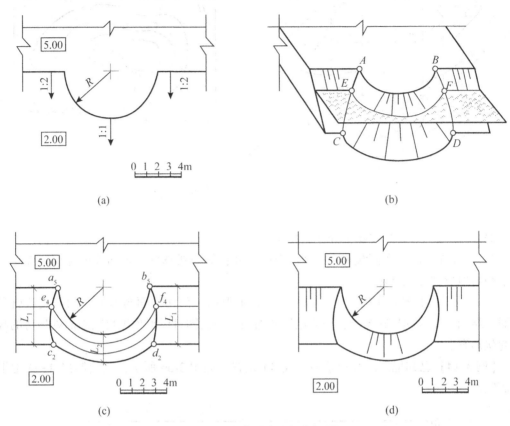

(a)   (b)

(c)   (d)

图 3-34　求作平台的标高投影

2. 地形面的标高投影

（1） 地形面的表示方法。地面的形态是比较复杂的，为了能简单而清楚地表达地形的高低起伏，实际工程中常用地形等高线来表示。池塘的水面与岸边的交线就是一条地面上的等高线，如果池塘中的水面不断下降，就会出现许多不同高程的等高线。池塘中的水面就是一个水平面，因此，地形等高线也就是水平面与地面的交线。

假想用一组间距相等的水平面 H_1、H_2、H_3 截切山丘，则可得到一组高程不同的等高线，如图 3-35 （a） 所示。绘制出这些等高线的水平投影并标明它们的高程，再加绘比例尺，即得地形面的标高投影图，实际工程中称之为地形平面图，简称地形图，如图 3-35 （b） 所示。

地形图是通过测量方法得到的。地形图上的等高线有以下特性：

1） 等高线是各高程相等点的闭合曲线，若不在本幅图内闭合，则必在相邻的其他图幅内闭合。

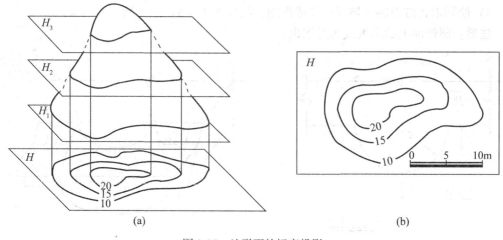

(a)   (b)

图 3-35　地形面的标高投影

2）等高线只有在悬崖峭壁处才会相交或重合。

3）高差相等时，等高线越密，地面坡度越陡；等高线越稀，地面坡度越缓。即等高线平距与地形坡度成反比。

（2）地形断面图及作法。用一铅垂面剖切地形面，剖切平面与地形面的截交线就是断面，绘制上相应的材料图例，即为地形断面图。断面图可以形象地反映断面处地势的高低起伏形态。

【例 3-14】已知地形图和铅垂截平面 AA 位置，如图 3-36 所示，试绘制出 A—A 地形断面图。

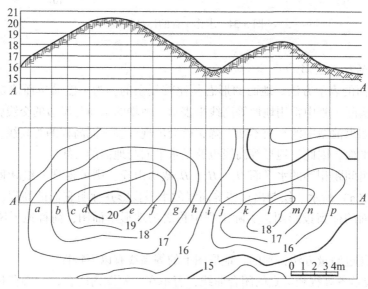

图 3-36　地形平面图和断面图

作图：

(1) 建立以高程为纵坐标，以 A—A 剖切面剖切到的诸等高线的交点之间的水平距离为横坐标的直角坐标系，如图 3-36 所示。

(2) 按照比例尺在纵坐标轴上标注地形图上各等高线高程。

(3) 将剖切线 A—A 与各等高线的交点 a、b、c、…，保持其距离不变，投绘到横坐标轴上。

(4) 在横轴上自量得的各点作竖直线，与相应高程的水平线相交，徒手将各交点顺势连接成光滑曲线，再根据地质情况绘制上相应的材料图例（图中为自然土壤图例），即得 A—A 断面图，如图 3-36 所示。

注意：

(1) 有时为了充分显示地形面的起伏情况，地形断面图允许采用不同的纵横比例。

(2) 地形断面图布置在剖切线的铅垂方向上，便于作图，也可以绘制在其他适当位置。

3.2.4 工程案例分析

由于建筑物的表面可能是平面或曲面，地面可能是水平面或不规则曲面，因此，它们的交线也不同，但求解交线的基本方法仍然是用辅助平面法求共有点。若交线为直线，只需求两个共有点相连即得；若交线为曲线，则需求一系列共有点，然后依次光滑连接即得。下面通过几个工程实例说明求交线的方法。

【案例一】 如图 3-37 (a) 所示，某单位在山坡上修筑一水平球场。已知球场的平面图及其高程为 35m，填方边坡为 1:1.5，挖方边坡为 4:1，试完成球场的标高投影图。

分析：首先确定填挖分界线。如图 3-37 (b) 所示，因为球场高程为 35m，所以地面上高程为 35 的等高线就是挖方和填方的分界线，该等高线与球场轮廓边线的交点 A、B 就是填、挖边界线的分界点。

挖方部分：地形面上比 35m 高的地方是挖方部分，其边坡为三个平面，挖方坡面的等高线为一组平行线。挖方部分有三段开挖线和两段坡面交线。

填方部分：地形面上比 35m 低的地方是填方部分，填方坡面包括半圆锥面和两个与其相切的平面，其等高线分别为同心圆弧和与同心圆弧相切的直线。填方部分只有坡脚线，无坡面交线。

取坡面等高线的高差等于地形图上等高线的高差，以便作出相同高程的等高线的交点。

作图：如图 3-37 (c) 所示。

(1) 求开挖线。由已知条件可知，地形等高线高差为 1m，因此，作坡面交线时高差也取 1m，并根据边坡 1:1 得平距 l=1m。以此作出各坡面上高程为 36，37，…的一组平行等高线。由坡面等高线与同高程的地面等高线得出许多交点，徒手光滑连接这些点即得开挖线。至于坡面交线，因相交两坡面坡度相同，由球场的顶点 c、d 作 45°斜线即得。

注意：如何确定坡脚线上的 1 点？该点是西侧和北侧相交两坡面及地形面的三面共点，三条交线都通过该点。画图时，作出西侧坡面上高程为 39m 的等高线，与同高程的地形等高线交于 2 点；作出北侧坡面上高程为 38m 的等高线，与同高程的地形等高线交于 3 点；把西、北侧坡脚线分别延长到 2、3 点，它们与坡面交线交于 1 点。该方法称为延长交线法。

采用同样的方法可以求得另一侧交点。

91

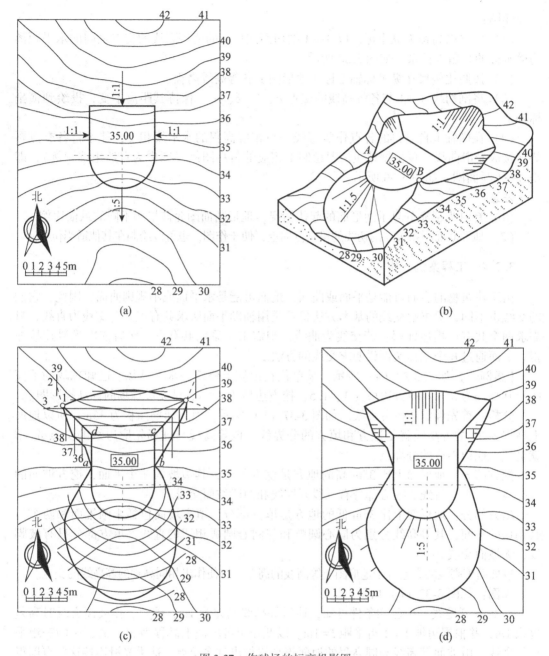

图 3-37　作球场的标高投影图

（2）求坡脚线。填方的坡度为 1∶1.5，则平距 $l = 1.5$m，以此作出圆锥面上的等高线，与同高程地形等高线相交，得各交点。连接各点即得坡脚线。

注意：圆锥面上高程为 29m 的等高线与地形面上同高程的等高线有两个交点，连线时应顺着交线的趋势连接成光滑曲线，且不应超出圆锥面上 28m 的等高线。

（3）绘制出各坡面的示坡线。

注意填方、挖方示坡线有别，均须由高处指向低处，方向垂直于坡面上等高线，作图结果如图 3-37（d）所示。

【案例二】在河道上修一土坝，位置如图 3-38（a）中坝轴线所示，坝顶宽 6m，高程 61m，上游边坡 1∶2.5，下游边坡由 1∶2 变为 1∶2.5，马道高程为 52m，宽 4m，作图比例为 1∶1000，试绘制土坝的标高投影图。

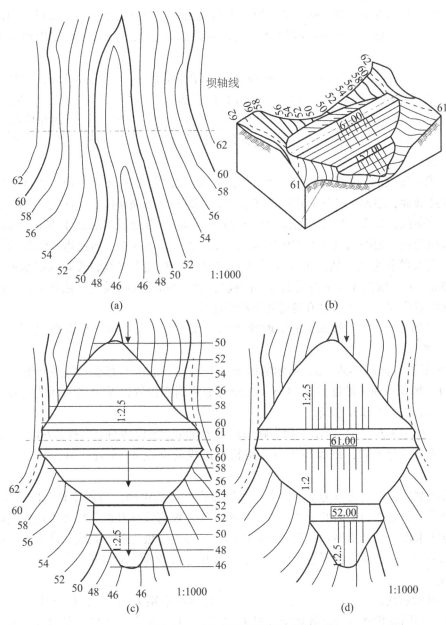

图 3-38 求作土坝的标高投影图

分析：土坝为填方工程。从图 3-38（b）可以看出，坝顶、马道以及上、下游坡面与地形面都有交线，这些交线均为不规则的平面曲线。坝顶、马道为水平面，交线是地形面上同高程等高线上的一段；上、下游坡面的坡脚线，需求得上、下游坡面与地形面上同高程等高线的若干交点后，再依次连接成光滑曲线。

作图：如图 3-38（c）所示。

（1）作坝顶与地形面的交线。按比例 1：1000 在坝轴线两侧各量取 3m，绘制出坝顶边线。坝顶高程为 61m，在 60m、62m 地形等高线之间用内插法加密一条高程为 61m 的等高线，用虚线绘制出，将坝顶边线绘制到与 61m 等高线相交处，从而确定出坝顶面的左右边线。

（2）求上游坡面的坡脚线。在上游坡面上绘制与地形面相应的等高线，根据上游坡面坡度 1：2.5，知平距 $l=2.5$，坡面等高线高差取 2m（与地形等高线高差一致），可得坡面等高线水平距离 $L=H×l=2m×2.5=5m$，按比例即可绘制出与地形面相应的等高线 60、58、…、50，然后求出上游坡面与地面同高程等高线的交点，顺次连接各点得上游坡面的坡脚线。

（3）求下游坡面的坡脚线。下游坡面坡脚线的做法与上游坡面坡脚线相同，只因下游为变坡度坡面，绘制等高线时不同的坡度要用不同的水平距离。马道以上按 1：2 坡度绘制坡面等高线，等高线间水平距离为 $L=2×2m=4m$。当绘制出坡面上 52m 等高线时，即得马道内边线，根据马道宽度按比例量取 4m，得马道外边线，马道边线绘制到与地形面上 52m 等高线相交处。然后再变坡度为 1：2.5 绘制坡面等高线，等高线间水平距离为 $L=2×2.5m=5m$。依次连接下游坡面各等高线与地面同高程等高线的一系列交点，即得到下游坡面的坡脚线。注意：河道最低处应顺势连接。

（4）绘制出上、下游坡面上的示坡线并标注坡度，注明坝顶、马道高程，结果如图 3-38（d）所示。

【案例三】在如图 3-39（a）所示的地形面上修筑一条水平弯道，两侧开挖坡面的坡度为 1：1，填筑坡面的坡度为 1：1.5，已知弯道路面的位置以及道路的标准断面，试绘制道路坡面的坡脚线和开挖线。

分析：如图 3-39（a）所示，因为路面高程为 60m，所以地面上高程为 60 的等高线就是挖方和填方的分界线，该等高线与道路轮廓边线的交点 a、b 就是填、挖边界线的分界点。

道路两侧的直线段边坡为平面，中间弯道段边坡为圆锥面，与两侧直线段边坡相切，无坡面交线，各坡面与地面的交线均为不规则曲线，坡脚线和开挖线仍可采用作坡面上等高线的方法求作。需要指出：本例中弯道以西一段道路边坡上的等高线与地面上的部分等高线接近平行，用上述方法不易求出交点，可以用地形断面法求作开挖线。

作图：

（1）求坡脚线。填方的坡度为 1：1.5，等高线的平距 $L=1.5m$，以此作出各坡面上的等高线，与同高程地形等高线相交，得 1，2，…，6 各交点，连接各点即得坡脚线，如图 3-39（a）所示。

（2）求开挖线。挖方的坡度为 1：1，等高线的平距 $l=1m$。圆锥面部分的开挖线可以

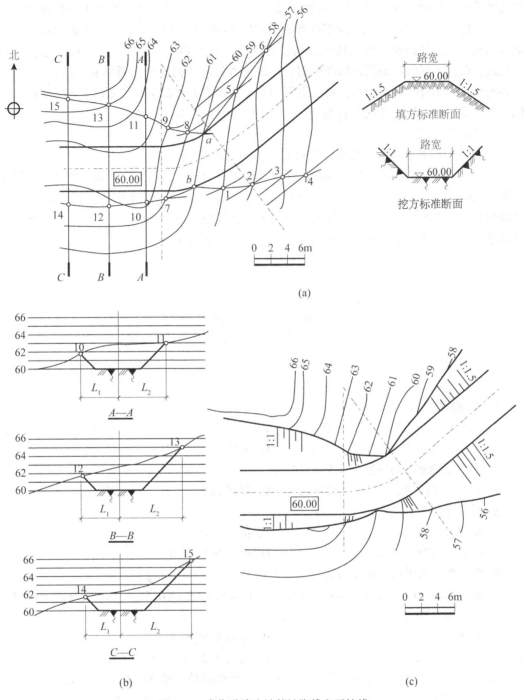

图 3-39 求作道路边坡的坡脚线和开挖线

用作坡面等高线的方法直接求得，如图 3-39（a）中求出了开挖线上的 7，8，9 点。平面部分的开挖线用地形断面法来求，该方法是在道路上每隔一定距离作一个与道路中心线垂直的铅垂面，如图 3-39（a）中所示断面 A—A、B—B、C—C。按照【例 3-13】的方法绘制出 A—A、B—B、C—C 三个地形断面图，如图 3-39（b）所示，在图样的适当位置用与地形图相同的比例绘制一组与地面等高线对应的等高线 60，61，62，…，66，定出道路中心线，以此为基线绘制出地形断面图；并按挖方标准断面绘制出道路和边坡的断面图，二者的交点即为开挖线上的点，将交点到中心线的距离 L_1、L_2 量取到地形平面图中断面位置线上，即得开挖线上各点的标高投影，如图 3-39（a）中所示的 10，11，…，15 等各点，连点即得开挖线。

（3）绘制出各坡面的示坡线，结果如图 3-39（c）所示。

本例也可以全部采用地形断面法求作，读者可以自行分析。地形断面法作图在实际工程中应用较广，一是作图原理简单、直观；二是通过已作出的断面可以确定断面的面积，根据相邻两断面的间距，可以计算出开挖或填筑的体积，即土方工程量。但地形断面法作图较繁，若断面图数量不多，则作图所得的坡面交线不很准确。

思 考 与 练 习 题

一、单选题

（一）轴测投影

1. 获得斜轴测图的投影方法是（　　　）。

    A. 中心投影法　　　B. 正投影法　　　C. 斜投影法　　　D. 平行投影法

2. 获得正轴测图的投影方法是（　　　）。

    A. 中心投影法　　　B. 正投影法　　　C. 斜投影法　　　D. 平行投影法

3. 斜二测图的轴间角是（　　　）。

    A. 都是 90°　　　　　　　　　　B. 都是 120°

    C. 90°，135°，135°　　　　　　D. 90°，90°，135°

4. 斜二测图的轴向伸缩系数是（　　　）。

    A. $p=q=r=1$　　　B. $p=q=r=0.82$　　　C. $p=r=1$，$q=0.5$　　　D. $p=q=1$，$r=0.5$

5. 正平面上圆的斜二测图是（　　　）。

    A. 椭圆　　　　　　　　　　　　B. 与视图相同的圆

    C. 放大 1.22 倍的圆　　　　　　D. 放大 1.22 倍的椭圆

6. 形体只在正平面上有圆、半圆、圆角时，作图简单的轴测图是（　　　）。

    A. 正等测　　　B. 斜二测　　　C. 正二测　　　D. 前三者一样

7. 平行于正面的正方形，对角线平行于 X 轴、Z 轴，其正等测图是（　　　）。

    A. 菱形　　　B. 正方形　　　C. 多边形　　　D. 长方形

8. 轴测图具有的基本特性是（　　　）。

A. 平行性、可量性　　　　　　　　B. 平行性、收缩性

C. 可量性、积聚性　　　　　　　　D. 可量性、收缩性

9. 绘制正等测图一般采用的轴向伸缩系数是（　　　）。

A. $p=q=r=0.82$　　　　　　　　B. $p=q=r=1$

C. $p=q=r=1.22$　　　　　　　　D. $p=q=1$，$r=0.5$

10. 绘制侧平面圆的正等测图应选用的轴测轴是（　　　）。

A. X、Y轴　　B. X、Z轴　　C. Y、Z轴　　D. 任意两轴

（二）标高投影

1. 标高投影是（　　　）。

A. 多面投影　　B. 单面正投影　　C. 平行投影　　D. 中心投影

2. 标高投影图的要素不包括（　　　）。

A. 水平投影　　B. 绘图比例　　C. 高程数值　　D. 高差数值

3. 水工和路桥图中的绝对高程所用的基准面是（　　　）。

A. 黄海平均海平面　　B. 东海平均海面　　C. 建筑物开挖面　　D. 自然地面

4. 建筑物上相邻两面交线上的点是（　　　）。

A. 不同高程等高线的交点　　　　　　B. 等高线与坡度线的交点

C. 同高程等高线的交点　　　　　　　D. 坡度线上的点

5. 已知直线上两点的高差是3，两点之间的水平投影长度是9，该直线的平距为（　　　）。

A. 1/3　　　　　　B. 3　　　　　　C. 9　　　　　　D. 1/9

6. 平面上的示坡线（　　　）。

A. 与等高线平行　　B. 是一般位置线　　C. 是正平线　　D. 与等高线垂直

7. 平面的坡度是指平面上（　　　）。

A. 任意直线的坡度　　B. 边界线的坡度　　C. 坡度线的坡度　　D. 最小坡度

8. 在标高投影中，两坡面坡度的箭头方向一致且互相平行，但坡度值不同，两坡面的交线（　　　）。

A. 是一条一般位置线　　B. 是一条等高线　　C. 与坡度线平行　　D. 没有交线

9. 标高投影中，在空间相互平行的一组平面是（　　　）。

A. 两平面坡度线投影互相平行

B. 两平面坡度值相同，坡度线投影平行

C. 两平面坡度值相同，坡度线投影平行，箭头方向相同

D. 两平面坡度值相同，坡度线投影平行，箭头方向相反

10. 正圆锥面上等高线与素线的相对位置关系是（　　　）。

A. 平行　　　　　B. 相交　　　　　C. 交叉　　　　　D. 垂直相交

11. 分析图中交线条数共有（　　　）。

A. 6 条　　　　　B. 7 条　　　　　C. 8 条　　　　　D. 9 条

12. 图中坡面交线的空间形状为（　　　）。

A. 两条椭圆曲线　　　　　　　　　　B. 一条椭圆曲线和一条抛物线

C. 两条双曲线　　　　　　　　　　　D. 一条双曲线和一条椭圆曲线

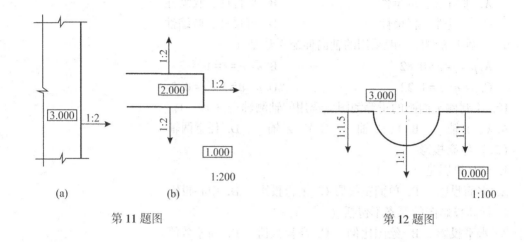

第 11 题图　　　　　　　　　　　　　　第 12 题图

二、简答题

1. 轴测图是怎样形成的？轴测图与多面正投影图的区别是什么？

2. 标高投影图与轴测投影图有何区别？它们各有哪些优、缺点？

3. 正轴测图与斜轴测图有什么区别？

4. 正等测和斜二测的轴间角、轴向伸缩系数各是多少？

5. 试简述轴测图的作图步骤和常用方法。

6. 直线、平面标高投影的表示方法各有哪几种？

7. 如何确定直线上的整数标高点？

8. 试简述平面、圆锥面及地形面上等高线的形状和特性。

9. 建筑物上相邻两坡面交线上的点是如何得到的？

10. 试简述地形断面图的画法要点。

第4章 立体的表面交线

【教学目标】

前面学习了基本体和简单体投影图的绘制与阅读。在生产实际中工程建筑物的形状更为复杂，表面常会产生一些交线，这些交线按其形成分为截交线和相贯线两种，平面截切立体所产生的表面交线称为截交线，两立体相交产生的表面交线称为相贯线。

通过本章学习，要求学生掌握各种截交线和相贯线的画法和识读。

4.1 截 交 线

如图 4-1（a）所示，基本几何体被平面截断后的形体称为截断体，截平面与基本体表面的交线称为截交线，截交线所围成的封闭平面称为截断面。如图 4-1（b）所示，平面 P 就是截平面，与立体表面的交线即为截交线。

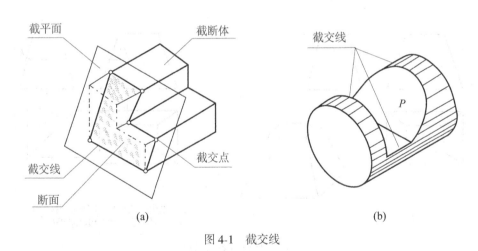

图 4-1 截交线

由于基本体的形状、与截平面的相对位置各不相同，而且截平面可以是一个，也可以是多个，所以截交线的形状也各不相同，但所有截交线都具有如下基本性质：

（1）共面性。都位于立体的表面上。

（2）共有性。截交线既在截平面上，又在基本体表面上，是截平面与基本体表面的共有线（即共有点的集合）。如图 4-1（b）所示，作图时，只需求出截平面 P 与基本体表面的一系列交点，光滑连接即可。

（3）封闭性。由于基本体表面占有一定的空间范围，所以截交线是封闭的平面图形

(平面折线、平面曲线或两者的组合)。作图时，可以利用这一性质判断截交线是否全部作出，避免漏画部分截交线。

截交线的性质是其作图的重要依据，掌握截交线的画法是解决截切问题的关键。本节主要介绍平面体、曲面体的截交线性质和作图方法。

4.1.1 平面体的截交线

平面体的截交线是平面体与平面相交所形成的交线。截交线既在立体表面上，又在截平面上，所以截交线是立体表面和截平面的共有线，截交线上的每一点都是共有点。因此，求截交线实际是求截平面与平面立体各棱线的交点，或求截平面与平面立体各表面的交线。求画截交线，首先要掌握体表面取点。

1. 平面体表面取点

（1）积聚性法

直线垂直于投影面，则直线在投影面上的投影积聚为一点。平面垂直于投影面，则平面在投影面上的投影积聚为一直线。直线和平面的这种投影性质称为投影的积聚性。当立体表面相对投影面处于特殊位置时，投影具有积聚性，即该表面上所有点的投影都在面的积聚投影上。求其表面上点的投影，可以利用积聚性直接求得，这种方法称为积聚性法。

【例 4-1】 如图 4-2（a）所示，已知四棱台侧面上 K 点的正面投影 k'，试求 K 点的水平投影和侧面投影。

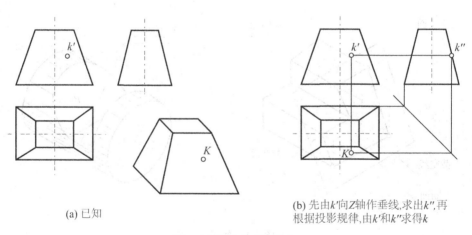

（a）已知

（b）先由 k' 向 Z 轴作垂线，求出 k''，再根据投影规律，由 k' 和 k'' 求得 k

图 4-2　四棱台表面取点

分析：由于 k' 可见，可知 K 点位于四棱台的前侧面上。四棱台前侧面为侧垂面，侧面投影积聚为一斜线，K 点的侧面投影点 k'' 必定积聚于该斜线上。

作图：如图 4-2（b）所示，先利用积聚性由 k' 求出侧面投影 k''，再根据投影规律，由 k' 和 k'' 求出水平投影 k。

求作体表面点的投影应判定可见性，判定可见性的原则为：

（1）点所在面的投影可见，点的该投影可见。

（2）点所在面的投影不可见，点的该投影也不可见。不可见点的投影标记应加括号，但面的积聚投影上不可见的点，可以省略括号。

【例4-2】 如图4-3（a）所示，已知六棱柱表面上点 M 和点 N 的正面投影 m' 和（n'），试求它们的水平投影和侧面投影。

分析： 由于点 M 的正面投影 m' 可见，又位于左侧，可知点 M 在六棱柱的左前侧面上。点 N 的正面投影（n'）为不可见，又位于右侧，可知点 N 在右后侧面上。六棱柱的这两个侧面均为铅垂面，投影在 H 面上有积聚性。故点 M、N 的水平投影可以利用积聚性直接求出。

作图： 如图4-3（b）所示，应先利用积聚性分别由 m' 和（n'）求出水平投影 m 和 n，再根据投影规律，分别由 m'、m 和 n'、n 求出侧面投影 m'' 和 n''。点 N 所在面的侧面投影不可见，n'' 也不可见，应标记为（n''），积聚投影上的点 m、n 不可见，但括号可以省略。

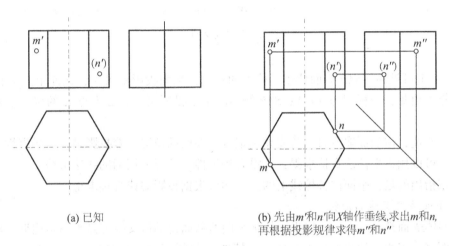

(a) 已知

(b) 先由 m' 和 n' 向 X 轴作垂线，求出 m 和 n，再根据投影规律求得 m'' 和 n''

图4-3　六棱柱表面取点

（2）辅助直线法

当立体表面为一般位置面时，其三面投影都没有积聚性，在这些面上取点应采用辅助直线法。

【例4-3】 如图4-4（a）所示，已知三棱锥表面上点 K 的正面投影 k'，试求点 K 的水平投影和侧面投影。

分析： 由于点 k' 可见，可以判定点 K 在 SAB 侧面上，SAB 侧面的三投影都是线框，无积聚性，为一般位置平面，该面上的点要用辅助直线法求解。

作图：

1）先作辅助线的三投影。过点 k' 作辅助直线平行于 $a'b'$ 并与 $s'a'$ 交于点 d'，由点 d' 分别向 OX 轴和 OZ 轴作垂线，与 S'' 和 a'' 交于 d 和 d''，再过 d 和 d'' 分别作 ab 和 $a''b''$ 的平行线，即得辅助线的水平投影和侧面投影，如图4-4（b）所示。

2）求点 K 的另外两面投影。由点 k' 作 OX 轴的垂线，与辅助线的水平投影相交于点 k，再由点 k、k' 求出 k''，如图4-4（c）所示。

101

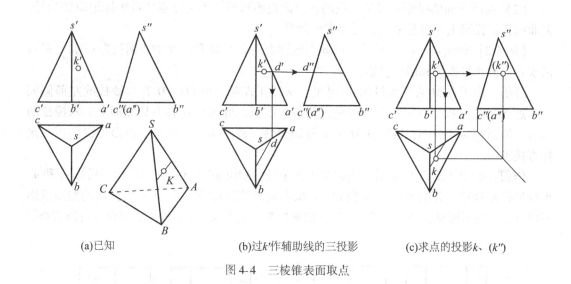

(a)已知　　　　　　　　　(b)过k'作辅助线的三投影　　　　(c)求点的投影k、(k")

图 4-4　三棱锥表面取点

3）判定可见性。SAB 侧面位于三棱锥的右侧，侧面投影不可见，该面上点 K 的侧面投影 k" 也不可见，应标记为（k"）；SAB 侧面的水平投影可见，面上点 K 的水平投影 k 也可见。

综上所述，体表面取点时，首先要判定点所在面的位置，看投影是否有积聚性，若有积聚性，可以用积聚性法直接求得；若没有积聚性，就要采用辅助线法求得。

应该指出的是：平面体各棱线上的点，均可根据投影规律直接求得。

2. 平面体截交线的形状

平面体表面都是平面，所以平面体被平面所截而得的截交线都是平面多边形，对单一截平面而言，多边形的顶点是平面体上各棱线（包括底边线）与截平面的交点，有几个交点即为几边形。

3. 平面体截交线的画法

平面体是由各平面图形围成的。如果用一个平面与其截交，则所得截交线围成的图形必为一封闭的平面多边形。多边形的各个顶点是棱线与截平面的交点，多边形的每一条边是棱面与截平面的交线。因此，求截交线投影，可以求出平面体上各棱线与截平面的交点的投影，然后依次相连接。求作截交线的思路为：首先根据接切位置判断出截交线的空间形状，进而分析交线的投影情况，然后再动手画图。

【例 4-4】如图 4-5（a）所示直五棱柱被一个正垂面截切，试求作截交线的投影。

分析：直五棱柱被正垂面截切，截平面与棱柱上五条棱线相交，截交线为五边形，如图 4-5（b）所示。截交线的正面投影积聚成一斜直线，为已知，其侧面投影与直棱柱左视图五边形重合，水平投影应为类似形，需要求作。

作图步骤如图 4-5（c）、（d）所示。

【例 4-5】如图 4-6（a）所示的正六棱柱，用两个相交的截平面截切，其正面投影积聚成一直线，如图 4-6（b）所示，试求作截交线的水平投影和侧面投影。

102

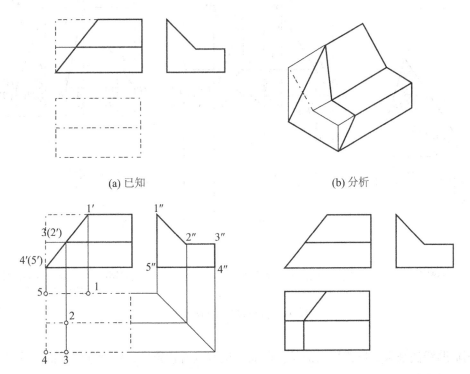

(a) 已知　　　　　　　　　　　　　　　　　(b) 分析

(c) 依次在W面和V面上标出截交线各顶点的投影,然　　(d) 依次连接截交线水平投影的各点,
后根据投影规律求出截交线各顶点的水平投影　　　　擦去被切掉的图线,加深,完成作图

图4-5　五棱柱截交线

分析：正六棱柱被斜面 *BDG* 和水平面 *ABGH* 截切，截交线的 *V* 面投影积聚成直线，反映切口特征；斜面切出的截交线的 *H* 面和 *W* 面的投影为七边形的类似形；侧平面的 *H* 面投影也积聚成直线，*W* 面投影反映截断面的实际形状。

作图：

（1）绘制出完整的六棱柱三视图。

（2）确定截平面的位置，从而得到截平面与六棱柱五条侧棱线、棱面和顶面棱边交点的 *V* 面投影，根据直线上点的投影规律，求得 *H* 面投影和 *W* 面投影，如图4-6（b）所示。

（3）依次连接各点的同名投影，即得截交线的投影。

（4）擦去被截平面截去部分，保留未截的棱线并加粗，完成全图，结果如图4-6（c）所示。

4.1.2　曲面体的截交线

1. 曲面体表面取点

在曲面体表面上取点和在平面上取点的基本方法是相同的，即当曲面体表面的一个投影具有积聚性时，可以利用积聚性投影直接求得点的投影；当各投影都没有积聚性时，则

103

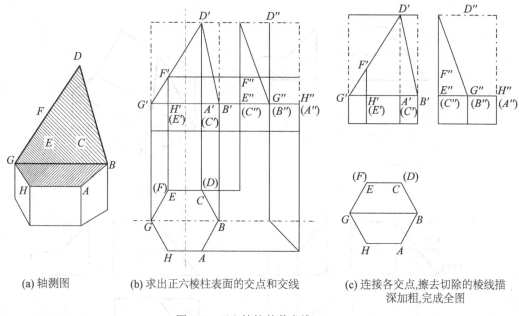

(a) 轴测图　　(b) 求出正六棱柱表面的交点和交线　　(c) 连接各交点,擦去切除的棱线描深加粗,完成全图

图 4-6　正六棱柱的截交线

需要用辅助线法来求。应该指出的是：曲面无论有没有积聚性，轮廓素线上的点均可以直接求得。

【例 4-6】如图 4-7（a）所示，已知圆柱面上点 K 和点 A 的正面投影 k'、a'，试求作点 K 和点 A 的水平投影和侧面投影。

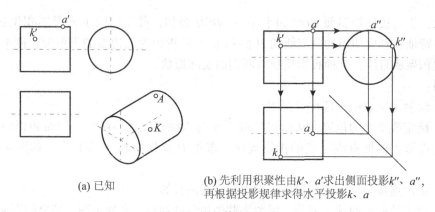

(a) 已知　　(b) 先利用积聚性由 k'、a' 求出侧面投影 k''、a''，再根据投影规律求得水平投影 k、a

图 4-7　圆柱体表面取点

分析：圆柱面的侧面投影积聚为一圆，因此点 K、点 A 的水平投影 k''、a'' 必在该圆周上，可以直接求得。由于 k'、a' 可见，所以点 K 位于圆柱的前半圆柱面上，点 A 位于正向轮廓素线上。

作图：如图 4-7（b）所示，先利用积聚性由 k'、a' 直接求出侧面投影 k''、a''，再分别

由 k'、k''和 a'、a''根据投影规律求出水平投影 k、a。点 K、点 A 均在上半圆柱面上，水平投影可见。

【例 4-7】 如图 4-8（a）所示，已知圆锥面上点 A 的正面投影 a'，试求点 A 的水平投影和侧面投影。

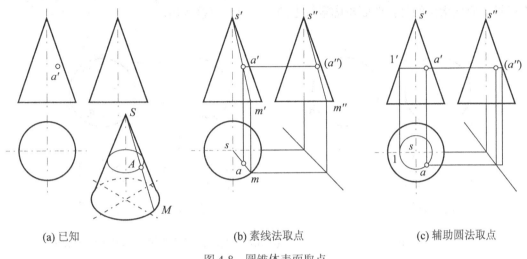

(a) 已知   (b) 素线法取点   (c) 辅助圆法取点

图 4-8　圆锥体表面取点

分析：点 A 在圆锥面上，圆锥面无积聚性，应用辅助线法求。圆锥面是直线面，可以利用素线作辅助线，称为素线法。圆锥面又是轴线为铅垂线的回转面，在该面上可以作出一系列水平圆，所以又可以利用水平圆作辅助线，称为辅助圆法。

作图：

方法一：用素线法求 a 及 a''。如图 4-8（b）所示，连接 $s'a'$ 并延长交圆周于 m'，$s'm'$ 即为过点 A 的素线。点 M 在底面上，根据投影规律由 m' 可以直接求出 m、m''，再连接 sm 和 $s''m''$，即可得辅助线的水平投影和侧面投影。根据直线上点的从属性，可以求出 a 及 a''，a''不可见。

方法二：用辅助圆法求 a 及 a''。如图 4-8（c）所示，过点 A 在圆锥面上作一辅助圆，该圆就是点 A 的运动轨迹。辅助圆的圆心在轴上，且与底圆相互平行，所以辅助圆的水平投影是底面的同心圆，正面投影和侧面投影均为水平直线。过 a' 作一水平线，与两侧轮廓素线相交，长度即为辅助圆的直径，以水平投影中心 s 为圆心，上述长度之半为半径画圆，该圆即为辅助圆的水平投影，根据投影规律可以求出辅助圆的侧面投影。同理，由直线上点的从属性可以求出 a 及 a''，a''不可见。

【例 4-8】 如图 4-9（a）所示，已知球面上点 A 的正面投影 a' 及点 B 的水平投影 b，试求 a、a''及 b'、b''。

分析：点 A 在圆球面的非轮廓素线上，应采用辅助圆法求。在圆球面上取点只能采用平行于投影面的圆作辅助线。点 B 在圆球面的正向轮廓素线上，可以直接求得。

作图：如图 4-9（b）所示：

（1）求 a 及 a''。过 a' 作一水平线，两侧交于正向轮廓素线，长度即为辅助圆的直径。根据"长对正"，在俯视图上绘制一水平圆，即为辅助圆的水平投影，辅助圆的侧面投影也是一条水平线。由直线上点的从属性可以求出 a 及 a''，点 A 在左下半球，a'' 可见，a 不可见。

（2）求 b' 及 b''。正向轮廓素线是前后半球的分界线，点 B 的正投影及侧面投影均在相应投影上，由 b 根据投影规律可以求出 b'，由 b' 求出 b''。点 B 在右上半球，b'' 不可见，b 可见。应该指出的是：曲面轮廓素线上的点均可以直接求出。

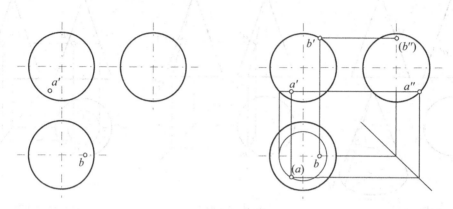

(a) 已知   （b) 用辅助圆法求A点的投影,B点的投影可直接求

图 4-9　圆球体表面取点

2. 曲面体截交线的形状

（1）平面截切圆柱。

由于截平面与圆柱轴线的相对位置不同，平面截切圆柱所得截交线有矩形、圆、椭圆三种形状。如表 4-1 所示。

表 4-1　　　　　　　　　　　　　圆柱截切情况

截平面位置	垂直于轴线	平行于轴线	倾斜于轴线
截交线的空间形状	圆	矩形	椭圆
投影图			

（2）平面截切圆锥。

由于截平面与圆锥轴线的相对位置不同，平面截切圆锥所得截交线有圆、椭圆、抛物线、双曲线、三角形五种形状。如表4-2所示。

表4-2　　　　　　　　　　　　　　　　　圆锥截切情况

截平面位置	垂直于轴线	倾斜于轴线并与所有素线相交	平行于圆锥面上一条素线	平行于圆锥面上两条素线	截平面通过锥顶
截交线的空间形状	 圆	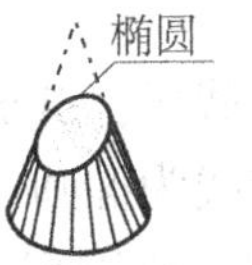 椭圆	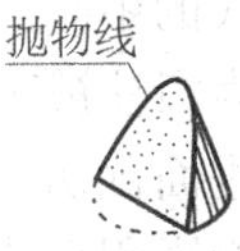 抛物线	 双曲线	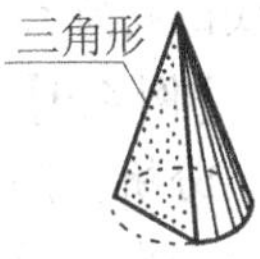 三角形
投影图	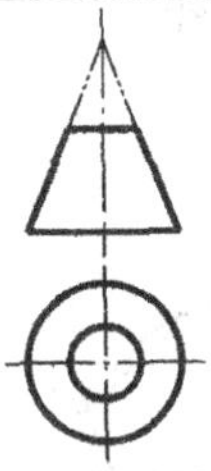	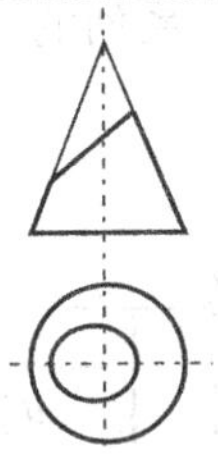	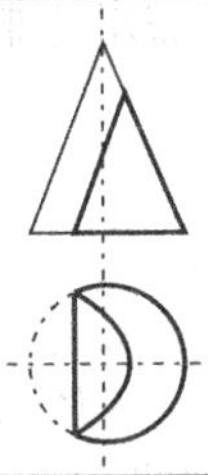	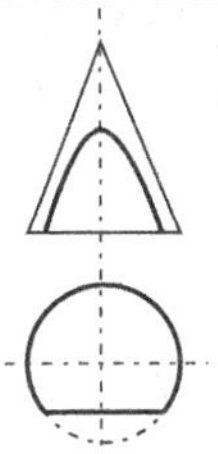	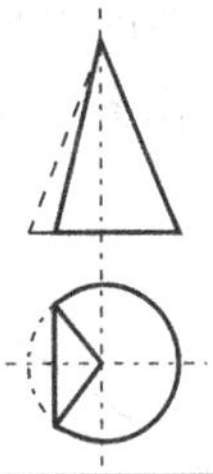

（3）平面截切圆球。

平面截切圆球，无论截平面处于何种位置，截交线都是圆。截平面与球心的距离不同，截交线圆的直径不同；截平面对投影面的位置不同，截交线圆的投影也不同。如表4-3所示。

表4-3　　　　　　　　　　　　　　　　　圆锥截切情况

截平面位置	投影面的平行面（以正平面截切为例）	投影面的垂直面（以正垂面截切为例）
截交线形状	圆	圆
轴测图	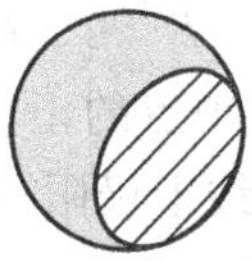	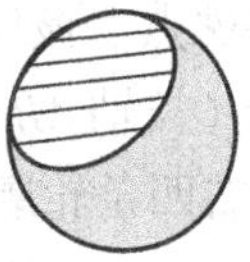
投影图	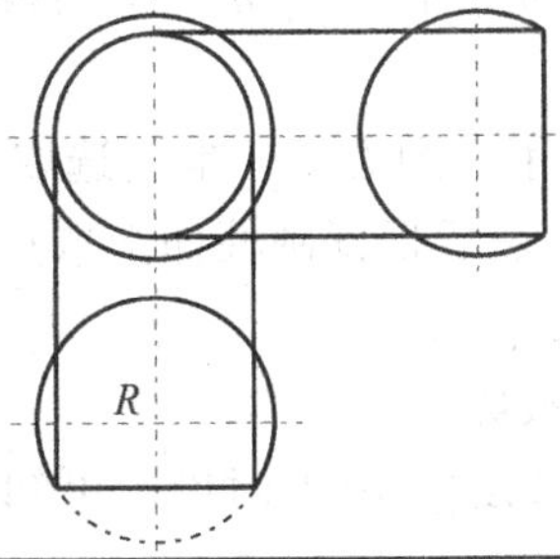	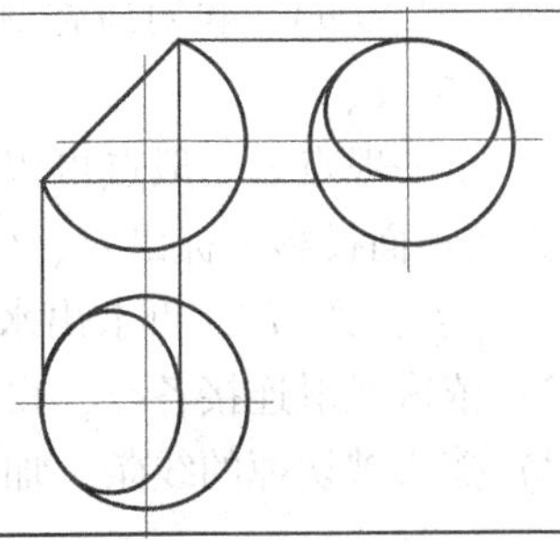

3. 曲面体截交线的画法

求作曲面体截交线的投影，可以分为以下两种情况：

（1）截交线为直线或平行圆时，投影可以由已知条件根据投影规律直接作出。

（2）截交线为椭圆、抛物线、双曲线等非圆曲线或非平行圆时，需求出曲面和截平面上的一系列共有点，然后依次连接。求共有点常用的方法是"体表面取点法"。

为了使所求的截交线形状准确，在求作非圆曲线截交线投影时，应首先求出截交线上最高、最低、最左、最右、最前、最后六个方位控制点及截交线与体轮廓素线的交点（转向点），截交线上的六个方位控制点及截交线与体轮廓素线的交点（转向点）称为截交线的特殊点，其余的点称为截交线的中间点。

【例4-9】 如图4-10（a）所示为圆柱被正垂面截切，试求作截交线的投影。

分析：圆柱被倾斜于轴线的正垂面截切，截交线为椭圆。截交线的正面投影与截平面的积聚投影重合，又圆柱面的侧面投影积聚成圆周，所以截交线的侧面投影与圆周重合。截交线的水平投影仍是椭圆，作图时需求作椭圆上一系列的点后连线。

作图：如图4-10（b）所示。

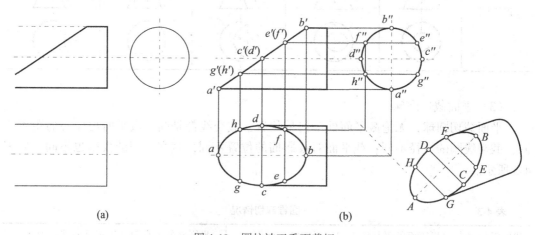

(a)　　　　　(b)

图4-10　圆柱被正垂面截切

（1）求特殊点。该椭圆截交线上有四个特殊点 A、B、C、D，这四个特殊点是椭圆长轴、短轴端点（长轴 AB 为正平线，短轴 CD 为过 AB 中点的正垂线），也是截平面与圆柱前、后、左、右四条轮廓素线的交点，同时又是截交线上极限位置的点。在正面投影上标出 a'、b'、c'、(d')，再对应在侧面投影上标出 a''、b''、c''、d''，然后根据投影规律求出水平投影 a、b、c、d。

（2）求一般点。一般点可以适当选取，为了作图方便，本题选取对称点 E、F 和 G、H。首先在正面投影上标出 e'、(f')、g'、(h')，然后根据圆柱面上取点的方法，先求出侧面投影 e''、f''、g''、h''，再求出水平投影 e、f、g、h。

（3）依次光滑连接各点，得截交线的水平投影。

（4）擦去被切掉的线条，加深截断体的轮廓线。由正面投影可知，圆柱的最前、最

后素线在 C、D 点之左的部分被切掉，所以在水平投影中该两条素线只加深 C、D 点之右的部分。

注意：当正垂面与水平投影面的倾角为 $45°$ 时，截交线椭圆的水平投影为一圆，直径和圆柱直径相等。

【**例 4-10**】如图 4-11（a）所示为圆锥被正垂面截切，试求作截交线的投影。

分析：圆锥被正垂面切断所有素线，截交线为椭圆。该椭圆截交线上有六个特殊点 A、B、C、D、E、F，其中点 A、B 是椭圆长轴端点（AB 为正平线），又是截交线的最高、最低点，位于圆锥面最左、最右素线上；点 C、D 是椭圆短轴端点（CD 为正垂线），又是截交线的最前、最后点，其正面投影位于截交线积聚投影的中点；点 E、F 位于圆锥面最前、最后素线上。该椭圆的正面投影与截平面的积聚投影重合，为已知；椭圆的水平投影、侧面投影均为椭圆，需求作。

作图：如图 4-11（b）所示。

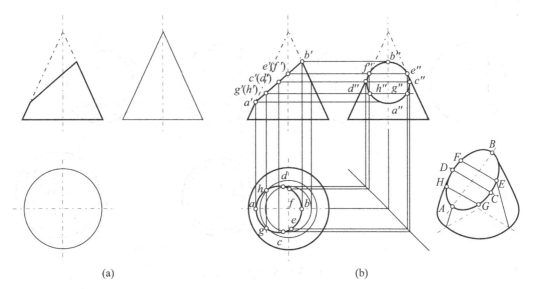

(a)　　　　　　　　　　　　(b)

图 4-11　圆锥被正垂面截切

（1）求特殊点。首先在正面投影上确定六个特殊点的位置，直接利用点在线上，求出圆锥四条轮廓素线与截平面的交点 A、B、E、F 的水平投影和侧面投影；用纬圆法求出点 C、D 的水平投影和侧面投影。

（2）求一般点。选取一般点 G、H，用纬圆法求出其水平投影及侧面投影。

（3）依次光滑连接各点，作出截交线的水平投影和侧面投影。

（4）加深截断体图线，完成作图。注意在侧面投影中圆锥的最前、最后素线只保留 E、F 点以下的部分。

【**例 4-11**】如图 4-12（a）所示为圆球被截切，试求作截交线的投影。

分析：圆球被水平面和侧平面截切，截交线均为圆曲线，两截平面交线为正垂线 CD。水平面产生的截交线，其正面投影积聚为一水平线段，为已知；水平投影反映圆弧实形，侧面投影为一直线段，需求作。侧平面产生的截交线，其正面投影积聚为一铅垂线段，为已知；水平投影为一直线段，侧面投影反映圆弧实形，需求作。

作图：如图4-12（b）所示。

（1）求水平面产生的截交线。由正面投影确定截交线圆弧的半径，以 a' 到圆球的竖直中心线的距离为半径在水平投影中作圆，与过 $c'd'$ 的竖直线交于 c、d，即得该水平圆弧和交线 CD 的水平投影，按投影关系作出其侧面投影 $c''a''d''$，为一水平线段。

（2）求侧平面产生的截交线。以正面投影中 b' 到圆球水平中心线的距离为半径，在侧面投影中作圆，与过 $c'd'$ 的水平线交于 c''、d''，即得该圆弧的侧面投影，按投影关系作出其水平投影 cbd，为一竖直线段。

（3）判别可见性，加深各截交线的水平投影和侧面投影。

（4）加深截断体的轮廓线。由正面投影可知，圆球的水平投影轮廓线在侧平面之左被切掉，所以在水平投影中只加深侧平面之右部分，圆球的侧面投影轮廓线完整存在，全部加深。

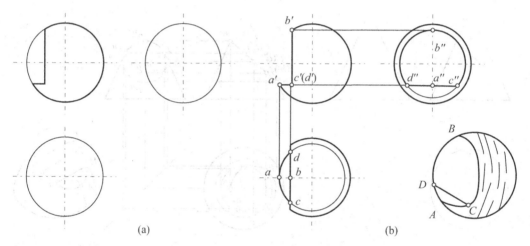

(a)　　　　　　　　　　　(b)

图 4-12　平面截切圆球

4. 曲面体截交线的识读

曲面体截交线的识读步骤与平面体截交线的识读步骤类似。首先确定被截切前原体的形状；然后判断截平面的空间位置；再根据截平面与原体的相对位置确定截交线的形状；最后综合想象截切后截断体的空间形状。

【例4-12】识读图4-13（a）所示物体的三视图，想象其空间形状。

读图步骤：

（1）根据三视图可知，原体是一铅垂圆柱，水平投影为圆，其他两投影为矩形。

（2）由正面投影可以看出，圆柱顶部被左右对称地切掉两部分，截平面分别为水平面和侧平面，截平面间交线为正垂线。

（3）水平面垂直圆柱轴线，截交线为左右对称的两段水平圆弧，正面投影和侧面投影积聚为直线，水平投影反映实形。侧平面平行圆柱轴线，截交线为矩形，正面投影和水

110

平投影只聚为直线，侧面投影反映实形。

（4）综合想象截切后截断体的空间形状，如图 4-13（b）所示。

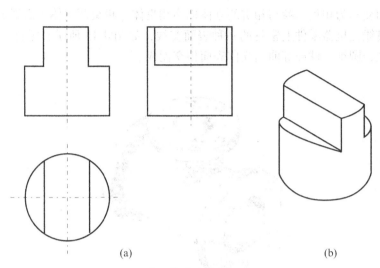

图 4-13　曲面体截交线的识读（一）

【例 4-13】 识读图 4-14（a）所示物体的三视图，想象其空间形状。

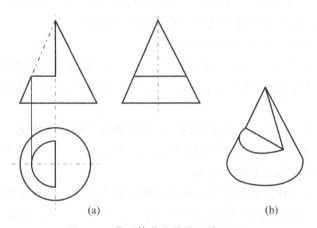

图 4-14　曲面体截交线的识读（二）

读图步骤：

（1）补全缺口，不难看出原体为轴线铅垂位置的圆锥。

（2）根据被截切后的正面投影可以看出截平面分别为水平面和侧平面。

（3）水平面垂直圆锥轴线，截交线为半圆，三面投影为两直线及一个半圆实形。侧平的截平面位于左右对称面上，截交线为三角形，三面投影为两直线及一个三角形实形。

（4）综合想象截切后截断体的空间形状，如图 4-14（b）所示。

4.2 相 贯 线

两立体相交称为相贯，参与相贯的立体称为相贯体，相交两立体表面形成的交线称为相贯线。相贯线是机器零件上常见的一种表面交线，如图 4-15 所示，零件表面上的相贯线大多是圆柱、圆锥、球面等曲面立体表面相交而成。

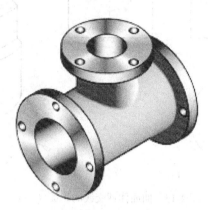

图 4-15　相贯线实例

由于组成相贯体的各立体的形状、大小和相对位置的不同，相贯线也表现为不同的形状，但任何两立体表面相交的相贯线都具有下列基本性质：

（1）表面性：相贯线位于两立体的表面上；

（2）封闭性：相贯线一般是封闭的空间折线（通常由直线和曲线组成）或空间曲线；

（3）共有性：相贯线是两立体表面的共有线。相贯线上的点是两立体表面上的共有点。

不同的立体相交形成的形状也不相同。平面立体与平面立体相交，其相贯线为封闭的空间折线或平面折线。平面立体与曲面立体相交，其相贯线为由若干平面曲线或平面曲线和直线结合而成的封闭的空间的几何形。

应该指出：由于平面立体与平面立体相交或平面立体与曲面立体相交，都可以理解为平面与平面立体或平面与曲面立体相交的截交情况，因此，相贯的主要形式是曲面立体与曲面立体相交。最常见的曲面立体是回转体。两回转体相交，其相贯线一般情况下是封闭的空间曲线，特殊情况下是平面曲线或由直线和平面曲线组成。

绘制两回转体的相贯线，就是要求出相贯线上一系列的共有点。求共有点的方法有面上取点法、辅助平面法和辅助同心球面法。具体作图步骤为：

（1）找出一系列的特殊点（特殊点包括：极限位置点、转向点、可见性分界点）；

（2）求出一般点；

（3）判别可见性；

（4）顺次连接各点的同面投影；

（5）整理轮廓线。

4.2.1 两平面体相交

两平面立体的相贯线是两平面立体表面的共有线，这些相贯线是两平面立体不同棱面之间的交线，其交线由若干条直线围成。

1. 两平面体相贯线的形状

两平面体相交所产生的相贯线形状一般为封闭的空间折线，如图4-16所示。

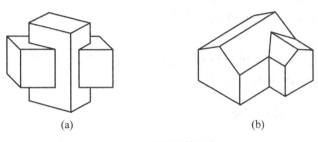

(a)   (b)

图4-16　两平面体相贯

2. 两平面体相贯线的画法

两平面体相贯线空间折线的转折点均为一个立体上的棱线对另一个立体表面的交点或两立体棱线的交点。求两平面立体相贯线的方法，可以归结为求参与相交的棱线对棱面（或底面）的交点，然后依次连接各点，得相贯线。

【例4-14】如图4-17（a）所示为两个直五棱柱相交，试求作相贯线的投影。

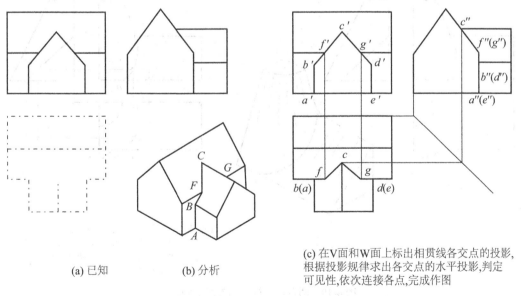

(a) 已知　　　(b) 分析

(c) 在V面和W面上标出相贯线各交点的投影，根据投影规律求出各交点的水平投影,判定可见性,依次连接各点,完成作图

图4-17　两直五棱柱相交相贯线的画法

分析：大直五棱柱的侧棱均垂直于侧面，小直五棱柱的侧棱均垂直于正面。如图 4-17（b）所示，参与相交的有小直五棱柱的五条侧棱，分别与大直五棱柱的两棱面相交，得五个交点 A、B、C、D、E；参与相交的还有大五棱柱上的一条侧棱，与小五棱柱的两棱面相交得两个交点 F、G。因为参与相交的棱面均为特殊位置面，所以可以利用积聚性法求各交点的投影。

　　如图 4-17（c）所示，标出各交点的正面投影 a′、b′、c′、d′、e′、f′、g′ 与侧面投影 a″、b″、c″、(d″)、(e″)、f″、(g″)，然后根据投影规律求出水平投影（a）、b、c、d、(e)、f、g。最后判定可见性，连接各点。

　　连接各点的原则是：只有位于同一立体的同一棱面上而又同时位于另一立体的同一棱面上的两点才能连接。

　　判定可见性的原则是：如果参与相交的两个棱面均可见，则相贯线为可见；如果两棱面中有一个面不可见，则相贯线不可见。

4.2.2　平面体与曲面体相交

　　1. 平面体与曲面体相贯线的形状

　　平面体与曲面体的相贯线是由若干段平面曲线（或直线）所组成的空间折线，每一段是平面体的棱面与曲面体表面的交线，实质是求各棱面与曲面体的截交线。

　　2. 平面体与曲面体相贯线的画法

　　平面体与曲面体的相贯线与平面截切立体所产生的交线形状相同，因此，求作相贯线的方法也类同。

　　【例 4-15】如图 4-18（a）所示为圆台与三棱柱相交，试求作相贯线的投影。

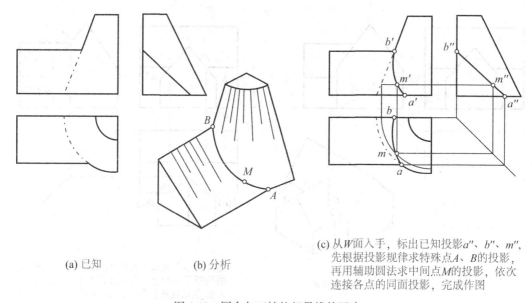

(a) 已知　　　　　　　(b) 分析

(c) 从 W 面入手，标出已知投影 a″、b″、m″，先根据投影规律求特殊点 A、B 的投影，再用辅助圆法求中间点 M 的投影，依次连接各点的同面投影，完成作图

图 4-18　圆台与三棱柱相贯线的画法

分析：圆台与三棱柱相交实质上是圆锥面与三棱柱上斜面相交，所产生的相贯线的形状是椭圆的一部分，相贯线上有两个特殊点 A、B，如图 4-18（b）所示。相贯线的侧面投影与斜面的积聚投影重合；水平投影和正面投影为类似形，需求作。该相贯线应从已知侧面投影入手标点，然后看成圆台表面上的点来求作。

该相贯线应先求特殊点，再求中间点，作图步骤如图 4-18（c）所示。

【例 4-16】 如图 4-19（a）所示为护坡（直棱柱）与翼墙（组合柱）相交，试求作相贯线的投影。

分析：如图 4-19（b）所示，护坡与翼墙平面段的交线 A、B 是直线段，与翼墙曲面段（1/4 圆柱面）的交线 BMC 是平面曲线（1/4 椭圆），整个交线上共有三个特殊点 A、B、C。直线段相贯线是护坡斜平面与翼墙外平面的共有线，所以直线段相贯线的水平投影和侧面投影分别与它们的积聚投影重合；正面投影为直线，需求作。椭圆段相贯线是护坡斜平面与翼墙圆柱面的共有线，相贯线的侧面投影和水平投影也与这些面的积聚投影重合正面投影为类似形，需求作。

求直线相贯线 AB 只需找两个端点，求该曲线相贯线除求全特殊点外，应求中间点。作图步骤如图 4-19（c）所示。

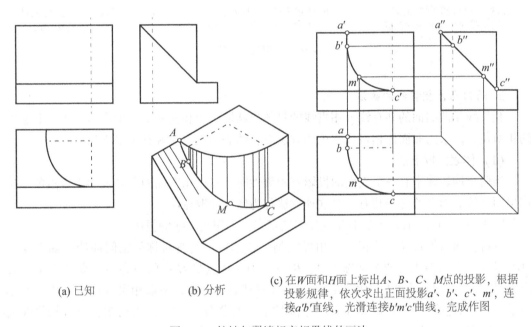

(a) 已知　　　　　　(b) 分析　　　　(c) 在 W 面和 H 面上标出 A、B、C、M 点的投影，根据投影规律，依次求出正面投影 a'、b'、c'、m'，连接 $a'b$ 直线，光滑连接 $b'm'c'$ 曲线，完成作图

图 4-19　护坡与翼墙相交相贯线的画法

4.2.3　两曲面体相交

1. 两曲面体相贯线的形状

两曲面立体相交所产生的相贯线形状一般为光滑封闭的空间曲线，特殊情况为平面曲线或直线。其相贯线是两曲面体表面的共有线。两曲面体相交时，轴线垂直相交称为正

交，轴线垂直不相交称为偏交，轴线不垂直相交称为斜交。两曲面立体相交最常见的是两圆柱体相交，所产生的相贯线形状如图 4-20 所示。

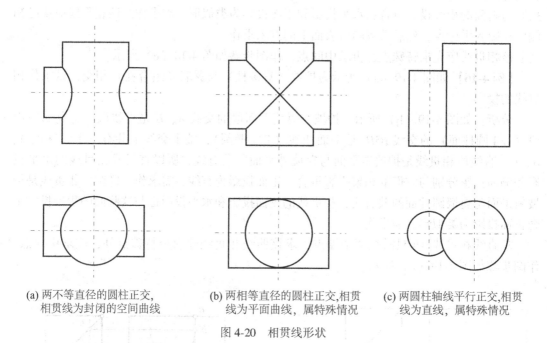

(a) 两不等直径的圆柱正交，
相贯线为封闭的空间曲线

(b) 两相等直径的圆柱正交，相贯
线为平面曲线，属特殊情况

(c) 两圆柱轴线平行正交，相贯
线为直线，属特殊情况

图 4-20　相贯线形状

2. 两曲面体相贯线的画法

相贯线是两曲面的共有线，相贯线的具体形状取决于相交两立体的形状、大小和它们的相对位置。求两曲面体相贯线常用的方法有：体表面取点法和辅助平面法。

（1）体表面取点法。

当两个回转体中有一个表面的投影有积聚性时，可以用在曲面立体表面上取点的方法作出两立体表面上的这些共有点；这种方法称为体表面取点法。

图 4-21（a）所示为两个不等直径圆柱正交，求作相贯线的投影。

分析：两不等直径圆柱正交，相贯线是一条前后、左右对称的空间曲线。如图 4-21（b）所示，相贯线上有四个特殊点 A、B、C、D（D 点是 C 点的对称点，立体图上未标出）。因为相贯线是小圆柱表面的线，又是大圆柱表面的线，所以相贯线的水平投影与小圆重合，侧面投影与大圆上部（大、小圆柱的公共部分）重合，为已知，只有相贯线的正面投影需求作。相贯线前后对称，正面投影前半部分与后半部分重影，前半部分为可见，后半部分为不可见。

应先求特殊点 A、B、C、D，再求一对中间点 E、F，作图步骤如图 4-21（c）、（d）所示。

根据投影规律求得正面投影 a'、b'、c'、d' 规律求得正面投影 e'、f'，然后依次光滑连接各点。

（2）辅助平面法。

116

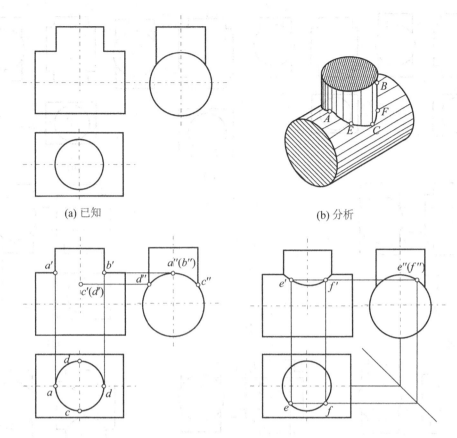

(a) 已知

(b) 分析

(c) 在*H*面和*W*面上标出特殊点*A*、*B*、*C*、*D*的投影，根据投影规律得正面投影 a'、b'、c'、d'

(d) 在*H*面和*W*面上标出中间点*E*、*F*的投影，根据投影规律求得正面投影 e'、f'，然后依次光滑连接各点

图 4-21   两个不等直径圆柱正交相贯线的画法

作一组辅助平面（通常为特殊位置面），分别求出这些辅助平面与这两个回转体表面的交点，这些点就是相贯线上的点。这种方法称为辅助平面法。为了作图方便，一般选择特殊位置平面为辅助平面。用辅助平面求相贯线的步骤为：

1）形体分析参与相交的是哪两个回转体。如图 4-22（a）所示的为轴线垂直相交的两圆柱体参与相贯。

2）分析相贯线的三面投影。如图 4-22（b）所示，两相贯的圆柱其相贯线的水平投影积聚为小圆周、侧面投影夹在小圆周中的那段大圆弧线上。

3）求相贯线上的特殊点。从图 4-22（c）的俯视图可知相贯线上的最前、最后点 1、2；最左和最右点 3 点和 4 点。

4）四个特殊点的侧面投影，如图 4-22（d）所示；它们的正面投影如图 4-22（e）所示。

5）用辅助平面法求一系列中间点。辅助平面与两回转体相交的交线的交点是辅助平面、两回转面的三面的公共点。辅助平面的选择原则就是平面与两回转体同时相交的交线

117

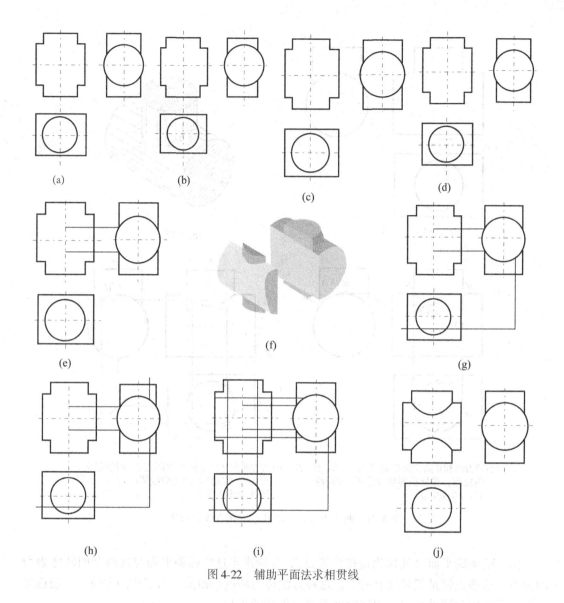

图 4-22 辅助平面法求相贯线

为最简单的直线或圆。因为直线或圆可以用圆规或直尺直接准确绘制出。如图 4-22（f）所示，可以选择正平面为辅助平面，辅助平面与两圆柱同时相交的交线都为直素线。

6）如图 4-22（g）所示是在最前点与最后点之间取一正平面，它们与两圆柱交线的正面投影如图 4-22（h）所示。四条交线的交点即为辅助平面与两圆柱面的公共点，如图 4-22（i）所示。

7）光滑连接各点。并补全两回转面的转向轮廓线的投影，如图 4-22（j）所示。

3. 相贯线的简化画法

相贯线是回转面之间的交线，在机械零部件中很常见。若是两轴线垂直相交的圆柱相贯，可以用圆弧代替相贯线，如图 4-23 所示。其方法是先找出相贯线上 3 个特殊点，再用一圆弧代替相贯线。

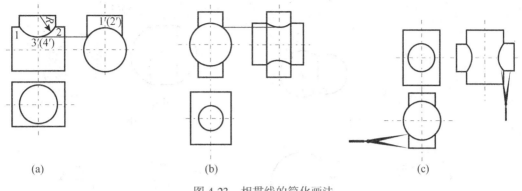

(a)   (b)   (c)

图 4-23   相贯线的简化画法

相贯线有 3 种表现形式：两外表面相贯、两内表面相贯和内外表面相贯，如图 4-24 所示。

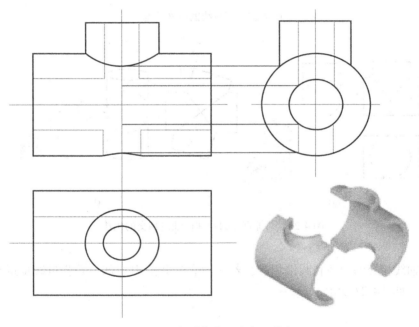

图 4-24   相贯线的 3 种表现形式

4. 相贯线的特殊情况

相贯线在一般情况下是一条封闭的空间曲线，有时相贯线也会退化为平面曲线。

（1）球与任何回转面相交，只要球的球心位于回转体的轴线上，它们的相贯线都退化为平面圆，该圆所在的平面与回转体的轴线垂直。若回转体的轴线与投影面平行，则相贯线在该投影面上的投影为垂直与轴线的直线，如图 4-25 所示。

（2）两等直径的圆柱体，若它们的轴线相交，其相贯线也退化为平面曲线椭圆，如图 4-26 所示。

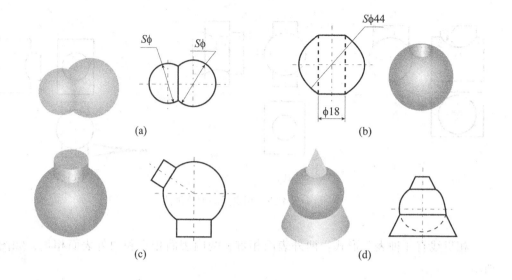

图 4-25　相贯线的特殊情况

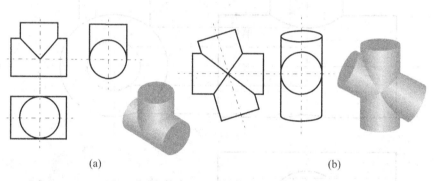

图 4-26　两等直径的圆柱体轴线相交的画法

（3）轴线相交的圆柱和圆锥相贯，若它们有公共的内切球，其相贯线也退化为平面曲线椭圆，如图 4-27 所示。

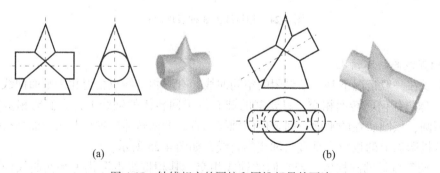

图 4-27　轴线相交的圆柱和圆锥相贯的画法

5. 影响相贯线形状的因素

相贯线的形状与参与相贯的表面性质、表面的相对位置和相对大小有关，如图 4-28 所示。

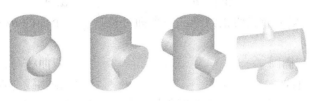

(a) 参与相贯的两表面形状不同

(b) 参与相贯的两表面相对大小不同

(c) 参与相贯的两表面相对位置不同

图 4-28　影响相贯线形状的因素

思考与练习题

一、单选题

1. 在体表面取点，首先应（　　）。
   A. 判定点所在面的位置　　　　　　　　B. 作出辅助直线
   C. 作出辅助圆线　　　　　　　　　　　D. 直接求

2. 不能用积聚性法取点的面是（　　）。
   A. 圆锥面　　　B. 特殊位置平面　　　C. 圆柱面　　　D. 特殊位置平面和圆柱面

3. 在圆锥面上取点（　　）。
   A. 都要用辅助圆法求　　　　　　　　　B. 都要用辅助直线法求
   C. 都必须作辅助线求　　　　　　　　　D. 在轮廓素线上时可以直接求

4. 通过锥顶和底平面截切四棱锥，截交线的空间形状为（　　）。

    A. 五边形   B. 底面类似形   C. 三角形   D. 四边形

5. 正圆锥被一截平面截切，要求截交线是抛物线时，截平面与水平线的夹角 α 与锥底角 θ 之间的关系是（　　）。

    A. $\alpha < \theta$ B. $\alpha = \theta$ C. $\alpha > \theta$ D. $\theta = 90°$

6. 用两个相交截平面截切正圆锥，一个面过锥顶，一个面的 $\theta < \alpha$，截交线空间形状为（　　）。

    A. 双曲线与椭圆   B. 双曲线与直线

    C. 椭圆与直线   D. 抛物线与直线

7. 轴线垂直 H 面的圆柱，被正垂面截切柱曲面，截交线的空间形状为（　　）。

    A. 圆   B. 椭圆   C. 矩形   D. 一条直线

8. 与 H 面呈 45° 的正垂面，截切轴线为铅垂线的圆柱面，截交线的侧面投影是（　　）。

    A. 圆   B. 椭圆   C. 1/2 圆   D. 抛物线

9. 一个正圆柱与一个正圆锥轴线相交并且公切于一球，相贯线的空间形状为（　　）。

    A. 空间封闭曲线   B. 两个平面椭圆   C. 直线   D. 圆

10. 一个正圆柱与一个圆球共轴相交，相贯线的空间形状为（　　）。

    A. 椭圆   B. 空间曲线   C. 圆   D. 直线

11. 一个正圆柱和一个正圆锥共轴相交，相贯线在轴线所平行的投影面上的投影为（　　）。

    A. 圆   B. 椭圆   C. 直线   D. 双曲线

12. 两个圆锥相交，交线是两条直线，它们的空间位置是（　　）。

    A. 共顶   B. 轴线垂直不相交   C. 轴线平行   D. 轴线交叉

13. 空间曲线的三个投影，在（　　）。

    A. V、H、W 面上皆为曲线

    B. H、V 面上为曲线，W 面上为直线

    C. H、W 面上为曲线，V 面上为直线

    D. 两面为曲线，一面为直线

14. 用 $\beta = 45°$ 的铅垂面，距球心为 1/3 半径处截切圆球，所产生截交线的特殊点有（　　）。

    A. 6 个   B. 8 个   C. 10 个   D. 12 个

15. 如图所示，圆柱被一平面截切所产生截交线的特殊点有（　　）。

    A. 6 个   B. 5 个   C. 4 个   D. 3 个

第 15 题图   第 16 题图

16. 如图所示，两体相交所产生相贯线灼特殊点有（   ）。

    A. 8 个   B. 4 个   C. 5 个   D. 6 个

二、简答题

1. 立体表面的交线分为哪两大类？各是怎样产生的？
2. 截交线和相贯线上的点都具有什么特性？
3. 试简述平面体截交线的作图方法和步骤。
4. 试简述圆柱、圆锥，圆球各曲面体截交线的形状。
5. 两平面体相交产生的相贯线是空间折线，转折点是如何产生的？
6. 平面体与曲面体相交产生的相贯线的形状如何？
7. 怎样求作两圆柱轴线正交所产生的相贯线？
8. 两个不等直径圆柱正交相贯线的简化画法中，圆弧的半径及圆心如何确定？
9. 常见的特殊相贯线有哪些情况？相贯线的形状如何？

第5章 组 合 体

【教学目标】

形状复杂的立体可以看成是由较多的基本体按一定方式组合而成，称为组合体。组合体是立体由抽象几何体向实际工程物体的过渡，是投影理论与制图实践内容的一个桥梁。通过本章学习，要求学生掌握组合体三视图的画法和识读，重点是识读部分。使学生通过掌握组合体三视图的读画方法来提高形象构成能力，为专业图的绘制和阅读奠定空间想象的基础。

5.1 组合体的形体分析

通过前面的学习，我们知道简单体的构型方式是叠加和切割，读画其三视图的基本方法是形体分析法。组合体的组合方式和三视图的读画方法与简单体基本相同。

5.1.1 组合体及其组合方式

工程物体一般较为复杂，为了便于认识、把握工程物体的形状，常把复杂物体看成是由多个基本体（如棱柱、棱锥、圆柱、圆锥、球等）按照一定的方式构造而成。由多个基本体经过叠加、切割等方式组合而成的物体，称为组合体。

根据组合方式的不同，组合体可以分为叠加型、切割型和综合型三种类型，如图5-1所示。

图5-1（a）所示叠加型组合体，为一台阶，可以把该组合体看成由左边墙、台阶、右边墙三部分组成。其中位于中间的台阶是一个八棱柱，左、右边墙是两个相同的六棱柱。

图5-1（b）所示切割型组合体，可以看成由一个长方体经过三次切割而成，先后切掉了两个梯形四棱柱和一个圆柱。

图5-1（c）所示组合体为综合型，综合型是指既有叠加又有切割的组合形式。该物体底部为一切槽四棱柱，上部居中为一切半圆槽的四棱柱，两侧各叠加一个三棱柱。

在许多情况下，叠加型和切割型并无严格的界限，同一组合体既可以按叠加方式分析，也可以按切割方式去理解。如图5-2（a）所示物体，该物体可以理解为叠加型，由一个梯形四棱柱和一个小三棱柱叠加而成，如图5-2（b）所示；也可以理解为切割型，由一个长方体在左端前后对称地各切掉一个三棱柱，如图5-2（c）所示。因此，组合体的组合方式应根据具体情况而定，以便于作图和理解为原则。

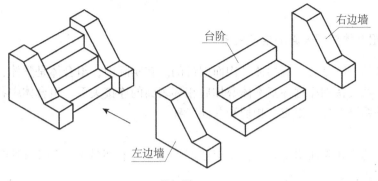

(a) 叠加型

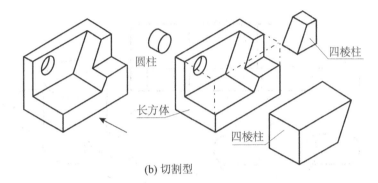

(b) 切割型

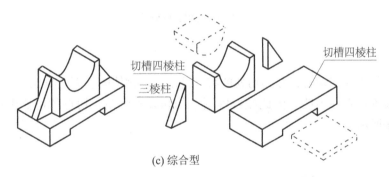

(c) 综合型

图 5-1　组合体的组合方式

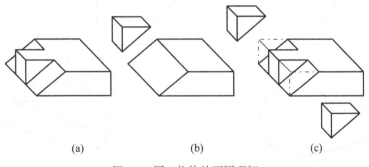

(a)　　　　　　　　(b)　　　　　　　　(c)

图 5-2　同一物体的不同理解

5.1.2 组合体相邻表面的连接关系

对组合体的分解是为分析物体结构而假设的。在实际中，组合体是整体，要还原组合体的完整性，就要特别注意各基本体叠加后相邻表面的连接关系。组合体中各基本体表面之间按位置关系可以分为相交、相切和共面三种。

1. 相交

两基本体的相邻表面相交时，在相交处产生交线（相贯线）。绘制图时应正确地绘制出两表面的交线，如图 5-3 所示。

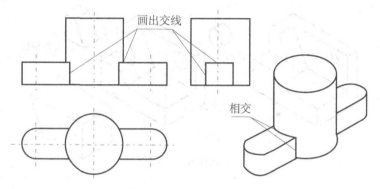

图 5-3　表面相交的画法

2. 相切

当两基本体表面相切时，在相切处的特点是由一个物体的表面光滑地过渡到另一物体的表面，过渡处不存在界线。因此在投影图上相切处不画线，切点的位置由投影关系确定，如图 5-4 所示。

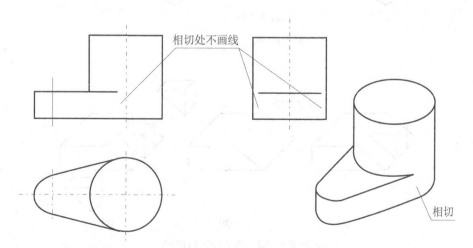

图 5-4　表面相切的画法

126

3. 共面（平齐）

当两基本体表面共面平齐时，在两个面的交界处不存在交线，因此在投影图上不画线，如图5-5所示。

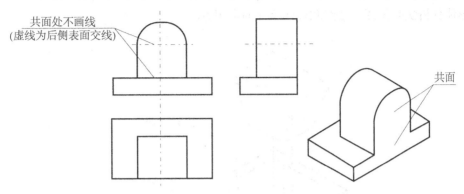

图5-5 表面共面的画法

5.1.3 形体分析法

形体分析法是观察物体、认识物体的一种思维方法。形体分析法的运用可以达到化繁为简、化难为易的目的。运用形体分析法把复杂的组合体分解成若干简单的基本体，然后再分析各基本体的形状、相对位置及表面连接关系，从而解决组合体的画图、读图和尺寸标注等问题。

如图5-6（a）所示，是渡槽槽墩（包括底板、墩身和支墩）。渡槽槽墩由下至上可以看成是由四棱柱、四棱台、组合柱和八直棱柱四部分叠加而成，如图5-6（b）所示。

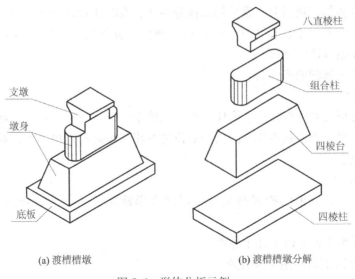

(a) 渡槽槽墩   (b) 渡槽槽墩分解

图5-6 形体分析示例一

图5-7所示为岸墙，岸墙可以看成是由基本体切割而成的，原体为四棱柱，在前上中部切去一个半四棱台，在前下中部切去一个四棱柱。

在组合体画图、读图和标注尺寸的过程中，一般都是运用形体分析法假想把组合体分解成若干基本体或简单体，弄清它们之间的相对位置、组合形式及表面连接关系。

形体分析法是画图、读图和标注尺寸的常用方法。

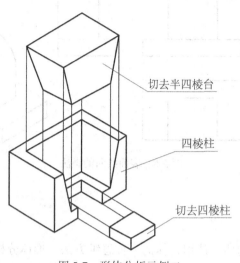

切去半四棱台

四棱柱

切去四棱柱

图5-7　形体分析示例二

5.2　组合体三视图的画法和尺寸标注

5.2.1　组合体三视图的画法

在绘制组合体的三视图时，常采用形体分析法，有时还辅以线面分析法。线面分析法是在形体分析法的基础上，运用线、面的投影规律，分析物体上线、面的空间关系和形状，从而把握住组合体的细部。

绘制组合体三视图的步骤为：

1. 形体分析

运用形体分析法对组合体进行形体分析，先确定组合体的组合方式，然后弄清各基本体的形状特征，再分析各基本体之间的相对位置及相邻表面的连接关系，对组合体的形体特征有个总体概念。

2. 视图选择

在各视图中，选择正面投影是关键。正面投影确定后，其他各视图也就相应地被确定。

选择正面投影主要有以下几个原则：

（1）将物体按正常使用位置放置。

（2）尽可能使物体上主要表面平行于投影面，以便获得最好的实形性。

（3）使正面投影最能反映物体的形状特征和各组成部分之间的相对位置特征。

（4）一般使物体的长度方向平行于正立投影面。

（5）使相应的其他视图中的虚线最少。

3. 绘制三视图

根据组合体中各基本体的投影特征，逐个绘制出各自的三视图，一般是按先主后次、先大后小、先实（原体）后空（挖切）、先外（轮廓）后内（细部）的顺序作图。在作每个组成部分的投影时，都要三个投影联系起来一起绘制，先作最能反映形体特征的投影，然后利用三等规律绘制出其他两个投影。画图时，先绘制底稿，再整理加深。

绘制三视图的步骤如下：

（1）选定比例，确定图幅。

视图选择后，应根据组合体的大小和复杂程度，根据三视图所占的面积，考虑标注尺寸的地方，按标准规定选择适当的比例和图幅。

选择原则为：图中的图线疏密适当，表达清楚。

（2）布置视图的位置。

布置视图就是在适当的位置绘制出各视图的基准线，使各视图的位置在图纸上确定下来。布图应使各视图均匀布局，不偏向某边；各视图之间要留有适当的空间，以便于标注尺寸。

基准线一般选用对称线、较大的平面或较大圆的中心线、轴线，基准线是画图和量取尺寸的起始线。

（3）绘制底稿。

用形体分析法一部分一部分地绘制，画图时应注意每部分三视图之间都必须符合投影规律，注意各部分之间表面连接处的画法。

（4）检查、加深。

底稿图绘制完后，应对照立体检查各图是否有缺少或多余的图线，改正错处，然后加深全图。

【例 5-1】试绘制出图 5-1（a）所示叠加型组合体的三视图。

分析：考虑台阶的自然位置和形体特征，选取如图 5-1（a）所示的箭头方向作为正面投影方向。该物体中间台阶为主，两侧边墙为次，作图时先作台阶的投影。

作图：

（1）台阶和边墙均为棱柱，按照棱柱的画法，先绘制出台阶的三视图，如图 5-8（a）所示。

（2）再绘制出两侧边墙的三视图，如图 5-8（b）所示；考虑各部分间的相对位置，三部分之间底面、后端面平齐，侧面投影中台阶不可见，应绘制成虚线，整理加深，如图 5-8（c）所示。

【例 5-2】试绘制出图 5-1（b）所示切割型组合体的三视图。

分析：该物体为一长方体经过三次切割而成，选择如图 5-1（b）所示的箭头方向作为正面投影方向，该方向最能表达切割特征。作图时，按照先实后空的顺序逐次切割，每次切割时先作最能反映切割特征的视图。

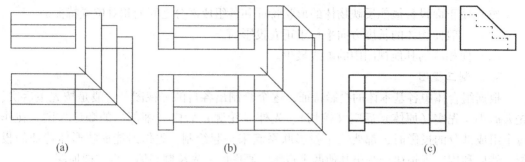

(a)   (b)   (c)

图 5-8　叠加型组合体三视图的画图步骤

作图：

（1）先绘制出完整长方体的三视图，如图 5-9（a）所示。

（2）首先在长方体的左前方切掉一个梯形四棱柱，先完成最能反映切割特征的正面投影，再按照投影规律绘制出其他投影，如图 5-9（b）所示。

（3）在此基础上，在物体的右前上方又切掉了一个梯形四棱柱，这次切割是由一个水平面和一个正平面共同截切，先作出最反映切割特征的侧面投影，再按照求作截交线的方法作出其他投影，如图 5-9（c）所示。

（4）最后，在物体的右后方挖通一个轴线正垂的小圆柱通孔，完成其三视图，整理加深，如图 5-9（d）所示。

如图 5-9（c）所示，综合型组合体三视图的画法请读者自行分析。

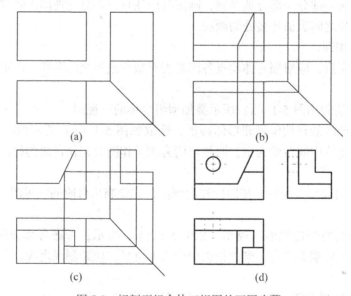

(a)   (b)

(c)   (d)

图 5-9　切割型组合体三视图的画图步骤

5.2.2 组合体的尺寸标注

1. 组合体尺寸标注的基本要求

（1）正确。正确是指尺寸标注要符合国家和行业制图标准的规定。

（2）完整。完整是指所注尺寸能够完全确定物体的形状和大小，即定形尺寸（确定各基本形体大小的尺寸）、定位尺寸（确定各基本形体之间相对位置的尺寸）、总体尺寸（确定物体总长、总宽、总高的尺寸）标注齐全。

（3）清晰。清晰是指所注尺寸位置要明显，排列要整齐，要便于读图。

1）位置要明显。表示同一部分的尺寸应尽量集中在一个或两个视图上标注，并且尽量标注在反映形状特征的视图上，尽量不标注在虚线上。

2）排列要整齐。尺寸尽量放在视图之外，与两视图有关的尺寸最好注在两视图之间；在同一方向的尺寸排在一条线上，不要错开。

（4）合理。合理是指所注尺寸既能满足设计要求，又方便施工。要符合设计施工要求，需具备一定的设计和施工知识后才能逐步做到。

2. 基本体的尺寸标注

组合体是由基本体组成的，要掌握组合体的尺寸标注，必须首先掌握基本体的尺寸标注。

（1）基本体的尺寸标注。常见的基本体有棱柱、棱锥、棱台、圆柱、圆锥、圆台和球等。基本体一般只需注出长、宽、高三个方向的定形尺寸。如图 5-10 所示为一些常见的基本体尺寸标注示例。

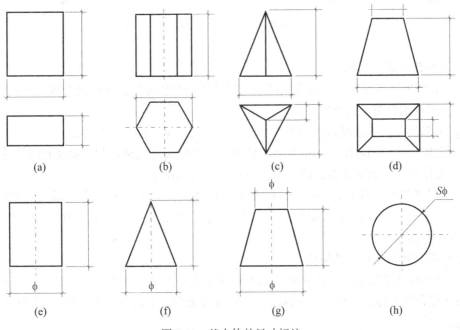

图 5-10　基本体的尺寸标注

对于柱体和锥体，应注出确定底面形状的尺寸和高度尺寸。对于棱台和圆台，应注出确定底面和顶面形状的尺寸和锥台的高度尺寸。对于球体规定在标注球的直径"ϕ"之前加注字母"S"。

有些基本体标注尺寸后可以减少投影的数量。例如球，只需一个投影和标注直径尺寸就可以表达清楚。又例如圆柱、圆锥，在正面投影中标注了底面圆直径和高度尺寸，也只用一个投影表达即可。

（2）被截切立体和相贯体的尺寸标注。对于被截切立体，除了注出基本体的定形尺寸外，还需注出确定截平面位置的定位尺寸。当截平面与立体的位置确定后，截交线随之确定，所以不需标出截交线的尺寸，如图 5-11（a）、（b）、（c）所示。标注相贯体尺寸时，只标注各基本体的定形尺寸和相贯体间的定位尺寸，不标注相贯线的尺寸，如图 5-11（d）所示。

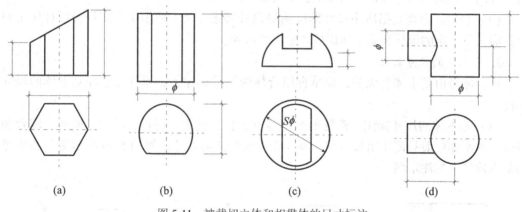

图 5-11　被截切立体和相贯体的尺寸标注

3. 组合体的尺寸标注

在组合体的尺寸标注中，首先按其组合形式进行形体分析，然后再合理标注其尺寸。

（1）尺寸的种类。组合体的尺寸分为三类：

1）定形尺寸：确定组合体中各基本体大小（长、宽、高）的尺寸。

2）定位尺寸：确定组合体中各基本体相对位置的尺寸或确定截平面位置的尺寸。

3）总体尺寸：确定组合体的总长、总宽、总高的尺寸。

（2）尺寸基准。对于组合体，在标注定位尺寸时，必须在长、宽、高三个方向分别选定尺寸基准，即选择一个或几个标注尺寸的起点。通常选择物体上的中心线、主要端面等作为尺寸基准。

（3）组合体尺寸标注的原则。

1）尺寸标注正确完整。尺寸标注的正确性和完整性是标注中的基本要求，要求尺寸标注必须符合制图标准的规定，物体的尺寸标注要齐全，各部分尺寸不能互相矛盾，也不可重复。

2）尺寸标注清晰明了。

①尺寸一般应标注在反映形状特征最明显的视图上，尽量避免在虚线上标注尺寸。如图 5-12 所示，底板通槽的定形尺寸 12、4 注在特征明显的侧面投影上，上部圆柱曲面和圆柱通孔的径向尺寸 $R6$、$\phi8$ 也注在侧面投影上。

②尺寸应尽量集中标注在相关的两视图之间，见图 5-12 中的高度尺寸。

③尺寸应尽量标注在视图轮廓线之外，必要时尺寸可以标注在轮廓线之内，如 $\phi8$。

④尺寸线尽可能排列整齐。相互平行的尺寸线，小尺寸在内，大尺寸在外，且尺寸线之间的距离应相等。同方向尺寸应尽量布置在一条直线上。书写尺寸数字大小要一致，如图 5-12 所示。

⑤避免尺寸线与其他图线相交重叠。

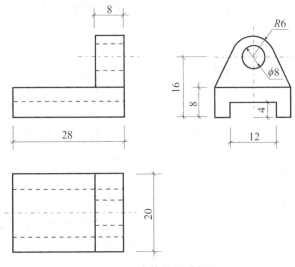

图 5-12　组合体的尺寸标注

3）尺寸分布合理。标注尺寸除应满足上述要求外，对于工程物体的尺寸标注还应满足设计和施工的要求。在土木建筑工程中，通常需从施工生产的角度来标注尺寸，其标注形式要在具备一定的专业知识后才能逐步做到。

4. 组合体尺寸标注示例

【例 5-3】试标注如图 5-13（a）所示组合体的尺寸。

具体步骤如下：

（1）形体分析。由图 5-13（a）可以看出该物体为叠加型组合体，共由四部分组成。主体为五棱柱，左端有一个四棱柱与之叠加，顶部有一个四棱柱与之相贯，右前方有一个组合柱与之相贯。

（2）标注各基本体的定形尺寸，如图 5-13（a）所示，五棱柱端面尺寸为 20、16、24，长度为 32；左端四棱柱的长、宽、高分别为 5、8、5；顶部四棱柱的定形尺寸为 4、4；右前方组合柱上部为半圆柱，定形尺寸为 $R4$，下部为四棱柱，其宽度为半圆柱的直径，高度与五棱柱的高度尺寸 16 重复，不必标注。

（3）标注各基本体之间的定位尺寸，如图5-13（b）所示。首先选择各方向的尺寸基准。

在本例中，以五棱柱的右端面作为长度方向基准，以五棱柱的前棱面作为宽度方向的基准，以该组合体的底面作为高度方向的基准。当两部分在某一方向上中心重合或端面平齐时，不需标注定位尺寸。左端四棱柱紧靠在五棱柱的左端中部，底面共面，所以不需定位尺寸；顶部四棱柱左右方向的定位尺寸为22，上下方向的定位尺寸为30，前后方向不需定位尺寸；右前方组合柱左右方向定位尺寸为10，前后方向定位尺寸为4，上下方向不需定位尺寸。

（4）标注总体尺寸。如图5-13（c）所示，37是总长，24是总宽，总高尺寸30与顶部四棱柱的定位尺寸重合。

（5）按照标注原则对各尺寸进行调整排列，完成全图，如图5-13（c）所示。

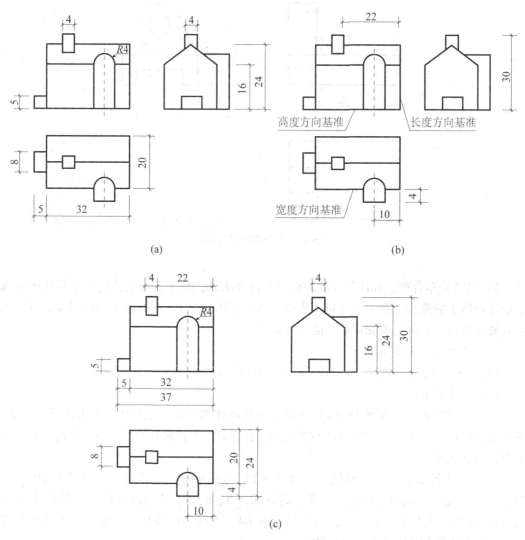

图5-13 组合体的尺寸标注步骤

5.3 组合体三视图的识读

读图是画图的逆过程。画图是将三维立体投影后用二维平面图形表示，是从体到图的过程。而组合体的读图，则是根据已绘制出的投影图，运用投影规律，想象物体的空间形状，是从图到体的过程。读图的基本方法与画图相同，采用形体分析法和线面分析法。

读图是对前面所学知识的综合运用。只有熟练掌握读图的基础知识，正确运用读图的基本方法，多读多练，才能具备快速准确的读图能力，从而提高空间想象能力和投影分析能力。

5.3.1 读图基础

1. 将几个视图联系起来读图

读图时必须将几个视图结合起来一起看，才能想象出物体的准确形状。如图 5-14 所示的两个物体，它们的正面投影和水平投影完全相同，而侧面投影不同。因此，仅凭一两个视图往往不能确定物体的形状，而且容易误导空间想象。读图过程是一个从发散到收敛的思维过程。首先进行发散思维，根据所给的各视图想象空间物体的不同可能性，再将这些不同的选择在各视图下对照比较和筛选淘汰，最后收敛为一个确切的物体。

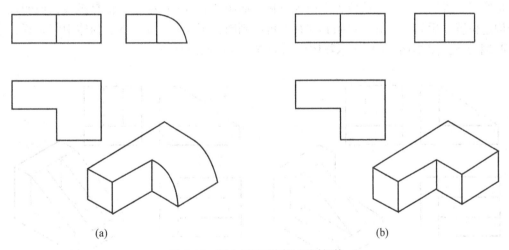

(a)   (b)

图 5-14　两个视图相同的不同物体

2. 从反映组合体形体特征的视图入手读图

读组合体视图时，一般情况下先从正面投影入手，因为最能表达形体特征的投影通常是正面投影。但实际读图时，在其他视图上同样可以反映形体特征，因此要善于捕捉反映形体特征的视图。

如图 5-15（a）、（b）所示，两个组合体的正面投影和水平投影相同，侧面投影不同。读图时，正面投影最反映各部分的形状特征，而侧面投影最能反映各部分之间的位置

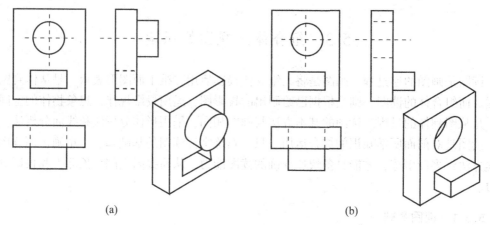

(a)　　　　　　　　　　　　　　　　　(b)

图 5-15　读图时善于捕捉特征

特征，物体上的凹凸关系在侧面投影中一目了然。

3. 利用虚实关系分析视图

视图中的虚实关系，往往反映出物体的结构层次，主要表现为组合体各部分上下、前后、左右的位置关系，以及内与外、实与空的关系等。如图 5-16（a）、（b）所示，两个组合体的水平投影和侧面投影相同，正面投影不同。图 5-16（a）中正面投影上三角形线框是实线，说明该部分构造位置靠前为可见，而图 5-16（b）中此线框是虚线，说明该部分构造位置靠后为不可见，对照其他视图可以判断，图 5-16（a）所示物体中间是板，前后两侧为空，图 5-16（b）所示物体中间为空，前后两侧是板。

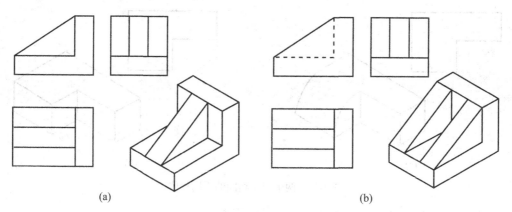

(a)　　　　　　　　　　　　　　　　　(b)

图 5-16　利用虚实关系分析视图

4. 了解视图上线段和线框的含义

视图上线段的含义：①表示平面或曲面的积聚投影；②表示两个面的交线的投影；③表示曲面的外形轮廓线。如图 5-17 所示，Ⅰ所指线段是平面和圆柱面的积聚投影，Ⅱ所指线段是两个平面交线的投影，Ⅲ所指线段是圆柱面的外形轮廓线。

视图上封闭线框的含义：①表示平面或曲面，如图 5-18（a）、（b）所示；②表示基

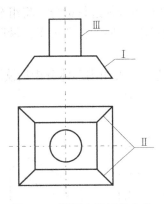

图 5-17 视图中线段的含义

本体或因挖掉实体而形成的孔洞或坑槽。图 5-18（c）中线框 I 表示实体四棱柱，图 5-18（d）中线框 I 表示挖掉四棱柱形成的凹槽，图 5-18（e）中线框 I 表示挖掉四棱柱形成的通孔。

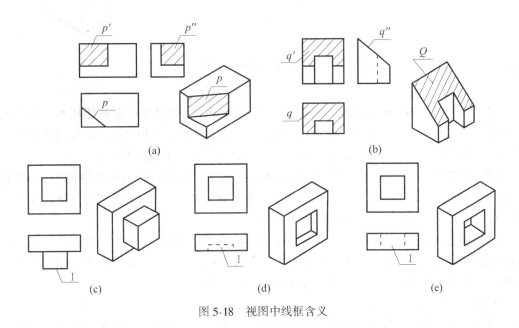

图 5-18 视图中线框含义

5.3.2 读图的基本方法

读图的基本方法是形体分析法和线面分析法。通常以形体分析法为主。只有当遇到组合体中某些部分的投影关系比较复杂时，才辅之以线面分析法。即形体分析看大概，线面分析看细节。

1. 形体分析法

所谓形体分析法读图，就是对组合体进行拆分，将组合体分成若干个基本体，看懂每个基本体的形状，并搞清楚各基本体之间的位置关系，最后将这些基本体再组合，想象出组合体的空间形状。

下面以图 5-19 所示三视图为例，说明用形体分析法读图的具体步骤。

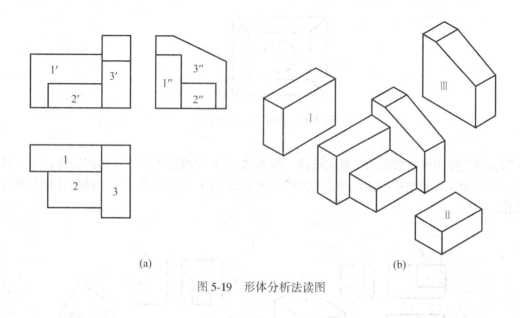

(a)   (b)

图 5-19　形体分析法读图

（1）找特征，分线框。将组合体分解为若干部分。找到最反映形状特征和位置特征的视图，将其划分成若干线框，每个线框代表一部分体。在图5-19（a)中可以看出该组合体由三部分叠加而成，侧面投影较反映特征，将其划分为三个线框1″、2″、3″。

（2）对投影，定形状。将分得的各线框，按照三等规律，分别向其他两视图对应，根据基本体的投影特征，想象其空间形状。在图 5-19（a）中，对照视图可以确定Ⅰ为一个四棱柱，Ⅱ为一个四棱柱，Ⅲ为一个五棱柱。

（3）综合起来想整体。考虑各基本体的相对位置，想象组合体的整体形状。在图5-19（a)中可以判断，Ⅰ、Ⅱ两部分在左，Ⅲ部分在右，三部分的底面平齐，Ⅲ与Ⅰ后端面平齐，Ⅱ在Ⅰ的前面，其空间形状如图 5-19（b）所示。

2. 线面分析法

当组合体不易分成几个部分或部分投影比较复杂时，可以在形体分析法的基础上辅之以线面分析法。采用线面分析法读图时，把物体分为若干个面，根据面的投影特征逐个确定其形状和空间位置，从而围合成空间整体。简单地说，采用线面分析法读图就是一个面一个面地看。下面以图 5-20 所示三视图为例，说明采用线面分析法读图的具体步骤。

（1）找特征，分线框。在特征视图上划分出若干线框，每个线框代表物体的一个表面。在图 5-20（a）中可以看出，该组合体是由一个四棱柱切割而成，由正面投影可知左上方的缺角是用正垂面截切而得，由水平投影可知左前方的缺角是用铅垂面截切而得。整

138

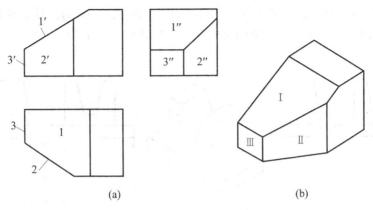

图 5-20　采用线面分析法读图

个物体左端的形状较为复杂，侧面投影最反映该部分形状特征，从中分离出三个线框 1″、2″、3″。

（2）对投影，定形状。将分得的各线框，按照三等规律，分别向其他两视图对应，根据平面的投影特征，想象出这些表面平面的形状及空间位置。在图 5-20（a）中，对照视图可以确定Ⅰ为一个正垂的五边形，Ⅱ为一个铅垂的四边形，Ⅲ为一个侧平的矩形。采用同样的方法，可以逐个分析出该物体上的其他各表面。

（3）围合起来想整体。分析各个表面的相对位置，围合出物体的整体形状，如图 5-20（b）所示。

5.3.3　读图、画图训练

读图、画图的目的就是为了提高识图能力，提高空间想像力。但这需要不断训练，不断地在二维投影图与三维立体之间变换，使它们建立一一对应的关系。我们可以通过许多方法来训练读图、画图的综合能力，下面介绍几种常用的方法。

1. 根据两视图补画第三视图

"二求三"是训练读图、画图能力最基本的方法。一般来说，物体的两面投影已具备长、宽、高三个方向的尺度，完全可以补出第三投影，但前面已经探讨过，在特殊的情况下，可以出现多种答案。

【例 5-4】如图 5-21（a）所示，已知物体的正面投影和侧面投影，试补画其水平投影。

分析：首先读懂已知的两面投影，想象出组合体的形状。由图 5-21（a）进行形体分析。

正面投影反映形体特征，可以看出该组合体由两部分叠加组成，底板是一个四棱柱，上部居中是一个梯形四棱柱，其底部与四棱柱顶面等宽，顶部切槽，该组合体前后对称、左右对称，其整体形状如图 5-21（b）所示。根据想象出的组合体形状，利用三等规律补画出水平投影。

作图：先作出底板的水平投影，如图 5-21（c）所示；然后作出完整的梯形四棱柱的水平投影，如图 5-21（d）所示；再进行切槽，分别作出槽底部矩形和侧壁两个梯形的投

139

影，如图 5-21（e）所示；检查各部分连接处图线是否多余、遗漏，对切割处可以运用线面分析进行验证，检查无误后，加深完成全图，如图 5-21（f）所示。

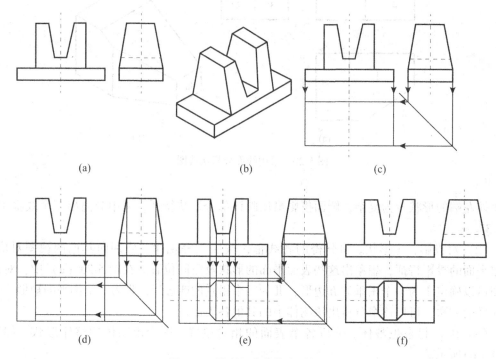

图 5-21　补画组合体的水平投影

【例 5-5】如图 5-22（a）所示，已知物体的水平投影和正面投影，试补画其侧面投影。

分析：由图 5-22（a）可以看出该组合体由四部分叠加而成，由于水平投影比较明显地反映出各部分的形状特征，所以将它分成四个线框 1、2、3、4，对照正面投影可以看出：由虚线和实线围成的"L"形线框 1 表示的是位于底部的主体"L"形棱柱；矩形线框 2 表示的是四棱柱；三角形线框 3 表示的是三棱柱；半圆线框 4 表示的是半圆柱。四部分之间的相对位置分别是：Ⅰ、Ⅱ、Ⅲ三部分上下排列，Ⅰ在最底部，Ⅲ在最上部，三部分的后端面和右端面平齐，另外，Ⅰ、Ⅱ部分的前端面也平齐。Ⅳ部分是一个半圆柱，其后壁与"L"形棱柱的前壁相叠合，底面与"L"形棱柱的底面共面，圆柱面与"L"形棱柱的表面相切。逐个读懂组合体各基本体的形状和相对位置，想象出这个组合体的整体形状，如图 5-22（b）所示。

作图：利用三等规律，绘制出Ⅰ部分"L"形棱柱的侧面投影，如图 5-22（c）所示；绘制出Ⅱ部分四棱柱的侧面投影，如图 5-22（d）所示；绘制出Ⅲ部分三棱柱和Ⅳ部分半圆柱的侧面投影，如图 5-22（e）所示。考虑组合体相邻表面的连接关系，由于表面相切，擦去侧面投影上半圆柱与"L"形棱柱之间的分界线，加画半圆柱的轴线，检查无误后，加深完成全图，如图 5-22（f）所示。

140

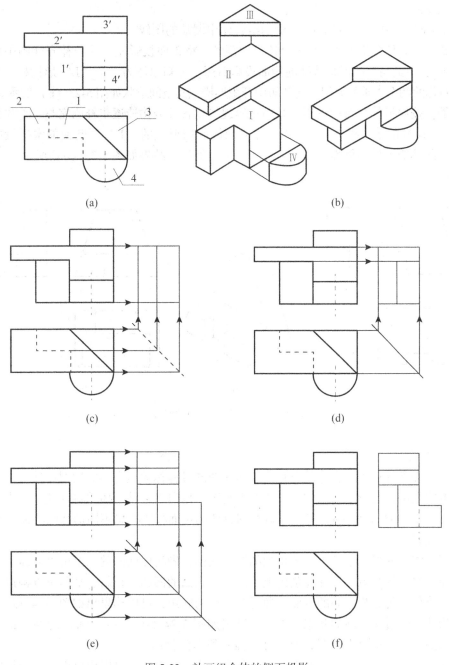

图 5-22　补画组合体的侧面投影

2. 补全三视图中所缺的图线

　　补全三视图中所缺的图线是读图、画图训练的另一种方法。通常在一个或两个视图中给出组合体的某个局部结构，而在其他视图中遗漏。这种练习说明物体上任何局部结构在各视图中都要有所表达，强调了画图时从整体到局部都要三个投影同时配合画，以确保视图内容完整。

【例5-6】 试补全图 5-23（a）所示组合体中漏缺的图线。

分析：由形体分析可知，该组合体为切割型。将正面投影左右缺角补齐（图中以双点画线表示），以此与反映形状特征的侧面投影对照，可知原体为一个"L"形棱柱。该棱柱被左右对称的两个正垂面截切，前部居中开矩形槽。其空间形状如图 5-23（b）所示。

作图：按照形体分析的过程，利用三等规律将各部分构造逐步补画完整。首先补画原体"L"形棱柱的水平投影，再补画出左右两侧截切形成的"L"形断面的水平投影，最后补画出前部矩形槽的侧面投影，为虚线。整理加深，结果如图 5-23（c）所示。

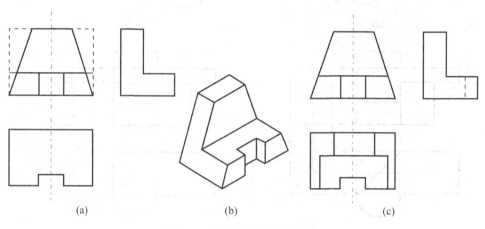

(a)   (b)   (c)

图 5-23　补画三视图中的漏线

3. 构型设计

根据已知条件构思组合体的形状并表达成图的过程称为组合体的构型设计。构型设计的主要方式是根据已给组合体的一个或两个视图，构思出多种物体并将其表达出来。

【例5-7】 如图 5-24（a）所示，试根据物体的正面投影构思不同形状的物体，并绘制出其水平投影。

分析：将正面投影中三个连续排列的矩形线框看做物体前面的三个可见表面，假定该物体的原形是一块长方板，在此基础上，由三个表面的凹凸、正斜、平曲可以构造多个不同形状的物体。先分析中间的表面，通过凸与凹的联想，可以构思出如图 5-24（b）、（c）所示的物体；通过正与斜的联想，可以构思出如图 5-24（d）、（e）所示的物体；通过平与曲的联想，可以构思出如图 5-24（f）、（g）所示的物体。

用同样的方法对前面两侧的表面进行分析、联想、对比，可以构思出更多的物体，如图 5-25 所示。若对物体的后面也进行凹凸、正斜、平曲的联想，构思出的物体还多，读者可以自行分析。

需要指出，对表面进行凹凸、正斜、平曲联想，不仅对构思组合体有用，在读图中遇到难点，进行"先假定、后验证"也是不可少的。这种联想方法可以使人思维灵活、思路畅通。

142

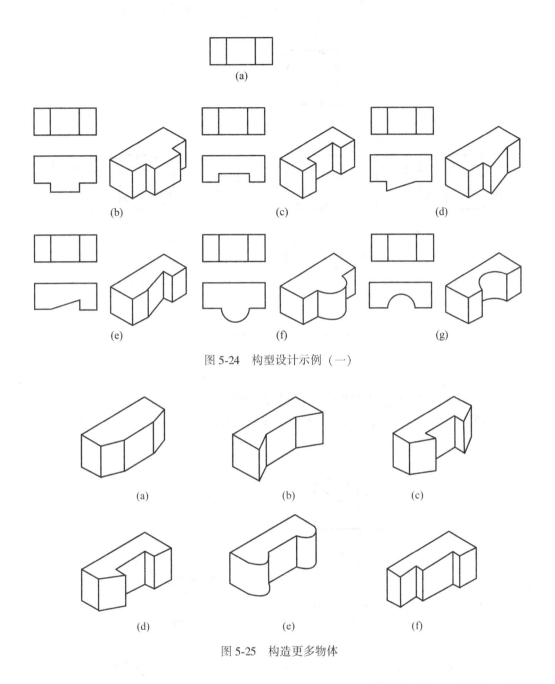

图 5-24　构型设计示例（一）

图 5-25　构造更多物体

【例 5-8】如图 5-26（a）所示，已知物体的正面投影，试构思物体，并绘制出其另外两面投影。

分析：由图 5-26（a）可知，物体的正面投影由两个线框组成，外面是一个正方形线框，里面是一个与之相切的圆线框，可以将两个线框看做两部分基本体，由叠加或切割进行构思，如图 5-26（b）所示为圆柱与四棱柱叠加，如图 5-26（c）所示为圆锥与四棱柱叠加，如图 5-26（d）所示为四棱柱上挖掉一个半圆球。还可以构思出更多的物体，读者可以自行分析。

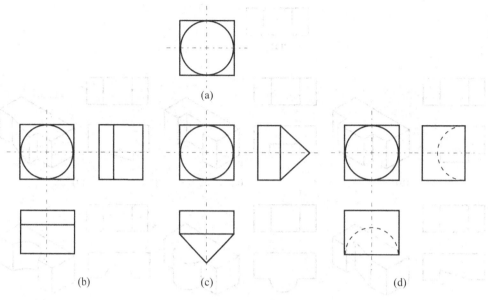

(a)

(b)   (c)   (d)

图 5-26 构型设计示例（二）

4. 绘制组合体的轴测图

绘制组合体的轴测图是帮助读图的一种有效手段。

【例 5-9】试绘制如图 5-27（a）所示组合体的正等测图。

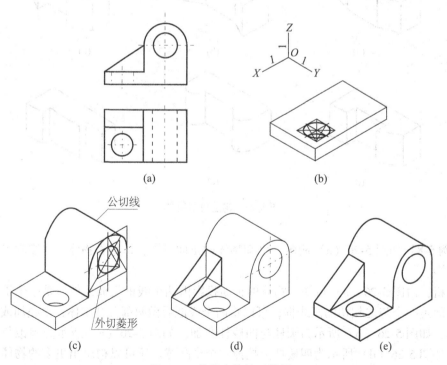

(a)   (b)

公切线

外切菱形

(c)   (d)   (e)

图 5-27 作组合体的正等侧

分析：由已知的两视图可知，该物体是由一个带圆孔的长方体底板、带通孔的组合柱和一个三棱柱组成。

作图：绘制出正等测的轴测轴，绘制出长方体底板及板上通孔的轴测图，如图 5-27（b）所示；确定相对位置，绘制出组合柱及通孔的正等测图，组合柱与底板的前后端面平齐，如图 5-27（c）所示；最后作出三棱柱的正等测图，其后端面与底板平齐，如图 5-27（d）所示；擦去作图线，加深可见轮廓线，完成全图，如图 5-27（e）所示。

【例 5-10】 试补画 5-28（a）所示物体的俯视图。

分析：根据如图 5-28（a）所示的两面视图，可以看出该物体是切割体，从左视图入手，结合主视图可以分解物体为原体，切三刀。

逐部分对投影、想形状，原体空间形状为直八棱柱，可以用形体分析法补画出该部分的俯视图，如图 5-28（b）所示。切割部分是过体上斜面切的，视图比较复杂，应该用线面分析法一个面一个面地补出，要先补平行面，再补垂直面，如图 5-28（c）所示。最后加深完成第三视图，如图 5-28（d）所示。

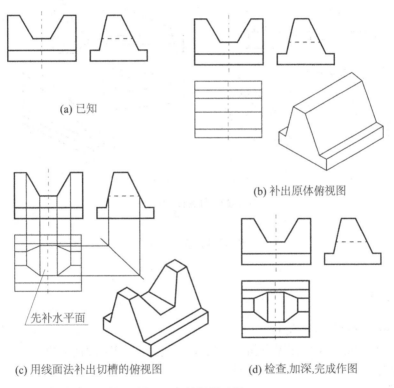

(a) 已知

(b) 补出原体俯视图

先补水平面

(c) 用线面法补出切槽的俯视图

(d) 检查,加深,完成作图

图 5-28　补视图示例一

【例 5-11】 试补画图 5-29（a）所示物体的左视图。

分析：根据图 5-29（a）所示的两面视图，可以看出该物体是由底板和翼墙两部分叠加而成。运用形体分析法，想象底板的空间形状原体为 L 形柱体，前后用铅垂面各斜切一刀，根据想象形体的过程，补画出该部分的左视图，如图 5-29（b）所示。

翼墙部分运用线面分析法，先分析翼墙左右端面为侧平面，再进一步分析翼墙前侧面为铅垂面，上侧面为正垂面，后侧面为一般位置面，然后采用端面法补出该部分的左视图，即先绘制出八字翼墙两端面的投影，然后连接两端面各对应顶点，得各侧面的投影，如图 5-29（c）所示。最后加深完成第三视图，如图 5-29（d）所示。

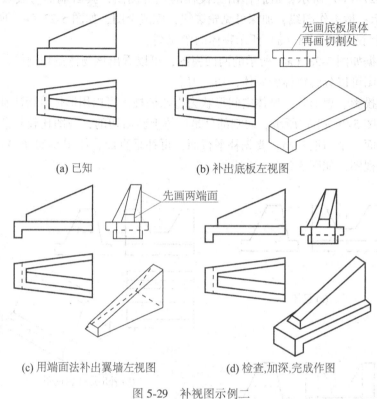

(a) 已知   (b) 补出底板左视图

(c) 用端面法补出翼墙左视图   (d) 检查,加深,完成作图

图 5-29　补视图示例二

思考与练习题

一、单选题

1. 绘制组合体视图应先进行（　　）。
   A. 尺寸分析　　B. 线型分析　　C. 视图选择　　D. 形体分析

2. 识读三视图首先使用的读图方法是（　　）。
   A. 线面分析法　B. 形体分析法　C. 线型分析法　D. 综合分析法

3. 识读组合体视图中形体较复杂的细部结构应进行（　　）。
   A. 形体分析　　B. 线面分析　　C. 投影分析　　D. 尺寸分析

4. 选择组合体主视图的投影方向应（　　）。
   A. 尽可能多的反映组合体的形状特征及各组成部分的相对位置
   B. 使组合体的长方向平行于正投影面

C. 使其他视图呈现的虚线最少

D. 前三条均考虑

5. 柱体需要标注的尺寸是（　　　）。

A. 两个底面形状尺寸和两底面间的距离

B. 所有线段的定形尺寸

C. 一个底面形状尺寸和两底面间的距离

D. 底面形状尺寸

6. 台体需要标注的尺寸是（　　　）。

A. 两个底面形状尺寸和两底面间的距离

B. 所有线段的定形尺寸

C. 一个底面形状尺寸和两底面间的距离

D. 底面形状尺寸

7. 切割体需要标注的尺寸是（　　　）。

A. 原体尺寸和截平面的形状尺寸

B. 原体尺寸和截平面的位置尺寸

C. 原体尺寸和截平面的形状与位置尺寸

D. 所有线的定形尺寸及定位尺寸

8. 大半圆柱直径尺寸数字前应标注的符号是（　　　）。

A. φ　　　　　　B. R　　　　　　C. Sφ　　　　　　D. SR

9. 大半圆柱应标注的尺寸是（　　　）。

A. 2 个　　　　　B. 3 个　　　　　C. 4 个　　　　　D. 5 个

10. L 形柱应标注的尺寸是（　　　）。

A. 4 个　　　　　B. 5 个　　　　　C. 6 个　　　　　D. 7 个

二、简答题

1. 试简述组合体的概念。其组合方式有哪些？

2. 绘制组合体投影图的基本步骤是什么？

3. 组合体的尺寸分为哪些种类？组合体尺寸标注中应注意哪些问题？

4. 读图应掌握哪些基本知识？

5. 何为形体分析法和线面分析法？

6. 训练读、画组合体视图能力都有哪些方法？

第6章 工程形体的表达方法

【教学目标】

在实际工程中，工程形体结构形状是多种多样、千变万化的，如果仍采用三视图来表达，难以将各种工程形体的内外形状完整、清晰、简捷地表达出来，为此，制图标准中规定了一系列的表达方法。

通过本章学习，要求学生掌握六个基本视图的形成原理、投影关系及画法；理解机械零部件的各种表达方法的基本概念和应用；掌握视图、剖视图、断面图的画法及运用，能正确、完整地表达工程形体，初步培养视图选择能力和工程形体表达的综合运用能力。

6.1 视 图

视图是物体向投影面投影所得的图形（一般只有可见部分，必要时才绘制视图不可见部分）。视图主要用来表达工程形体的外部结构形状。视图通常有基本视图、向视图、局部视图和斜视图。

6.1.1 基本视图和向视图

1. 基本视图

物体在基本投影面上的投影称为基本视图，GB/T《技术制图》（GB/T14689—2008）标准中规定用正六面体的六个面作为基本投影面，将物体放在其中，分别向六个投影面投影，即将物体置于一正六面体内。

如图 6-1（a）所示，为正六面体的六面构成基本投影面，向该六面投影所得的视图为基本视图。该六个视图分别是由前向后投射所得的主视图，由右向左投射所得的右视图，由上向下投射所得的俯视图，由下向上投射所得的仰视图，由左向右投射所得的左视图，由后向前投射所得的后视图。各基本投影面的展开方式如图 6-1（b）所示，展开后各视图的配置如图 6-2 所示。

六个基本视图之间，仍保持着与三视图相同的投影规律，具有"长对正、高平齐、宽相等"的投影规律，即主视图、俯视图和仰视图长对正，主视图、左、右视图和后视图高平齐，左、右视图与俯、仰视图宽相等。

另外，主视图与后视图、左视图与右视图、俯视图与仰视图还具有轮廓对称的特点。六个基本视图按图 6-2 所示位置配置，称为按投影关系配置。在同一张图纸内基本视图按投影关系配置时，一律不标注视图名称。

实际绘图时，应根据物体的复杂程度，选择适当数量的基本视图，而不必把六个基本视图都画上。根据物体的复杂程度和结构特点选用必要的几个基本视图。一般而言，在六个基本视图中，应首先选用主视图，然后是俯视图或左视图，再视具体情况选择其他三个视图中的一个或一个以上的视图。

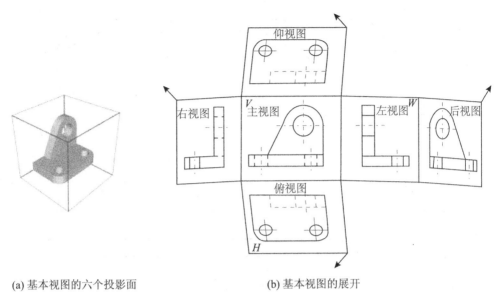

(a) 基本视图的六个投影面   (b) 基本视图的展开

图 6-1　基本视图的形成

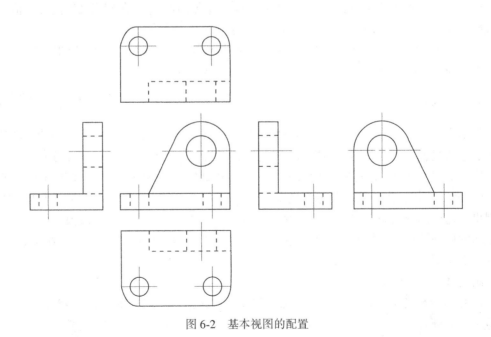

图 6-2　基本视图的配置

2. 向视图

向视图是可以自由配置的视图。如果视图不能按图 6-2 配置时，也就是说不能按规定的位置配置时，可以采用向视图的表达方式，如图 6-3 所示。

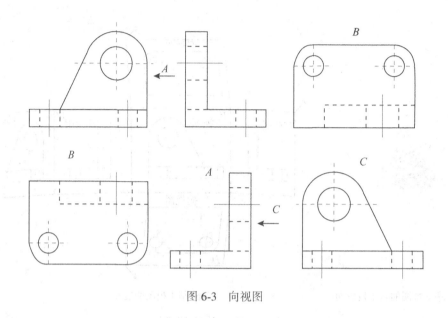

图 6-3　向视图

向视图必须进行标注，标注时可以采用下列表达方式中的一种：

（1）在向视图的上方标注"X"（"X"为大写拉丁字母），在相应视图附近用箭头指明投射方向，并标注相同的字母。如图 6-1（b）所示。

（2）在视图下方（或上方）标注图名。标注图名的各视图的位置，应根据需要和可能，按相应的规则布置。

6.1.2 局部视图

将物体的某一部分向基本投影面投影所得到的视图称为局部视图。当物体的大部分结构已表达清楚，只有一些局部结构未表达完全的情况下，可以将物体某一部分向基本投影面投影，从而获得局部视图。绘制局部视图的主要目的是为了减少作图工作量。如图 6-4（a）所示物体，当绘制出其主俯视图后，仍有两侧的凸台没有表达清楚。因此，需要绘制出表达该部分的局部左视图和局部右视图。局部视图的断裂边界用波浪线绘制出，当所表达的局部结构是完整的，且外轮廓又成封闭时，波浪线可以省略，如图 6-4（b）所示的局部视图。

画图时，注意事项：

1. 用带字母的箭头指明要表达的部位和投射方向，并注明视图名称"X"（"X"为大写拉丁字母）。

2. 局部视图的范围用波浪线表示。当表示的局部结构是完整的且外轮廓封闭时，波浪线可以省略。

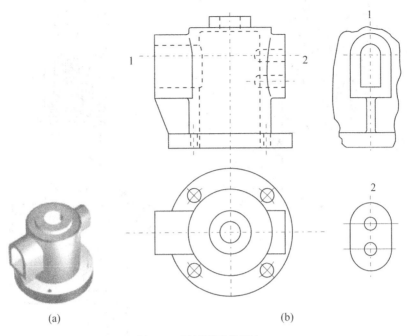

(a)   (b)

图 6-4   局部视图的画法

3. 局部视图可以按基本视图的形式配置，也可以按向视图的配置形式配置。

6.1.3 展开画法

为了表达传动系统的传动关系及各轴之间的装配关系，假想将各轴按传动顺序，沿它们的轴线剖开，并展开在同一平面上。这种展开画法在表达机床的主轴箱、进给箱、汽车的变速箱等装置时经常运用，展开图进行标注，如图 6-5 所示。

立体表面可以看做由若干小块平面组成，把表面沿适当位置裁开，按每小块平面的实际形状和大小，无褶皱地摊开在同一平面上，称为立体表面展开，展开后所得的图形称为展开图。

立体表面分为可展和不可展两种。多面体的表面都为可展。曲面体中只有柱面、锥面和切线面为可展曲面，因为这些曲面上相邻素线平行或相交，可以构成小块平面。对于不可展曲面，实际工程中一般把它们近似为相应的可展曲面，进行近似展开。

6.1.4 简化画法

为了画图简便，图形清晰，国家标准《技术制图》（GB/T14689—2008）中规定了简化画法，在此仅介绍一部分常用的简化画法。

1. 对称图形的简化画法

当图形对称时，可画略大于一半，在不致引起误解时，对于对称物体的视图可以只绘制一半或四分之一，并在对称线的两端绘制出两段与其垂直的细实线。如图 6-6 所示。

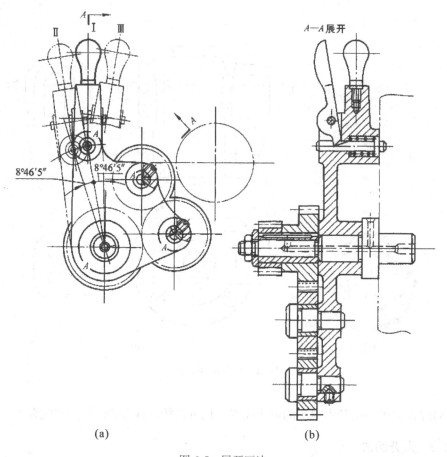

(a)   (b)

图 6-5　展开画法

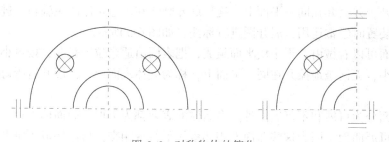

图 6-6　对称物体的简化

2. 相同结构的简化画法

（1）当物体具有若干相同结构（齿、槽等），并按一定规律分布时，只需要绘制出几个完整的结构，其余用细实线连接，在零件图中则必须注明该结构的总数，如图 6-7 所示。

（2）当这些相同结构是直径相同的孔（圆孔、螺孔、沉孔等）时，也可以只绘制出一个或几个，其余只需用点划线绘制出孔中心位置，并在图上注明孔的总数，如图 6-8 所示。

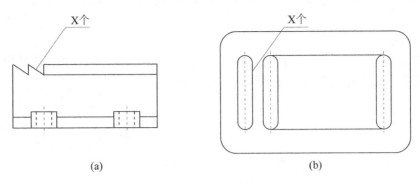

(a)   (b)

图 6-7 物体上相同结构的简化

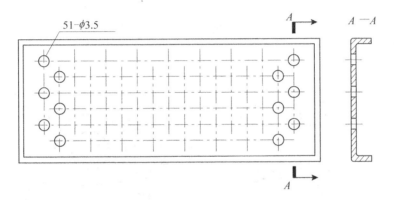

图 6-8 物体上相同孔的简化

3. 用平面符号表示平面

当物体上的平面投影在视图中不能充分表达时，可以用平面符号表示（平面符号——相交两细实线表示）如图6-9所示。

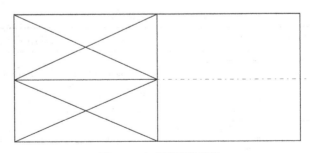

图 6-9 表示平面的简化

4. 图形中投影的简化画法

（1）对于物体上与投影面的倾斜角度≤30º 的圆或圆弧，其投影可以用圆或圆弧代替。

（2）在不致引起误解时，物体上较小结构的过渡线，相贯线允许简化用直线代替非圆曲线。

5. 断裂画法

较长的物体，当其沿长度方向的形状一致或按规律连续变化时，可以将其中间折断不画，然后将其两端向中间移动缩短绘制，如图 6-10 所示。

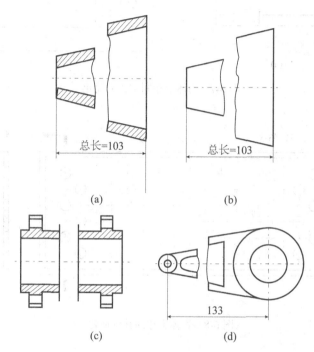

总长=103

(a)

总长=103

(b)

133

(c)   (d)

图 6-10   断开画法

断开处折断符号的画法及用途如表 6-1 所示。

表 6-1   折断符号的画法及用途

折断符号	画法及用途
	波浪线，用细实线徒手绘制，适用于任何材料和任何形状的物体。
	锯齿形线，用细实线徒手绘制，适用于木材。
	δ 形线，用细实线徒手绘制，适用于任何材料的实心圆柱体。

折断符号	画法及用途
	双 δ 线，用细实线徒手绘制，适用于任何材料的空心圆柱体。
	双折线为细实线，用直尺绘制，两端超出轮廓线 3～5mm。适用于折断部分较长的物体，水工、路桥图中用得较多，可以作为通用的折断符号。

6.2 剖 视 图

6.2.1 剖视图的概念

剖视图主要用来表达物体的内部结构形状。当物体的内部结构比较复杂时，视图上会出现较多虚线，这样对读图和标注尺寸都不方便。为了解决这个问题，对物体不可见的内部结构形状经常采用剖视图来表达。

假想用剖切平面剖开物体，将处在观察者和剖切平面之间的部分移去，将其余部分向投影面投影，所得到的投影图称为剖视图（简称剖视），如图 6-11 所示。采用剖视后，物体上原来一些看不见的内部形状和结构变为可见，并用粗实线表示，这样便于看图和标注尺寸。

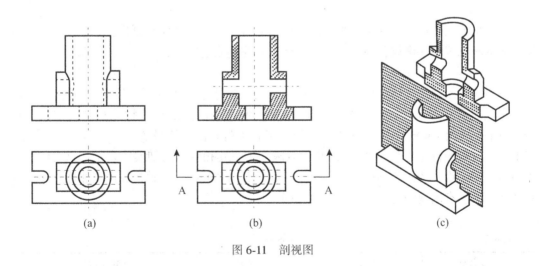

| (a) | (b) | (c) |

图 6-11 剖视图

剖视图分为：全剖视图、半剖视图和局部剖视图三种。

获得三种剖视图的剖切面和剖切方法有：单一剖切面（平面或柱面）剖切、几个相交的剖切平面剖切、几个平行的剖切平面剖切、组合的剖切平面剖切。

6.2.2 剖视图的画法

剖视图是假想将物体剖切后绘制出的图形，绘制剖视图的方法有两种：一是先绘制出物体的视图，再进行剖切；二是先绘制出剖切后的断面形状，再补画断面后的可见轮廓线。以图 6-12 为例，介绍剖视图的画法步骤：

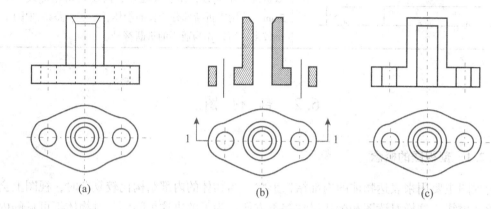

(a)　　　　　　　　　(b)　　　　　　　　　(c)

图 6-12　剖视图的画法

1. 确定剖切面位置

为了表达物体内部结构的真实形状，剖切面应尽量通过较多的内部结构（如孔、沟槽）的轴线或对称中心线，剖切平面一般应平行于相应的投影面。这样可以在剖视图中反映出剖切到的部分实形。

2. 虚线的省略问题

假想剖开物体后，处在剖切平面之后的所有可见轮廓线都应绘制出，不得遗漏。不可见部分的轮廓线——虚线，在不影响对物体形状完整表达的前提下，不再绘制出。

3. 剖面符号要正确

用粗实线绘制出物体被剖切后截面的轮廓线及物体上处于截断面后面的可见轮廓线，并且在截断面上绘制出相应材料的剖面符号。为了区别被剖到的物体材料，国家标准《机械制图　剖面符号》GB4457.5—84 规定了各种材料剖面符号的画法，如表 6-2 所示。其中金属材料的符号用与水平成 45°角的间隔均匀、互相平行的细实线表示，这种线称为剖面线。同一物体的各个剖面区域，其剖面线的方向和间隔应一致。在同一张图样中，同一个物体的所有剖视图的剖面符号应该相同。

表 6-2　　　　　　　　　　　　　剖面符号

材料名称	剖面符号	材料名称	剖面符号
金属材料（已有规定剖面符号者除外）		砖	

材料名称	剖面符号	材料名称	剖面符号
线圈绕组元件	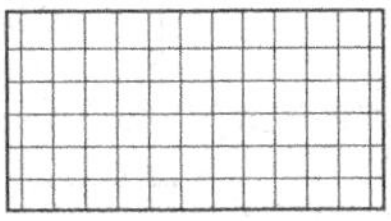	混凝土	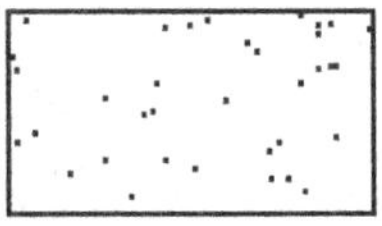
转子、电枢、变压器和电抗器等的叠钢片	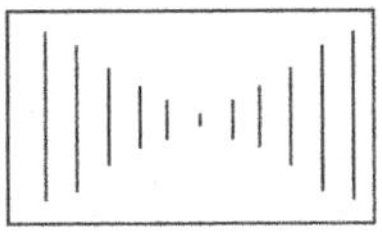	钢筋混凝土	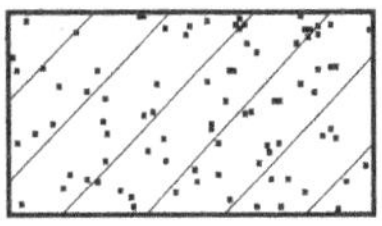
型砂、填砂、粉末冶金、砂轮、陶瓷刀片、硬质合金刀片等	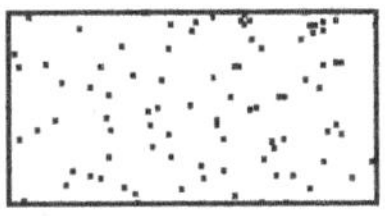	液体	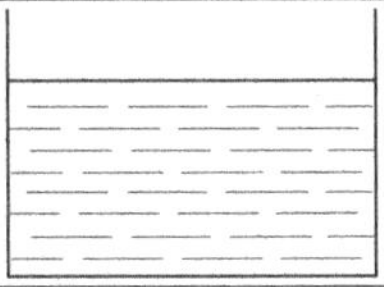
非金属材料（已有规定剖面符号者除外）	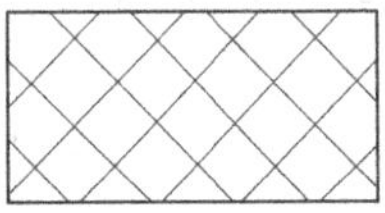	胶合板（不分层数）	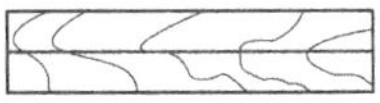
玻璃及供观察用的其他透明材料	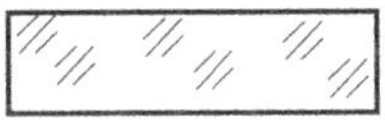	基础周围的泥土	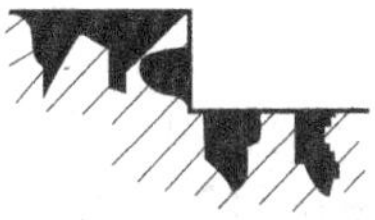
木材	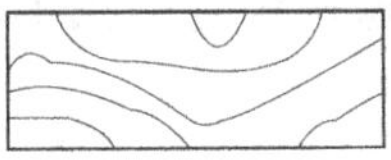	格网（筛网、过滤网等）	
夯实土		天然石材	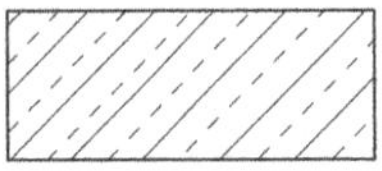

注：1. 剖面符号仅表示材料的类别，材料的名称和代号必须另行注明；2. 叠钢片的剖面线方向，应与束装中叠钢片的方向一致；3. 液面用细实线绘制。

6.2.3 剖视图的种类

根据物体被剖切范围的大小，剖视图可以分为全剖视图、半剖视图和局部剖视图。

1. 全剖视图

用剖切平面完全地剖开物体后所得到的剖视图，称为全剖视图。

对于物体外形较简单，内形较复杂，且该视图又不对称时，常采用全剖视画法。为了便于标注尺寸，对于外形简单，且具有对称平面的物体也常采用全剖视图。

剖视图的标注。当剖切平面通过物体对称（或基本对称）平面，且剖视图按投影关系配置，中间又无其他视图隔开时，可以省略标注。除此之外均应该标注。但可以根据剖视图是否按投影关系配置而决定可否省略箭头指示，如图 6-13（b）所示。

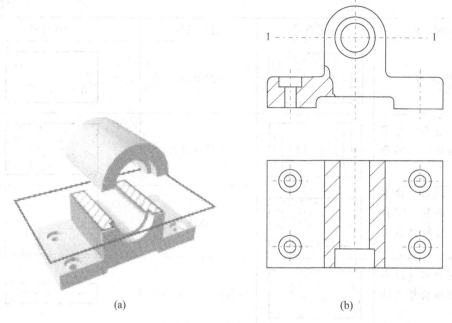

图 6-13 全剖视图

2. 半剖视图

当物体具有对称平面，向垂直于对称平面的投影面上投影时，以对称中线为界一半绘制成剖视图，另一半绘制成视图，称为半剖视图。这样组合的图形称为半剖视图，如图 6-14 所示。

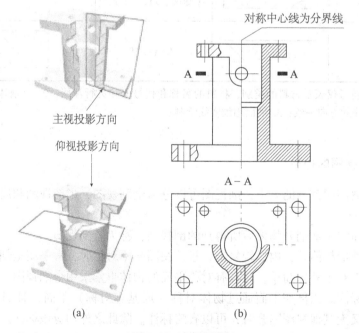

图 6-14 半剖视图

半剖视的特点是半个视图表示物体外部，半个剖视图表示物体内部，在半剖视图上一般不需要把看不见的内形用虚线绘制出来。半剖视图的标注与全剖视图相同，当剖切平面未通过物体对称平面时必须标出剖切位置和名称，箭头可以省略。标注尺寸时，尺寸线上只能绘制出一端箭头，而另一端只需超过中心线而不绘制箭头。基本对称物体也可以绘制成半剖视图。

3. 局部剖视图

用剖切平面局部地剖开物体，所得的剖视图称为局部剖视图，如图 6-15 所示。局部剖切后，物体断裂处的轮廓线用波浪线表示。

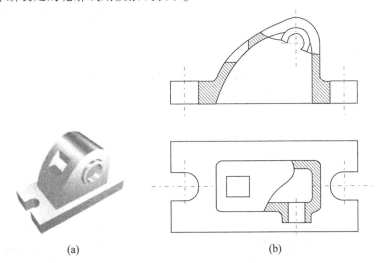

(a)　　　　　　　　(b)

图 6-15　局部剖视图

为了不引起读图的误解，波浪线不要与图形中的其他图线重合，也不要绘制在其他图线的延长线上。

局部剖视图通常用于以下情况：

当同时需要表达不对称物体的内外形状和结构时。

虽有对称平面但轮廓线与对称中心线重合，不宜采用半剖视时。如图 6-16 所示，物体虽然对称，但由于物体的分界处有轮廓线，因此不宜采用半剖视而采用了局部剖视。

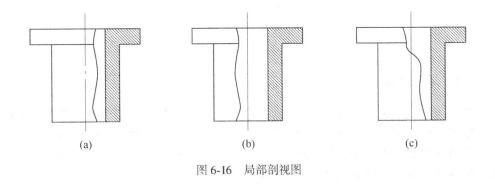

(a)　　　　　　　(b)　　　　　　　(c)

图 6-16　局部剖视图

当物体需要表达局部内形和结构，而又不宜采用全剖视图时。

6.2.4 剖视图的尺寸标注

剖视图的尺寸标注要求正确、完整、清晰、合理。尺寸三要素是：

（1）尺寸界线。尺寸界线用细实线绘制，并应由图形的轮廓线、轴线或对称中心线处引出。也可以利用轮廓线、轴线或对称中心线作尺寸界线。

（2）尺寸线。尺寸线用细实线绘制，不能用其他图线代替，一般也不得与其他图线重合或绘制在其延长线上。

（3）尺寸数字。图样上所注尺寸表示形体的真实大小，与图样的大小及绘图的准确度无关。剖视图的尺寸标注与组合体的尺寸标注基本相同。

在剖视图上标注尺寸时，应注意将外形尺寸和内形尺寸尽量分注在视图两侧，如图6-17（a）所示。半剖视图和局部剖视图上，由于对称部分视图上省略了虚线，标注内部尺寸时，只需绘制出一端的尺寸界限和尺寸起止符号，尺寸线超过对称中心线。如图6-17（a）、（b）所示。

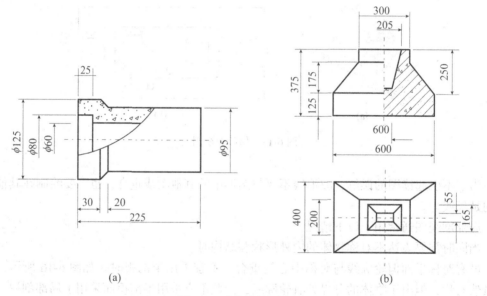

(a)　　　　　　　　　　　　(b)

图6-17　剖视图尺寸标注

6.3 断面图

6.3.1 断面图的概念

断面图主要用来表达物体某部分断面的结构形状。假想用剖切平面把物体的某处切断，仅绘制出断面的图形称为断面图（简称断面）。断面图的标注，应绘制出剖切位置线，投影方向由编号的注写位置来表示，编号注写的一侧为投影方向。当物体有多个断面图时，断面图应按剖切顺序排列，如图6-18所示。

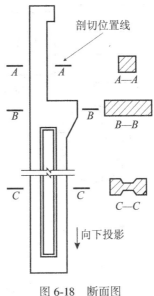

图 6-18　断面图

断面图与剖视图的区别在于断面图仅绘制出物体被切断的截面的图形，而剖视图则是把断面和断面后可见的轮廓线都绘制出来，如图 6-19 所示。

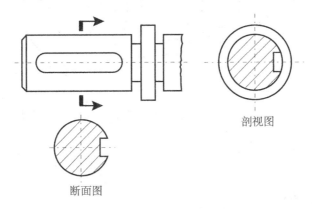

图 6-19　断面图和剖视图

6.3.2　断面图的种类

根据断面图在图纸上配置的位置不同，可以分为移出断面和重合断面两种。

1. 移出断面

绘制在视图轮廓线以外的剖面称为移出断面。例如，图 6-20（a）、（b）、（c）、（d）均为移出断面。

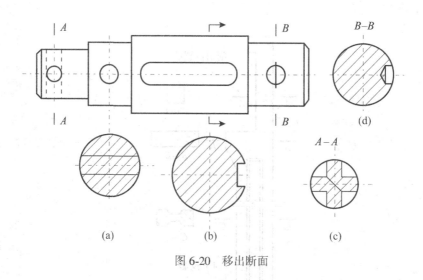

图 6-20　移出断面

2. 重合断面

绘制在视图之内的断面称为重合断面图，如图 6-21 所示。

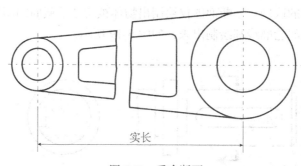

实长

图 6-21　重合断面

6.3.3　断面图的画法与标注

1. 断面图的画法

（1）移出断面图的画法。

移出断面图的画法与剖视图的画法相同，只需绘制出断面形状，移出断面是独立存在的图形，其轮廓线应用粗实线绘制。图形位置应尽量配置在剖切位置符号或剖切平面与投影面的交线上，如图 6-20（a）、（b）所示。也允许放在图上任意位置，如图 6-20（c）、（d）所示。当断面图形对称时，可以将断面绘制在视图的中断处，如图 6-22 所示。一般情况下，绘制断面图时只绘制出剖切的断面形状，但当剖切平面通过物体上回转面形成的孔或凹坑的轴线时，这些结构按剖视图绘制出，如图 6-20（a）、（c）、（d）所示。当剖切平面通过非圆孔会导致出现完全分离的两个断面时，该结构也应按剖视图绘制出，如图 6-23 所示。

（2）重合断面图的画法。

重合断面图的轮廓线规定用细实线绘制。当视图中的轮廓线与重合断面的图形重合

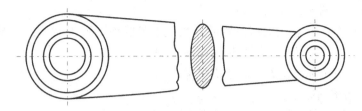

图 6-22 断面图配置在视图中断处

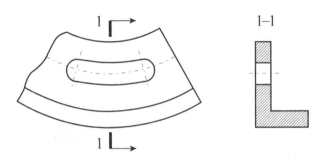

图 6-23 剖切平面通过非圆孔按剖视画出

时，视图中的轮廓线仍应连续绘制出，不可间断，如图 6-24（a）所示。图 6-24（b）的画法是错误的。

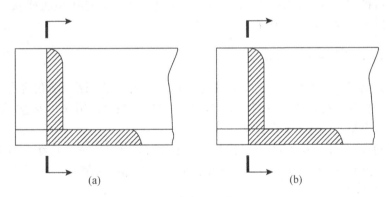

图 6-24 重合断面画法

2. 断面图的标注

（1）移出断面图的标注。

①如果移出断面配置在剖切位置的延长线上且断面图形对称，则可以不标注，如图 6-20（a）所示。

②如果断面配置在剖切位置的延长线上且断面图形不对称，则应标注剖切位置线与投射方向线，可以省略字母，如图 6-20（b）所示。

③如果移出断面配置不在剖切位置的延长线上且断面图形对称，绘制出剖切位置线，

标注断面图名称，如图 6-20（c）所示。

④如果移出断面配置不在剖切位置的延长线上且断面图形不对称，绘制出剖切位置线，并给出投影方向，标注断面图名称，如图 6-20（d）所示。

除此之外断面应全标注，方法同全剖视图。

（2）重合断面图的标注。

①对称的重合断面图可以不标注，如图 6-25（a）所示。

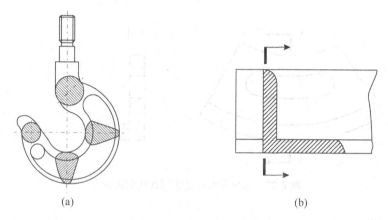

(a)   (b)

图 6-25　重合断面图的标注

②不对称的重合断面图应标注，绘制出剖切位置线，并用粗实线表示投射方向的箭头，但可以不标注字母，如图 6-25（b）所示。

6.3.4　剖视图与断面图的识读

前面介绍了工程形体的各种表达方法：视图、剖视图、断面图和简化画法等，在实际设计中，应根据工程形体的不同结构进行具体分析，综合运用这些表达方法，将物体的内外结构形状完整、清晰、简明地表达出来。

阅读剖视图与断面图的基本方法仍然是形体分析法与线面分析法，但应结合剖视图与断面图的特点阅读。下面以图 6-26 所示 U 形薄壳渡槽一段槽身结构图为例，说明剖视图与断面图的读图方法。

1. 看视图，抓特征

图 6-26（a）为渡槽槽身的正视图、左视图采用半剖视图，说明了槽身前后、左右对称，表达了槽身内、外形状；俯视图及两个移出断面表达了槽身各部分平面布置情况及各断面的形状和大小。

2. 分部分想形状

根据正视图、左视图的半个视图可以看出槽身外形轮廓，槽身采用倒梯形支座及支座端接头处止水槽形状。通过两个半剖视图表达了 U 形槽身薄壳厚度、材料，还可以得出拉杆的位置及其断面形状。拉杆旁边还连接着人行桥板承托，形状为长方形，俯视图表示了桥面栏杆的平面位置和个数，C—C、D—D 移出断面表达了桥板承托形状、材料。

164

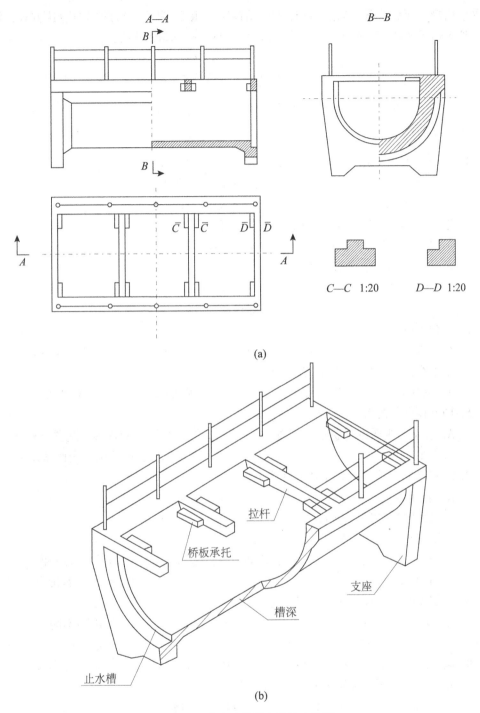

$A—A$

B

$B—B$

B

B

$\bar{C}$ $\bar{C}$ $\bar{D}$ $\bar{D}$

A

A

$C—C$ 1:20 $D—D$ 1:20

(a)

拉杆

桥板承托

支座

槽深

止水槽

(b)

图 6-26　U 形薄壳渡槽槽身结构立体图

3. 综合起来想象出整体形状

根据正视图、左视图对应可以得出 U 形薄壳渡槽槽身形状；正视图、俯视图对应可以弄清槽身各部分位置。通过运用视图、剖视图、断面图等一组图形的表达方式，清晰、完整地表达了渡槽槽身的形状和结构，如图6-26（b）轴测图所示。

思考与练习题

一、单选题

1. 六个基本视图的名称（　　）。
    A. 只标注后视图
    B. 只标注右视图
    C. 都不标注
    D. 不标注主视图

2. 根据图样画法的最新国家标准规定，视图可以分为（　　）。
    A. 基本视图、局部视图、斜视图和旋转视图四种
    B. 基本视图、向视图、局部视图、斜视图和旋转视图五种
    C. 基本视图、向视图、局部视图和斜视图四种
    D. 基本视图、向视图、斜视图和旋转视图四种

3. 向视图的名称（　　）。
    A. 可标注　　　　B. 必须标注　　　　C. 不能标注　　　　D. 可不标注

4. 基本视图的方位与空间相反的视图是（　　）。
    A. 主视图　　　　B. 后视图　　　　C. 俯视图　　　　D. 仰视图

5. 局部视图的配置规定是（　　）。
    A. 按基本视图的配置形式配置
    B. 按向视图的配置形式配置并标注
    C. A、B 均可
    D. A、B 均可且可按第三角画法配置

6. 绘制局部视图时，应在基本视图上标注出（　　）。
    A、投射方向
    B. 名称
    C. 投射方向和相应字母
    D、不标注

7. 斜视图是向（　　）。
    A、不平行于任何基本投影面的辅助平面投影
    B. 基本投影面投影
    C. 水平投影面投影
    D. 正投影面投影

8. 局部视图与斜视图的实质区别是（　　）。
    A. 投影部位不同
    B. 投影面不同
    C. 投影方法不同
    D. 画法不同

9. 假想用正平剖切面将物体剖开，移去物体前面的部分，将剩余部分向投影面投射，并绘制出剖面符号的图形是（　　）。
    A. 左视图　　　　B. 主视图　　　　C. 剖视图　　　　D. 断面图

10、选择全剖视图的条件是（　　）。
    A. 外形简单内部复杂的物体
    B. 非对称物体
    C. 外形复杂内部简单的物体
    D. 对称物体

11. 若主视图作剖视，应该在（　　）上标注剖切位置和投射方向。

A. 主视图　　　　B. 俯视图或左视图　　　　C. 后视图　　　　D. 任意视图

12. 同一物体各图形中的剖面符号（　　　）。

　　A. 间距可不一致　　　　　　　　　　B. 无要求

　　C. 必须方向一致　　　　　　　　　　D. 方向必须一致并要间隔相同

13. 半剖视图中视图部分与剖视部分的分界线是（　　　）。

　　A. 点画线　　　B. 波浪线　　　　　　C. 粗实线　　　D. 虚线

14. 阶梯剖视图所用的剖切平面是（　　　）。

　　A. 一个剖切平面　　　　　　　　　　B. 两个相交的剖切平面

　　C. 两个剖切平面　　　　　　　　　　D. 几个平行的剖切平面

15. 由两个相交的剖切平面剖切得出的移出断面，画图时（　　　）。

　　A. 中间一定要断开　　　　　　　　　B. 中间一定不断开

　　C. 中间一般应断开，也可不断开　　　D. 中间一般不断开

16. 移出断面图在（　　　）情况下要全标注。

　　A. 按投影关系配置的断面

　　B. 放在任意位置的对称断面

　　C. 配置在剖切位置延长线上的断面

　　D. 不按投影关系配置也不配置在剖切位置延长线上的对称断面

17. 重和断面图应绘制在（　　　）。

　　A. 视图的轮廓线以外　　　　　　　　B. 剖切位置线的延长线上

　　C. 视图轮廓线以内　　　　　　　　　D. 按投影关系配置

18. 在机械图样中，重合断面的轮廓线应采用（　　　）。

　　A. 粗实线　　　B. 细实线　　　　　　C. 细虚线　　　D. 细双点画线

二、简答题

1. 六个基本视图是怎样形成的？

2. 工程物体常用的图样表达方法有哪几种？使用条件和特点是什么？

3. 常用的简化画法有哪些？

4. 剖面图是怎么形成的？

5. 什么是全剖面图？如何得到全剖面图？绘制阶梯剖面图和旋转剖面图时有何规定？

6. 什么是半剖面图？应用于哪种情况？应用时应注意什么？

7. 什么是局部剖面图？应用于哪种情况？应用时应注意什么？

8. 断面图是怎么形成的？断面图的种类有哪些？其画法有何规定？

第7章 房屋施工图

【教学目标】

一整套房屋施工图由建筑施工图、结构施工图和设备施工图等若干部分组成。房屋施工图是根据建筑制图国家标准，按正投影的原理及规律绘制的。建筑施工图、结构施工图是指导施工的重要依据。本章主要介绍建筑施工图、结构施工图的形成、图示内容、图示特点等。

通过本章的学习，要求学生能够熟练地阅读这类图件。

7.1 概　　述

房屋施工图是用来表达建筑物构配件的组成、外形轮廓、平面布置、结构构造以及装饰、尺寸、材料、做法等的工程图纸。是组织施工和编制工程预算、决算的依据。

建造一幢房屋从设计到施工，要由许多专业和不同工种工程共同配合来完成。按专业分工不同，其所使用的图纸可以分为建筑施工图、结构施工图、电气施工图、给排水施工图、采暖通风与空气调节及装饰施工图等。

7.1.1 房屋的分类及组成

1. 房屋的分类

房屋是人们日常活动的场所，根据其使用功能和使用对象的不同，通常可以分为工业建筑（厂房、仓库、发电站等）、农业建筑（农机站、饲养场、谷仓等）和民用建筑三大类。民用建筑按其功能的不同又可以分为公共建筑（学校、医院、宾馆、影院、车站等）和居住建筑（住宅、公寓）。

2. 房屋的组成

虽然各种建筑物的功能不同，形体也多种多样，但它们的基本组成部分是相同的。现将房屋各组成部分的名称和作用进行简单介绍，如图7-1所示。

（1）基础。位于墙或柱最下部，承担建筑物全部荷载，并把荷载传递给地基。

（2）墙或柱。墙、柱是房屋的竖向承重构件，这类构件把屋顶和楼板等构件传来的荷载传递给基础。墙体按受力情况可以分为承重墙和非承重墙；按位置可以分为外墙和内墙；按方向可以分为纵墙和横墙。

（3）楼面和地面。楼板和地面是水平承重构件，这类构件把受到的各种活荷载及本身自重传递给梁、柱或墙。楼板还具有分隔楼层的作用。

（4）屋顶。屋顶是建筑物最上部的围护构件和承重构件，同时具有保温、隔热、防水等作用。

（5）楼梯。楼梯是房屋的竖向交通设施，供人们上下楼和紧急疏散。

（6）门窗。门用来沟通房间内外联系，窗的作用是采光通风。

此外，还有阳台、雨篷、女儿墙、天沟、雨水管、散水、勒脚等构配件。

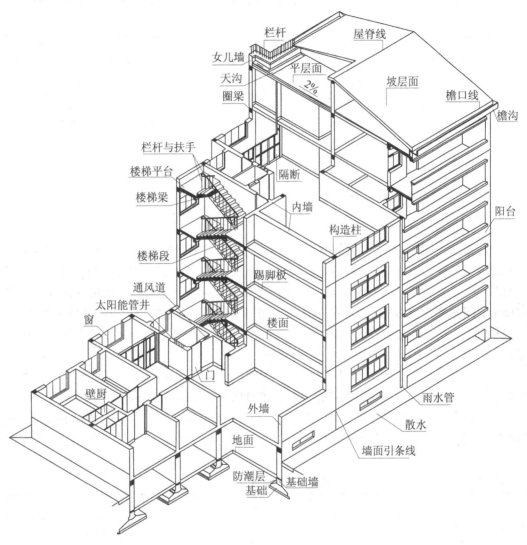

图 7-1　房屋各组成部分示意图

7.1.2　房屋施工图的分类及编排顺序

房屋施工图是建造房屋的主要依据，整套图纸应该完整统一、尺寸齐全、明确无误。施工图按工种分类，可以分为建筑施工图、结构施工图和设备施工图。

（1）建筑施工图。建筑施工图简称"建施"，主要用来表达建筑设计的内容，即表示建筑物的总体布局、外部造型、内部布置、内外装饰、细部构造及施工要求。建筑施工图包括首页图（图纸目录、建筑施工总说明等）、总平面图、建筑平面图、立面图、剖面图和建筑详图等。

（2）结构施工图。结构施工图简称"结施"，主要表达房屋承重结构的类型、构件的布置、材料、尺寸、配筋等，包括结构设计说明、基础图、结构布置平面图和构件详图等。

（3）设备施工图。设备施工图简称"设施"，包括给水排水施工图（简称"水施"）、采暖通风施工图（简称"暖施"）、电气施工图（简称"电施"）。主要表达室内给水排水、采暖通风、电器照明等设备的布置、线路敷设和安装要求等，包括各种管线的平面布置图、系统图、构造和安装详图等。

整套图纸的编排顺序为：首页图、建筑施工图、结构施工图、给水排水施工图、采暖通风施工图、电气施工图。各专业施工图的编排顺序为：全局性的在前，局部性的在后；先施工的在前，后施工的在后。

7.1.3 房屋施工图的图示方法与特点

在绘制和阅读房屋施工图时应注意以下几点：

（1）遵守的国家标准。根据专业的不同，房屋施工图一般应遵守下列标准：《房屋建筑制图统一标准》（GB/T 50001—2001）、《总图制图标准》（GB/T 50103—2001）、《建筑制图标准》（GB/T 50104—2001）、《建筑结构制图标准》（GB/T 50105—2001）、《给水排水制图标准》（GB/T 50106—2001）、《暖通空调制图标准》（GB/T 50114—2001）。

其中，《房屋建筑制图统一标准》（GB/T 50001—2001）是房屋建筑制图的基本规定，适用于总图、建筑、结构、给水排水、暖通空调、电气等各专业制图。

（2）图线。图中的线条采用不同线型和粗细以适应不同的用途。如建筑专业制图采用的各种图线，应符合《建筑制图标准》（GB/T50104—2001）中的规定。

（3）比例。建筑形体很大，绘图时需按比例缩小。如建筑专业制图选用的比例，按《建筑制图标准》（GB/T50104—2001）宜符合表 7-1 中的规定。

表 7-1　　　　　　　　　　　建筑专业制图选用的比例

图　　名	比　　例
建筑物或构筑物的平、立、剖面图	1∶50、1∶100、1∶150、1∶200、1∶300
建筑物或构筑物的局部放大图	1∶10、1∶20、1∶25、1∶30、1∶50
配件及构造详图	1∶1、1∶2、1∶5、1∶10、1∶15、1∶20、1∶25、1∶30、1∶50

（4）图例。由于房屋建筑平面图、立面图、剖面图采用的比例较小，图中许多构造无法按实际投影绘制出，国标规定采用图例绘制。各专业对于图例都有明确的规定，如建筑专业制图采用《建筑制图标准》（GB/T50104—2001）中规定的构造及配件图例，表7-2摘录了其中的一小部分。

表 7-2　　　　　　　　建筑专业制图常用的构造及配件图例（部分）

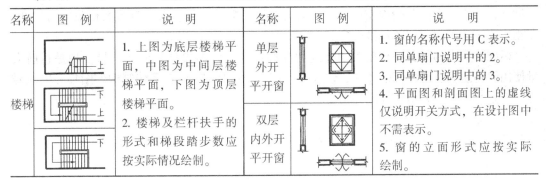

名称	图　例	说　明	名称	图　例	说　明
楼梯	（见图例）	1. 上图为底层楼梯平面，中图为中间层楼梯平面，下图为顶层楼梯平面。 2. 楼梯及栏杆扶手的形式和梯段踏步数应按实际情况绘制。	单层外开平开窗	（见图例）	1. 窗的名称代号用 C 表示。 2. 同单扇门说明中的2。 3. 同单扇门说明中的3。 4. 平面图和剖面图上的虚线仅说明开关方式，在设计图中不需表示。 5. 窗的立面形式应按实际绘制。
			双层内外开平开窗	（见图例）	

（5）标高。标高是标注房屋建筑高度的一种尺寸标注形式，由标高符号和标高数字组成。标高符号用细实线绘制的等腰直角三角形表示，具体画法如图 7-2（a）所示，若标注位置不够，也可以按图 7-2（b）所示形式绘制。总平面图中室外地坪的标高符号宜涂黑表示，如图 7-2（c）所示。标高符号的尖端应指至被标注高度的位置，尖端一般应向下，也可以向上，如图 7-2（d）所示。标高数字以米为单位，一般注写到小数点后第三位，零点标高应注写为 ±0.000，正数标高不注 "+"，负数标高应注 "−"，如 3.000、−0.600。若在图样的同一位置需表示几个不同的标高，标高数字可以按图 7-2（e）的形式注写。

标高按基准面选取的不同分为绝对标高和相对标高。绝对标高以青岛附近的黄海平均海平面为零点，相对标高是以房屋底层的室内主要地面为零点。在房屋施工图中，需要标注许多标高，如果都采用绝对标高，不但数字繁琐，也不容易得出各部位的高差。因此除总平面图外，都标注相对标高。

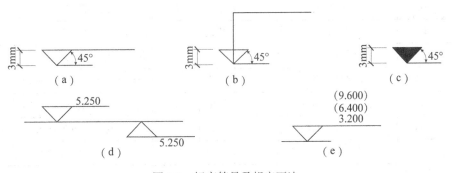

图 7-2　标高符号及规定画法

7.1.4　标准图与标准图集

为了加快设计和施工速度，提高设计和施工质量，将各种大量常用的建筑物及其构件、配件，按统一模数、不同规格设计出系列施工图，供设计部门和施工企业选用，这样的图称为标准图。标准图装订成册后，称为标准图集或通用图集。

目前我国建筑设计中所使用的标准图集按适用范围分为两类：一类是经国家相关部、委批准，可以在全国范围内使用的标准图集；另一类是经省、市、自治区相关部门批准，在相应地区范围内使用的标准图集。

标准图集有两种：一种是整幢建筑的标准设计（定型设计）图集；另一种是目前大量使用的建筑构、配件标准图集，以代号"G"（或"结"）表示建筑构件图集，以代号"J"（或"建"）表示建筑配件图集。

7.2 建筑施工图

7.2.1 首页图与总平面图

1. 首页图

施工图首页一般由图纸目录、设计总说明、构造做法表及门窗表组成。

（1）图纸目录。

图纸目录放在一套图纸的最前面，说明本工程的图纸类别、图号编排，图纸名称和备注等，以方便图纸的查阅。如表7-3是某住宅楼的施工图图纸目录。该住宅楼共有建筑施工图12张，结构施工图5张，电气施工图2张。

表 7-3 图 纸 目 录

图别	图号	图纸名称	备注	图别	图号	图纸名称	备注
建施	01	设计说明、门窗表		建施	10	1—1 剖面图	
建施	02	车库平面图		建施	11	大样图一	
建施	03	一~五层平面图		建施	12	大样图二	
建施	04	六层平面图		结施	01	基础结构平面布置图	
建施	05	阁楼层平面图		结施	02	标准层结构平面布置图	
建施	06	屋顶平面图		结施	03	屋顶结构平面布置图	
建施	07	①~⑩轴立面图		结施	05	柱配筋图	
建施	08	⑩~①轴立面图		电施	01	一层电气平面布置图	
建施	09	侧立面图		电施	02	二层电气平面布置图	

（2）设计总说明。

设计总说明主要说明工程的概况和总的要求。其内容包括工程设计依据（如工程地质、水文、气象资料）；设计标准（如建筑标准、结构荷载等级、抗震要求、耐火等级、防水等级）；建设规模（如占地面积、建筑面积）；工程做法（如墙体、地面、楼面、屋面等的做法）及材料要求。

（3）构造做法表。

构造做法表是以表格的形式对建筑物各部位构造、做法、层次、选材、尺寸、施工要求等的详细说明。如表 7-4 所示，为某住宅楼工程做法表。

表 7-4　　　　　　　　　　　　　　构造做法表

名　称	构造做法	施工范围
水泥砂浆地面	素土夯实	一层地面
	30 厚 C10 砼垫层随捣随抹	
	干铺一层塑料膜	
	20 厚 1∶2 水泥砂浆面层	
卫生间楼地面	钢筋砼结构板上 15 厚 1∶2 水泥砂浆找平	卫生间
	刷基层处理剂一遍，上做 2 厚一布四涂氯丁沥青防水涂料，四周沿墙上翻 150mm 高	
	15 厚 1∶3 水泥砂浆保护层	
	1∶6 水泥炉渣填充层，最薄处 20 厚 C20 细石砼找坡 1%	
	15 厚 1∶3 水泥砂浆抹平	

（4）门窗表。

门窗表反映门窗的类型、编号、数量、尺寸规格、所在标准图集等相应内容、以备工程施工、结算所需。如表 7-5 所示，为某住宅楼门窗表。

表 7-5　　　　　　　　　　　　　　门窗表

类别	门窗编号	标准图号	图集编号	洞口尺寸		数量	备　注
				宽	高		
门	M1	98ZJ681	GJM301	900	2100	78	木门
	M2	98ZJ681	GJM301	800	2100	52	铝合金推拉门
	MC1	见大样图	无	3000	2100	6	铝合金推拉门
	JM1	甲方自定	无	3000	2000	20	铝合金推拉门
窗	C1	见大样图	无	4260	1500	6	断桥铝合金中空玻璃窗
	C2	见大样图	无	1800	1500	24	断桥铝合金中空玻璃窗
	C3	98ZJ721	PLC70—44	1800	1500	7	断桥铝合金中空玻璃窗
	C4	98ZJ721	PLC70—44	1500	1500	10	断桥铝合金中空玻璃窗
	C5	98ZJ721	PLC70—44	1500	1500	20	断桥铝合金中空玻璃窗
	C6	98ZJ721	PLC70—44	1200	1500	24	断桥铝合金中空玻璃窗
	C7	98ZJ721	PLC70—44	900	1500	48	断桥铝合金中空玻璃窗

2. 总平面图

（1）总平面图的形成与作用。

总平面图是将拟建工程附近一定范围内的建筑物、构筑物及其自然状况，用水平投影方法和相应的图例绘制出的图样。主要表示新建房屋的位置、朝向，与原有建筑物的关系，周围道路、绿化布置及地形地貌等内容。是新建房屋施工定位、土方施工以及绘制水、暖、电等管线总平面图和施工总平面图的依据。

总平面的比例一般为 1：500、1：1000、1：2000 等。

图中各种地物均采用《总图制图标准》（GB/T50103—2001）中规定的图例表示，表7-6 摘录了部分常用图例。

表 7-6   常用总平面图例（部分）

名称	图例	说明	名称	图例	说明
新建建筑物	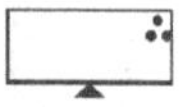 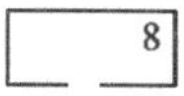	1. 上图为不画出入口的图例，下图为画出入口的图例 2. 需要时，可用 ▲ 表示出入口，可在图形内右上角用点数或数字表示层数 3. 建筑物外形（一般以±0.00 高度处的外墙定位轴线或外墙面线为准）用粗实线表示	原有的道路		
			计划扩建的道路		
	8		拆除的道路	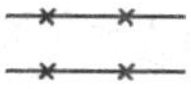	
原有建筑物		用细实线表示	室内标高	151.00(±0.00)	
计划扩建的预留地或建筑物		用中粗虚线表示	室外标高	●142.00 ▼142.00	
拆除的建筑物		用细实线表示	敞棚或敞廊	+ + + + + + + +	
围墙及大门		上图为实体性质的围墙，下图为通透性质的围墙，若仅表示围墙时不画大门	铺砌场地		
			针叶乔木		

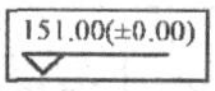

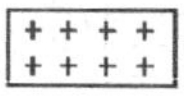

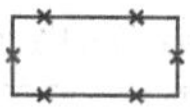

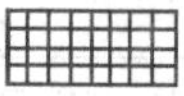

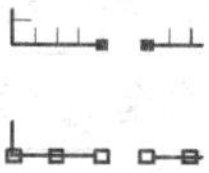

（2）总平面图的内容与读图方法。

现以图 7-3 所示的某小区的总平面图为例，说明总平面图的内容、图示特点和读图要点。

174

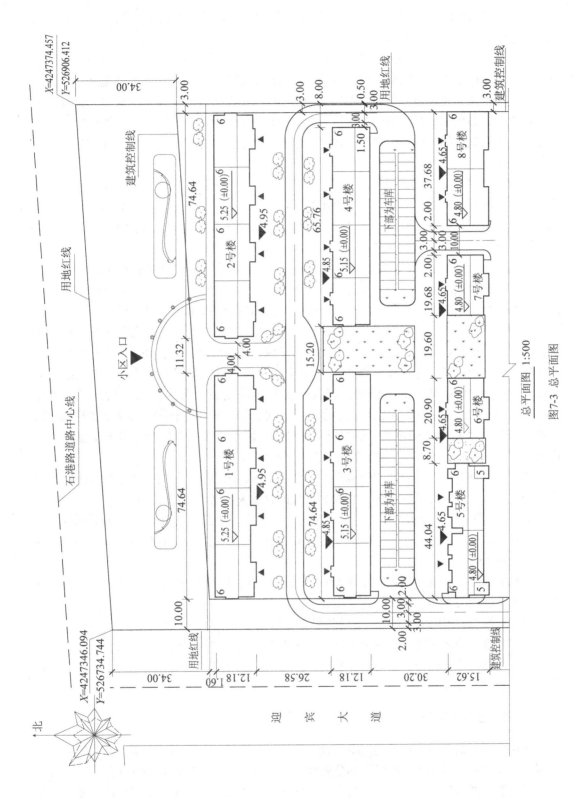

总平面图 1:500

图7-3 总平面图

175

1）比例。由图 7-3 可知，该图是新开发的某住宅小区的部分总平面图，里面有 8 幢新建住宅楼，绘图比例为 1：500。

2）小区的用地范围。用地红线是各类建筑工程项目用地的使用权属范围的边界线。图中用中粗实线绘制出了用地红线，用地红线围成的范围就是该小区的用地范围。

建筑控制线，也称为"建筑红线"，是相关法规或详细规划确定的建筑物、构筑物的基底位置不得超出的界线。小区的建筑必须在建筑控制线范围内。在实际建设中常使建筑控制线退于用地红线之后，图中用中粗实线绘制出了建筑控制线，并标注了建筑控制线的退红线距离。

3）小区的风向、方位。在总平面图中，通常还绘制出带有指北方向的风向频率玫瑰图，风的方向是从外吹向中心。实线表示全年风向频率，虚线表示 6、7、8 三个月的夏季风向频率。从图中所示的风玫瑰图可以看出该小区常年主导风向是北风，夏季主导风向是西北风。由风玫瑰图上的指北针，可知该小区建筑朝向为正南北向。

4）新建建筑物的平面形状、层数、尺寸。图中绘制出了新建住宅楼的平面形状，标注了每幢住宅楼的层数和总长、总宽。总平面图中，尺寸以 m 为单位，注写到小数点后两位数字。如 6 号住宅楼东西向总长 20.90m，南北向总宽 15.62m，共六层。

5）新建建筑物的定位。新建建筑物可以根据和原有建筑物或道路之间的相对位置来定位，在大范围和地形复杂的总平面图中，为了保证施工放线准确，往往以坐标定位。坐标定位可以分为测量坐标定位和施工坐标定位。坐标网格应以细实线绘制，一般绘制成 100m×100m 或 50m×50m 的方格网。测量坐标网应绘制成交叉十字线，坐标代号宜用"X、Y"表示，X 为南北方向轴线，Y 为东西方向轴线。施工坐标网应绘制成网格通线，坐标代号宜用"A、B"表示，A 轴相当于测量坐标网中的 X 轴，B 轴相当于 Y 轴。坐标值为负数时，应注"−"号，为正数时，"+"号可以省略。

从图中可以看出，该小区的用地范围以坐标定位，图中标注了北侧用地红线上两个角点的测量坐标。新建房屋以北侧和西侧的建筑控制线为依据，用尺寸定位。

6）标高和地形。图中标注了各幢新建房屋室内底层地面和室外地面的绝对标高。如 6 号住宅楼，其底层室内地面的绝对标高为 4.80m，室外地面的绝对标高为 4.65m，室内外高差为 0.15m。

在总平面图中，应绘制出表示地形的等高线，以表明地形的坡度、雨水排除的方向等。因该小区地势平坦，故未绘制等高线。

7）新建房屋周围的建筑物、道路和绿化等情况。由图 7-3 可知，该小区北临石港路，西临迎宾大道，小区在北侧有一个入口。小区里面新建住宅的四周都有道路，并标注了道路的宽度。新建住宅的四周还有草坪和阔叶乔木、阔叶灌木等的绿化。在 3、4 号住宅楼南面设有地上车位和地下车库。

7.2.2 建筑平面图

建筑平面图是房屋的水平剖面图，也就是用一个假想的水平剖切平面，沿门窗洞口位置剖开整幢房屋，将剖切平面以下部分向水平投影面作正投影所得到的图样。

建筑平面图是建筑施工图中最基本的图样之一，该图主要用来表示房屋的平面布置情况。由于建筑平面图能较集中地反映出房屋建筑的功能需要，所以无论是设计制图还是施工读图，一般都从建筑平面图入手。

对于多层建筑，原则上应绘制出每一层的平面图，并在图的下方标注图名，图名通常按层次来命名，如底层平面图、二层平面图、顶层平面图等。若有两层或更多层的平面布置完全相同，则可以用一个平面图表示，图名为×层～×层平面图，也可以称为标准层平面图。

建筑平面图除了上述各层平面图外，一般还应绘制出屋顶平面图，屋顶平面图则是房屋顶部按俯视方向在水平投影面上所得到的正投影图。

1. 建筑平面图的图示内容

（1）底层平面图的图示内容

1）建筑物的墙、柱位置并对其轴线编号。

2）建筑物的门、窗位置及编号。

3）各房间名称及室内外楼地面标高。

4）楼梯的位置及楼梯上下行方向及级数、楼梯平台标高。

5）阳台、雨篷、台阶、雨水管、散水、明沟、花池等的位置及尺寸。

6）室内设备（如卫生器具、水池等）的形状、位置。

7）剖面图的剖切符号及编号。

8）墙厚、墙段、门、窗、房屋开间、进深等各项尺寸。

9）详图索引符号。

相关规范中规定：图样中的某一局部或构件，若需另见详图，应以索引符号索引。索引符号是由直径为 10mm 的圆和水平直径组成，圆和水平直径均应以细实线绘制。

索引符号按下列规定编写：

①索引出的详图，若与被索引的详图同在一张图纸内，应在索引符号的上半圆中用阿拉伯数字注明该详图的编号，并在下半圆中间绘制一段水平细实线。如图 7-4（a）所示。

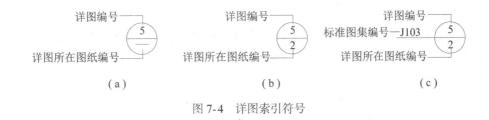

（a）　　　　　　　　（b）　　　　　　　　（c）

图 7-4　详图索引符号

②索引出的详图，若与被索引的详图不同在一张图纸内，应在索引符号的上半圆中用阿拉伯数字注明该详图的编号，在索引符号的下半圆中用阿拉伯数字注明该详图所在图纸的编号。数字较多时，可以加文字标注。如图 7-4（b）所示。

③索引出的详图，若采用标准图，应在索引符号水平直径的延长线上加注该标准图册的编号。如图 7-4（c）所示。

详图的位置和编号，应以详图符号表示。详图符号的圆应以直径为 14mm 的粗实线绘

177

制。详图应按下列规定编号：

图与被索引的图样同在一张图纸内时，应在详图符号内用阿拉伯数字注明详图的编号。如图7-5（a）所示。

详图与被索引的图样不在同一张图纸内时，应用细实线在详图符号内绘制一水平直径，在上半圆中注明详图编号，在下半圆中注明被索引的图纸的编号。如图7-5（b）所示。

（a） （b）

图7-5 详图符号

10）指北针。

指北针常用来表示建筑物的朝向。指北针外圆直径为24mm，采用细实线绘制，指北针尾部宽度为3 mm，指北针头部应注明"北"或"N"字。

（2）标准层平面图的图示内容

1）建筑物的门、窗位置及编号。

2）各房间名称、各项尺寸及楼地面标高。

3）建筑物的墙、柱位置并对其轴线编号。

4）楼梯的位置及楼梯上下行方向、级数及平台标高。

5）阳台、雨篷、雨水管的位置及尺寸。

6）室内设备（如卫生器具、水池等）的形状、位置。

7）详图索引符号。

（3）屋顶平面图的图示内容

屋顶檐口、檐沟、屋顶坡度、分水线与落水口的投影，出屋顶水箱间、上人孔、消防梯及其他构筑物、索引符号等。

2. 建筑平面图的识读举例

建筑平面图分为底层平面图（如图7-6所示）、标准层平面图（如图7-7所示）及屋顶平面图（如图7-8所示）。

从图中可知比例均为1∶100，从图名可知是哪一层平面图。从底层平面图的指北针可知该建筑物朝向为坐北朝南；同时可以看出，该建筑物为一字形对称布置，主要房间为卧室，内墙厚240mm，外墙厚370mm。该建筑物设有一间门厅，一个楼梯间，中间有1.8m宽的内走廊，每层有一间厕所，一间盥洗室。有两种门，三种类型的窗。房屋开间为3.6m，进深为5.1m。从屋顶平面图可知，该建筑物屋顶是坡度为3%的平屋顶，两坡排水，南、北向设有宽为600mm的外檐沟，分别布置有3根落水管，非上人屋面。剖面图的剖切位置在楼梯间处。

178

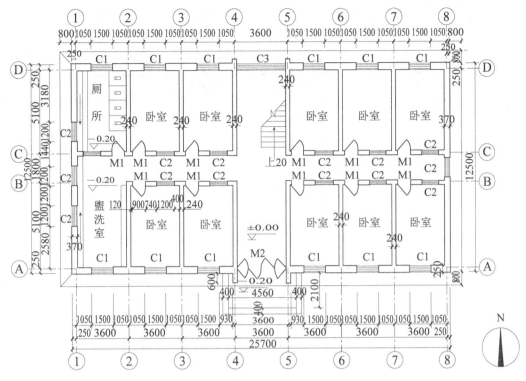

图 7-6　底层平面图（1：100）

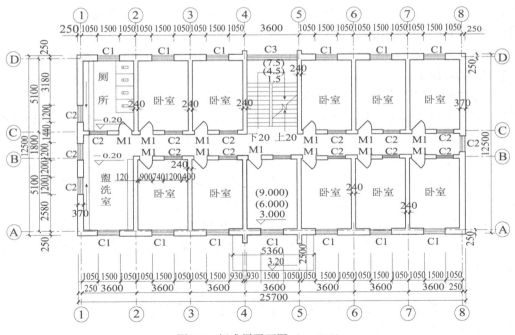

图 7-7　标准层平面图（1：100）

179

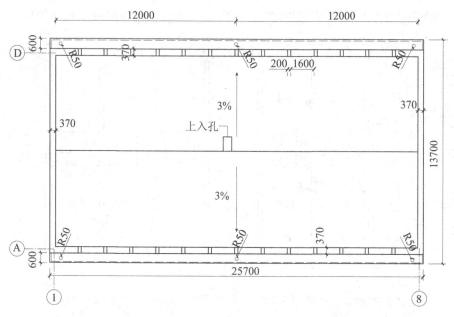

图 7-8 屋顶平面图 (1∶100)

7.2.3 建筑立面图

建筑立面图是在与房屋立面相平行的投影面上所作的正投影图。该图主要表示房屋的体型和外貌、立面装修及立面上构配件的标高和必要的尺寸，也是建筑施工图中最基本的图样之一，在施工过程中主要用于室外装修。

建筑立面图的数量与房屋的平面形状及外墙的复杂程度有关，原则上需要绘制房屋每一个方向的立面图。

有定位轴线的建筑物，宜根据两端定位轴线编号命名，如①~⑥立面图、A~F 立面图等；对于那些简单的无定位轴线的建筑物，则可以按房屋立面的朝向命名，如南立面图、东立面图等。

1. 建筑立面图的内容

（1）室外地坪线及房屋的勒脚、台阶、花池、门窗、雨篷、阳台、室外楼梯、墙、柱、檐口、屋顶、雨水管等内容。

（2）尺寸标注。用标高标注出各主要部位的相对高度，如室外地坪、窗台、阳台、雨篷、女儿墙顶、屋顶水箱间及楼梯间屋顶等的标高。同时用尺寸标注的方法标注立面图上的细部尺寸，层高及总高。

（3）建筑物两端的定位轴线及其编号。

（4）外墙面装修。有的用文字说明，有的用详图索引符号表示。

2. 建筑立面图的识读举例

如图 7-9 所示，该建筑物立面图的图名为①~⑧立面图，比例为 1∶100，两端的定位轴线编号分别为①轴、⑧轴；室内外高差为 0.3m，层高 3m，共有四层，窗台高 0.9m；在建筑物的主要出入口处设有一悬挑雨篷，有一个二级台阶，该立面外形规则，立面造型简单，外墙采用 100mm×100mm 黄色釉面瓷砖饰面，窗台线条用 100mm×100mm 白色釉面瓷砖点缀，金黄色琉璃瓦檐口；中间用墙垛形成竖向线条划分，使该建筑物给人一种高耸感。

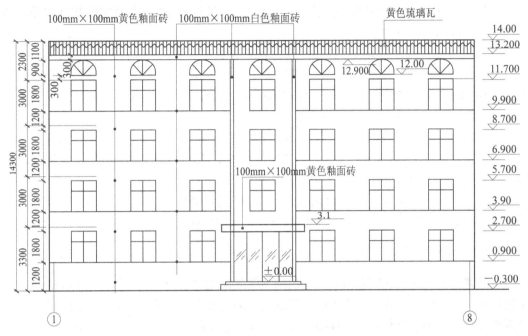

图 7-9　①~⑧立面图（1∶100）

7.2.4　建筑剖面图

建筑剖面图是房屋的垂直剖面图，也就是用假想的平行于房屋立面的竖直剖切平面剖开房屋，移去剖切平面与观察者之间的部分，将留下的部分按剖视方向向投影面作正投影所得到的图样。

建筑剖面图主要用来表示房屋内部的结构形式、分层情况和各部位的联系、材料、高度等。建筑剖面图也是建筑施工图中最基本的图样之一，该图与建筑平面图、建筑立面图相互配合，表示房屋的全局。

建筑剖面图的数量应按房屋的复杂程度和施工中的实际需要确定。剖切的位置应选择在房屋内部结构比较复杂或典型的部位，并经常通过门窗洞和楼梯的位置剖切。建筑剖面图以剖切符号的编号命名，剖切符号标注在底层平面图中。

1. 建筑剖面图的图示内容

（1）必要的定位轴线及轴线编号。

（2）剖切到的屋面、楼面、墙体、梁等的轮廓及材料做法。

（3）建筑物内部分层情况以及竖向、水平方向的分隔。

（4）即使没被剖切到，但在剖视方向可以看到的建筑物构配件。

（5）屋顶的形式及排水坡度。

（6）标高及必须标注的局部尺寸。

（7）必要的文字注释。

2. 建筑剖面图的识读方法

（1）识读建筑剖面图应结合底层平面图阅读，对应剖面图与平面图的相互关系，建立起建筑内部的空间概念。

（2）结合建筑设计说明或材料做法表，查阅地面、墙面、楼面、顶棚等的装修做法。

（3）根据剖面图尺寸及标高，了解建筑物层高、总高、层数及房屋室内外地面高差。如图 7-10 所示，该建筑物层高 3m，总高 14m，4 层，房屋室内外地面高差 0.3m。

（4）了解建筑物构配件之间的搭接关系。

（5）了解建筑物屋面的构造及屋面坡度的形成。如图 7-10 所示，该建筑物屋面为架空通风隔热、保温屋面，材料找坡，屋顶坡度 3%，设有外伸 600mm 天沟，属有组织排水。

（6）了解墙体、梁等承重构件的竖向定位关系，如轴线是否偏心。如图 7-10 所示，该建筑物外墙厚 370mm，向内偏心 90mm，内墙厚 240 mm，无偏心。

7.2.5 建筑详图

虽然建筑平面图、建筑立面图和建筑剖面图共同配合表达了建筑物房屋的全貌，但由于所用的比例比较小，许多细部难以表达清楚，因此在建筑施工图中，常用较大的比例将细部的形状、大小、材料和作法详细的表达出来，以便施工，这种图样称为建筑详图，又称为大样图或节点图。详图的特点是比例大，尺寸标注齐全，文字说明详尽。

建筑详图的数量视建筑物房屋的复杂程度和平面图、立面图、剖面图的比例确定，一般有门窗详图、外墙剖面详图、楼梯详图、阳台详图等。建筑详图通常采用详图符号作为图名，与被索引的图样上的索引符号相对应，并在详图符号的右下侧注写绘图比例。若详图采用标准图，只需注明所选用图集的名称、标准图的图名和图号或页次，不必再绘制详图。

1. 外墙身详图

墙身详图也称为墙身大样图，实际上是建筑剖面图相关部位的局部放大图。该图主要表达墙身与地面、楼面、屋面的构造连接情况以及檐口、门窗顶、窗台、勒脚、防潮层、散水、明沟的尺寸、材料、做法等构造情况，是砌墙、室内外装修、门窗安装、编制施工预算以及材料估算等的重要依据。有时在外墙详图上引出分层构造，注明楼地面、屋顶等的构造情况，而在建筑剖面图中省略不标注。

外墙剖面详图往往在窗洞口断开，因此在门窗洞口处出现双折断线（该部位图形高度变小，但标注的窗洞竖向尺寸不变），成为几个节点详图的组合。在多层房屋中，若各层的构造情况一样，可以只绘制墙脚、檐口和中间层（含门窗洞口）三个节点，按上下位置整体排列。有时墙身详图不以整体形式布置，而把各个节点详图分别单独绘制，也称为墙身节点详图。

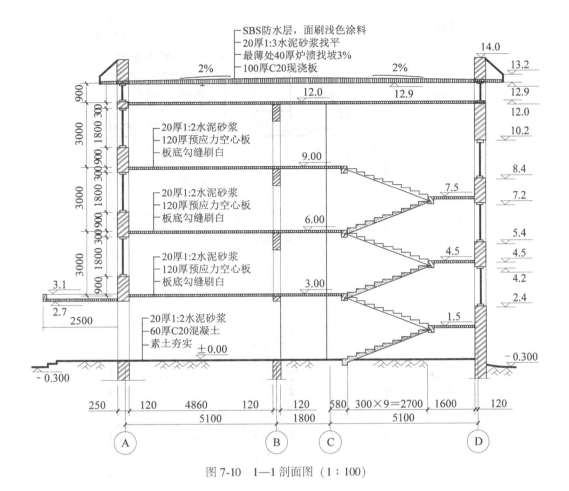

图 7-10   1—1 剖面图（1：100）

（1）墙身详图的图示内容

1）墙身的定位轴线及编号，墙体的厚度、材料及其本身与轴线的关系。

2）勒脚、散水节点构造。主要反映墙身防潮做法、首层地面构造、室内外高差、散水做法，一层窗台标高等。

3）标准层楼层节点构造。主要反映标准层梁、板等构件的位置及其与墙体的联系，构件表面抹灰、装饰等内容。

4）檐口部位节点构造。主要反映檐口部位包括封檐构造（如女儿墙或挑檐）、圈梁、过梁、屋顶泛水构造、屋面保温、防水做法和屋面板等结构构件。

5）图中的详图索引符号等。

（2）墙身详图的阅读举例

如图 7-11 所示：

1）该墙体为Ⓐ轴外墙、厚度 370mm。

2）室内外高差为 0.3m，墙身防潮采用 20mm 防水砂浆，设置于首层地面垫层与面层交接处，一层窗台标高为 0.9m，首层地面做法从上至下依次为 20 厚 1：2 水泥砂浆面层，20 厚防水砂浆一道，60 厚混凝土垫层，素土夯实。

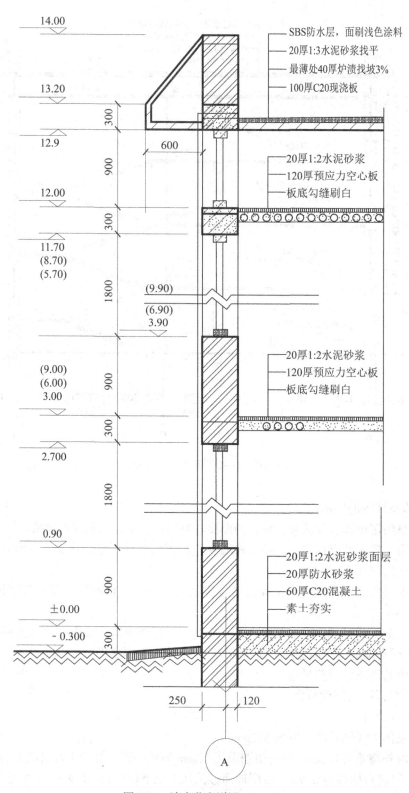

图 7-11　墙身节点详图 （1：20）

3）标准层楼层构造为 20 厚 1：2 水泥砂浆面层，120 厚预应力空心楼板，板底勾缝刷白；120 厚预应力空心楼板搁置于横墙上；标准层楼层标高分别为 3m，6m，9m。

4）屋顶采用架空 900mm 高的通风屋面，下层板为 120 厚预应力空心楼板，上层板为 100 厚 C20 现浇钢筋混凝土板；采用 SBS 柔性防水，刷浅色涂料保护层；檐口采用外天沟，挑出 600mm，为了使立面美观，外天沟用斜向板封闭，并外贴金黄色琉璃瓦。

下面以前述住宅的部分建筑详图为例，说明建筑详图的内容、图示方法和读图要点。

①门窗详图。门窗通常都是由工厂制作，然后运往工地安装，因此，只需要在建筑平面图、立面图中表示门窗的外形尺寸和开启方向，其他细部构造（如截面形状、用料尺寸、安装位置、门窗扇与框的连接关系等）则可以查阅标准图集，而不必再绘制门窗详图。有关门窗的型号、尺寸、数量、选用的图集等均应在门窗表中注明，表 7-7 为前述 6 号住宅的部分门窗表。

表 7-7　　　　　　　　　　　　　6 号住宅楼的部分门窗表

设计编号		洞口尺寸/（mm×mm）	数　量						合计	图集名称	选用型号
			一层	二层	三层	四层	五层	六层			
窗	C1	1800×2000	0	2	2	2	2	2	10	05J4—1	S80KF-2TC-1820
	C2	2100×2200	0	0	2	2	2	2	8		S80KF-2TC-2122
	C2A	2100×2000	0	2	0	0	0	0	2		S80KF-2TC-2120
	C3	1800×1600	0	2	2	2	2	2	10		S80KF-2TC-1816
	C4	1500×1600	0	2	2	2	2	2	10		S80KF-2TC-1516

②外墙剖面详图。外墙剖面详图实际上是墙身的局部放大图，主要表达墙身从防潮层到屋顶各主要节点的构造和作法。画图时，常将各节点剖面图连在一起，间折断线断开。当多层房屋的中间各节点构造相同时，可以只绘制出底层、顶层和一个中间层。如图 7-12 所示，是从 1—1 剖面图（见图 7-14）中索引过来的四个节点详图，从图中可以看出，它们是定位轴线为⑧的外墙墙身节点详图。

2. 楼梯详图

楼梯是多层建筑物内上下交通的主要设施，一般由楼梯段、楼梯平台和栏杆等组成。楼梯段简称梯段，由梯段板或梯梁和踏步构成。踏步的水平面称为踏面，垂直面称为踢面，楼梯平台包括平台板和平台梁。在房屋建筑中应用最多的是预制或现浇钢筋混凝土楼梯。

楼梯详图主要表示楼梯的类型、结构形式、各部位的尺寸及装修作法等。楼梯详图一般包括楼梯平面图、楼梯剖面图和踏步、栏杆等节点详图。楼梯平面图、楼梯剖面图比例应一致，一般为1：50，踏步、栏杆等节点详图比例更大些，可以采用1：5、1：10、1：20等。

（1）楼梯平面图

楼梯平面图是楼梯间的水平剖面图，剖切位置位于各层上行第一梯段上，其画法与建筑平面图相同。一般应绘制出每一层的楼梯平面图。多层房屋若中间各层楼梯的形式、构造完全相同时，可以只绘制底层、一个中间层（标准层）和顶层三个平面图。

楼梯平面图实际上是在建筑平面图中楼梯间部分的局部放大图，如图7-13所示。在底层平面图中，画出了到折断线为止的上行第一梯段，箭头和数字表示上15级可以由一层到达二层；在二层平面图中，有折断线的一边是该层的上行第一梯段，表示由二层上到三层共18级，而折断线的另一边是未剖切到的该层的下行梯段，表示由二层下到一层共15级；三～五层的楼梯位置以及楼梯段数、级数和大小完全相同，共用一个平面图表示；在顶层平面图中，表达的是从顶层下行到五层的两个完整的楼梯段和楼梯段之间的楼梯平台。

在楼梯平面图中，除应标注出楼梯间的定位轴线和定位轴线之间的尺寸以及楼面、地面和楼梯平台的标高外，还应标注出梯段的宽度和水平投影长度、楼梯井等各细部尺寸，标注时梯段的水平投影长度＝踏面数×踏面宽，如底层平面图中的14×280＝3920。值得注意的是梯段的踏面数＝踢面数−1。在底层平面图中，还需标注出楼梯剖面图的剖切符号。

（2）楼梯剖面图

楼梯剖面图是楼梯间的垂直剖面图。即假想用一个铅垂的剖切平面，通过各层的一个楼梯段，将楼梯间剖开，向没有被剖切到的楼梯段方向投射所得的图样，其剖切符号绘制在楼梯底层平面图中。楼梯剖面图实际上是在建筑剖面图中楼梯间部分的局部放大图，如图7-14所示。由1—1剖切符号可知，底层的单跑梯段未剖切到，二至五层每层的上行第一梯段被剖切到。习惯上，若楼梯间的屋面无特殊之处，一般可以折断不绘制。从图中可以看出，只有一层为一个梯段，其余各层每层有两个梯段，梯段是现浇钢筋混凝土楼梯，与楼面、楼梯平台的钢筋混凝土现浇板浇筑成一个整体。在楼梯剖面图中，应注明地面、楼面、楼梯平台等的标高。标注时梯段的高度尺寸＝踢面数×踢面高，如图中底层上行梯段处的15×160mm＝2400mm。图中还详细表示了楼梯间外墙上窗洞及窗间墙的尺寸。从图中的索引符号可知，楼梯栏杆、扶手、踏步等节点构造另有详图。

（3）楼梯节点详图

楼梯节点详图主要是指栏杆详图、扶手详图以及踏步详图。这类详图分别用索引符号与楼梯平面图或楼梯剖面图联系。

如图7-15所示。编号为1的节点详图是从1—1楼梯剖面图（见图7-14）索引过来的。该详图表明了踏步、栏杆等的细部尺寸、构造和作法。在这个详图的扶手处有一编号为2的索引符号，表明在本张图纸上有编号为2的扶手断面详图。从2号详图中，可以看出扶手的断面形状、尺寸、材料以及与栏杆的连接情况。

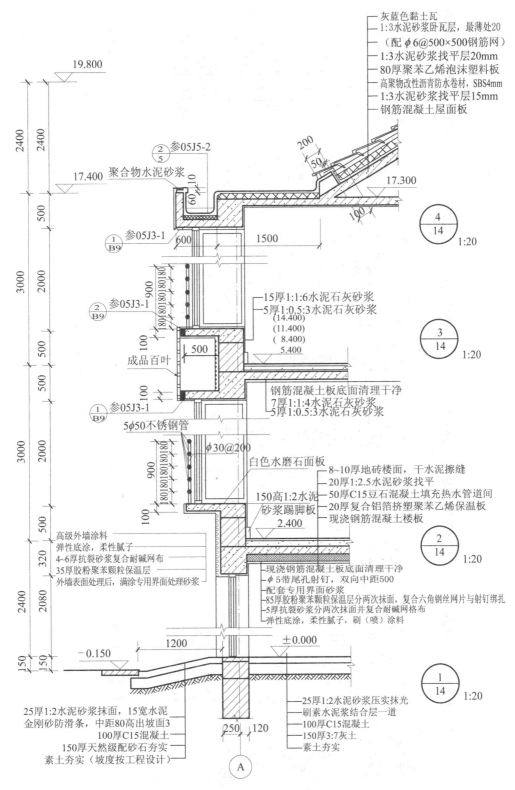

图 7-12 外墙剖面详图

灰蓝色黏土瓦
1:3水泥砂浆卧瓦层，最薄处20
（配 φ6@500×500钢筋网）
1:3水泥砂浆找平层20mm
80厚聚苯乙烯泡沫塑料板
高聚物改性沥青防水卷材，SBS4mm
1:3水泥砂浆找平层15mm
钢筋混凝土屋面板

19.800

2400

17.400
聚合物水泥砂浆
2／5 参05J5-2

17.300

500

1／B9 参05J3-1
600   1500

4／14   1:20

3000

2000   900

15厚1:1:6水泥石灰砂浆
5厚1:0.5:3水泥石灰砂浆
(14.400)
(11.400)
(8.400)
5.400

2／B9 参05J3-1

500

成品百叶   500

钢筋混凝土板底面清理干净
7厚1:1:4水泥石灰砂浆
5厚1:0.5:3水泥石灰砂浆

500

1／B9 参05J3-1

100

5φ50不锈钢管

φ30@200

3000

2000   900

白色水磨石面板

8～10厚地砖楼面，干水泥擦缝
20厚1:2.5水泥砂浆找平
50厚C15豆石混凝土填充热水管道间
20厚复合铝箔挤塑聚乙烯保温板
现浇钢筋混凝土楼板

150高1:2水泥砂浆踢脚板
2.400

500

现浇钢筋混凝土板底面清理干净
φ5带尾孔射钉，双向中距500
配套专用界面砂浆
85厚胶粉聚苯颗粒保温层分两次抹面，复合六角钢丝网片与射钉绑扎
5厚抗裂砂浆分两次抹面并复合耐碱网格布
弹性底涂，柔性腻子，刷（喷）涂料

高级外墙涂料
弹性底涂，柔性腻子
4～6厚抗裂砂浆复合耐碱网布
35厚胶粉聚苯颗粒保温层
外墙表面处理后，满涂专用界面处理砂浆

320

2400   2080

100

1200   ±0.000

2／14   1:20

150   150   -0.150

1／14   1:20

25厚1:2水泥砂浆抹面，15宽水泥
金刚砂防滑条，中距80高出坡面3
100厚C15混凝土
150厚天然级配砂石夯实
素土夯实（坡度按工程设计）

250   120

25厚1:2水泥砂浆压实抹光
刷素水泥浆结合层一道
100厚C15混凝土
150厚3:7灰土
素土夯实

A

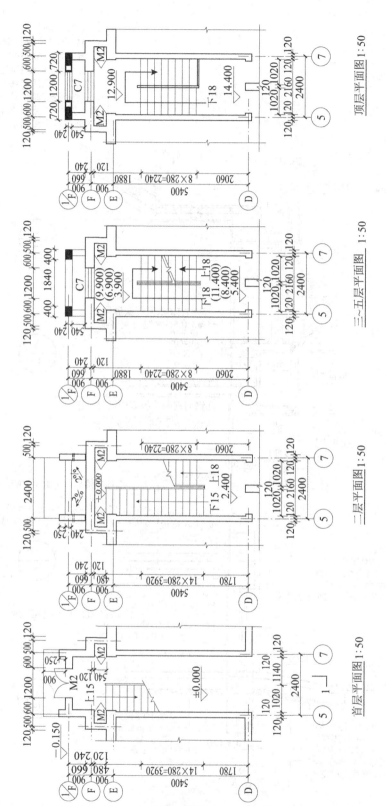

图7-13 楼梯平面图

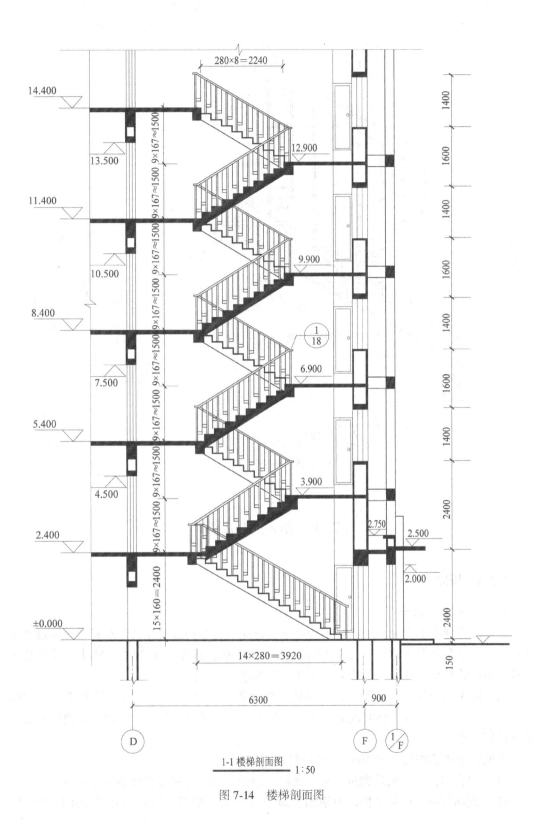

14.400

13.500

11.400

10.500

8.400

7.500

5.400

4.500

2.400

±0.000

280×8＝2240

12.900

9.900

$\frac{1}{18}$

6.900

3.900

2.750

2.500

2.000

9×167≈1500 9×167≈1500 9×167≈1500 9×167≈1500 9×167≈1500 9×167≈1500 9×167≈1500 9×167≈1500

15×160＝2400 9×167≈1500

1400

1600

1400

1600

1400

1600

1400

2400

2400

150

14×280＝3920

6300

900

D

F

$\frac{1}{F}$

1-1 楼梯剖面图   1:50

图 7-14　楼梯剖面图

189

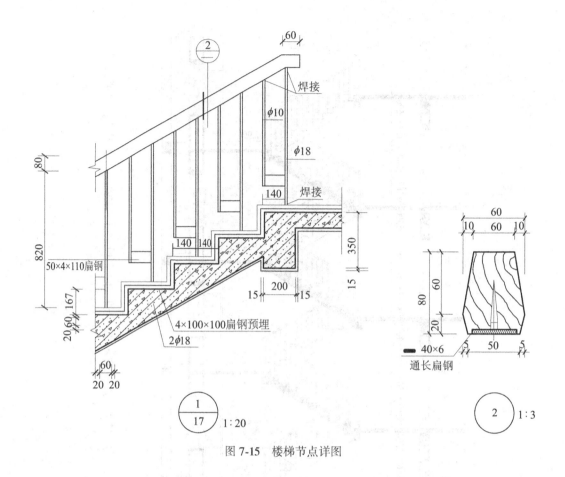

图 7-15　楼梯节点详图

7.3　结构施工图

7.3.1　概述

1. 结构施工图简介

根据房屋建筑的安全与经济施工的要求，首先进行结构选型和构件布置，再通过力学计算，确定建筑物各承重构件（如基础、墙、梁、板、柱等）的形状、尺寸、材料及构造等，最后将计算、选择结果绘制成图样，即为结构施工图。

结构施工图与建筑施工图一样，是施工的依据，主要用于放灰线、挖基槽、基础施工、支承模板、配钢筋、浇灌混凝土等施工过程，也是计算工程量、编制工程预算和施工进度计划的依据。

常见的房屋结构按承重构件的材料可以分为：

（1）混合结构。墙用砖砌筑，梁、楼板、屋面、楼梯等都是钢筋混凝土构件。

（2）钢筋混凝土框架结构。由钢筋混凝土柱、梁、楼板、屋面和基础等组成的框架结构来承受荷载，墙只起围护作用，不起承重作用。

（3）砖木结构。墙用砖砌筑，梁、楼板和屋架都用木料制成。

（4）钢结构。承重构件全部为钢材。

（5）木结构。承重构件全部为木材。

2. 结构施工图的内容

结构施工图包括三方面内容：

（1）结构设计总说明。主要包括：结构设计的依据；抗震设计；地基情况；各承重构件的材料、强度等级；施工要求；选用的标准图集等。

（2）结构平面图。主要包括：基础平面图、楼层结构平面图、屋面结构平面图等。

（3）结构详图。主要包括：基础详图；梁、板、柱构件详图；楼梯结构详图；屋架结构详图等。

3. 常用构件代号

在结构施工图中常用代号来表示构件的名称。构件代号采用该构件名称汉语拼音中的第一个字母表示。根据《建筑结构制图标准》（GB/T 50105—2001）中的规定，部分常用构件代号如表 7-8 所示。

表 7-8　　　　　　　　　　常用构件代号

名　称	代号	名　称	代号	名　称	代号
板	B	吊车梁	DL	基础	J
屋面板	WB	圈梁	QL	设备基础	SJ
空心板	KB	过梁	GL	桩	ZH
槽形板	CB	连系梁	LL	柱间支撑	ZC
折板	ZB	基础梁	JL	垂直支撑	CC
密肋板	MB	楼梯梁	TL	水平支撑	SC
楼梯板	TB	檩条	LT	梯	T
盖板或沟盖板	GB	屋架	WJ	雨篷	YP
挡雨板或檐口板	YB	托架	TJ	阳台	YT
吊车安全走道板	DB	天窗架	CJ	梁垫	LD
墙板	QB	框架	KJ	预埋件	M
天沟板	TGB	刚架	GJ	天窗端壁	TD
梁	L	支架	ZJ	钢筋网	W
屋面梁	WL	柱	Z	钢筋骨架	G

注：1. 预制钢筋混凝土构件、现浇钢筋混凝土构件、钢构件和木构件，一般可以直接采用本表中的构件代号。

2. 预应力钢筋混凝土构件代号，应在构件代号前加注"Y—"，如 Y—DL 表示预应力钢筋混凝土吊车梁。

7.3.2 钢筋混凝土构件详图

1. 钢筋混凝土构件简介

钢筋混凝土构件由钢筋和混凝土两种材料组合而成。混凝土由水、水泥、黄砂、石子按一定比例拌合硬化而成。混凝土抗压强度高，混凝土的强度等级分为 C15、C20、C25、C30、C35、C40、C45、C50、C55、C60、C65、C70、C75、C80 十四个等级，数字越大，表示混凝土抗压强度越高。混凝土的抗拉强度比抗压强度低得多，一般仅为抗压强度的 $1/20 \sim 1/10$，而钢筋不但具有良好的抗拉强度，而且与混凝土有良好的粘合力，其热膨胀系数与混凝土相近，因此，两者常结合组成钢筋混凝土构件。

钢筋混凝土构件有现浇和预制两种。现浇是指在工程现场就地浇筑；预制是指在其他地方预先浇筑好，然后运到现场进行吊装。

下面介绍一些有关钢筋的常识。

（1）钢筋的作用和分类。配置在钢筋混凝土构件中的钢筋，按其所起的作用可以分为：

1）受力筋。受力筋是指承受拉力、压力或剪力的钢筋。在梁、板、柱等各种钢筋混凝土构件中都有配置。如图 7-16 所示梁下部的三根钢筋，板下部的钢筋都为受力筋。

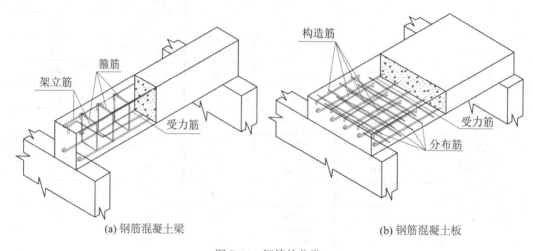

(a) 钢筋混凝土梁　　　　　　　　　(b) 钢筋混凝土板

图 7-16　钢筋的分类

2）架立筋。架立筋一般只在梁中使用，与受力筋、箍筋一起形成钢筋骨架，来固定钢筋位置。

3）箍筋。箍筋也称为钢箍，一般用于梁、柱内，用以固定受力筋的位置，并承担部分内力。

4）分布筋。分布筋一般用于板内，与受力筋垂直绑扎成钢筋网片，起固定受力筋和均匀分布荷载的作用。

5）构造筋。构造筋是指因构件在构造上的要求或根据施工安装的需要而配置的钢筋，如图 7-16（b）中板支座顶部的钢筋为构造筋。

（2）钢筋的种类与符号。在钢筋混凝土结构设计规范中，各种钢筋给予不同的符号，以便标注和识别。常用的普通钢筋符号如表 7-9 所示。

表 7-9　　　　　　　　　　　普通钢筋的种类及代号

钢筋的种类	符号	材　　料	直径范围 d/mm	说　　　明
HPB235	A	Q235	8～20	热轧光圆钢筋
HRB335	B	20MnSi	6～50	热轧带肋钢筋
HRB400	C	20MnSiV、20MnSiNb、20MnTi	6～50	热轧带肋钢筋
RRB400	C^R	K20MnSi	6～40	余热处理带肋钢筋

注：表中钢筋种类的数字是钢筋的强度等级，也可以分别称为 HPB235 级、HRB335 级、HRB400 级、RRB400 级钢筋。

（3）钢筋的弯钩和弯起。

1）钢筋的弯钩。为了使钢筋和混凝土之间具有良好的粘结力，相关规范中规定在 HPB235 级钢筋两端做成半圆弯钩或直弯钩，箍筋在交接处常做成斜弯钩，弯钩的常见形式和画法如图 7-17 所示。带肋钢筋两端可以不做弯钩。

2）钢筋的弯起。根据构件受力需要，常需在构件中设置弯起钢筋，即将构件下部的纵向受力钢筋在靠近支座附近弯起，如图 7-17（a）所示。弯起钢筋的弯起角一般为 45°或 60°。

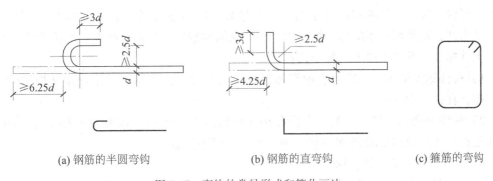

(a) 钢筋的半圆弯钩　　　　　(b) 钢筋的直弯钩　　　　　(c) 箍筋的弯钩

图 7-17　弯钩的常见形式和简化画法

（4）钢筋的保护层。钢筋混凝土构件中的钢筋不能外露，为了防锈、防火、防腐蚀，钢筋的外边缘到构件表面之间应留有一定厚度的保护层。保护层的厚度与构件的工作环境、构件及钢筋种类等因素有关。《混凝土结构设计规范》（GB50010—2002）中规定，梁柱类构件受力筋的保护层厚度为 25mm 以上，箍筋的保护层厚度为 15mm。

2. 钢筋混凝土构件的图示方法与标注

用来表示钢筋混凝土构件的形状尺寸和构件中的钢筋配置情况的图样称为钢筋混凝土构件详图，又称为配筋图。其图示重点是钢筋及其配置。

（1）图示方法。假想混凝土是透明体，构件内的钢筋是可见的。构件外形轮廓线采用细实线，钢筋用粗实线绘制出，断面图中被截断的钢筋用黑圆点绘制出。断面图上不绘制材料图例。

配筋图上各类钢筋的交叉重叠很多，为了清楚地表示出有无弯钩及它们相互搭接的情况，常见的规定画法见表7-10。

表 7-10   钢筋的表示方法

名　称	图　例	说　明
无弯钩的钢筋端部		下图表示长、短钢筋投影重叠时，短钢筋的端部用45°斜短线表示
带半圆弯钩的钢筋端部		
带直弯钩的钢筋端部		
无弯钩的钢筋搭接		
带半圆弯钩的钢筋搭接		
带直弯钩的钢筋搭接		

（2）钢筋的标注方法。构件中的各种钢筋应进行标注。一般先对钢筋进行编号，对种类、形状、尺寸不同的钢筋分别编号，编号数字标注在直径为 6mm 的细实线圆圈内。简单的构件，钢筋可以不编号。标注内容包括钢筋的编号、数量、种类、直径和间距等。

钢筋标注一般采用以下两种形式：

1）标注钢筋的编号、数量、种类和直径。如①2φ16，表示①号钢筋是 2 根 HPB235 级钢筋，直径为 16mm。

2）标注钢筋的编号、种类、直径和相邻钢筋的中心间距。如④φ8@200，表示④号钢筋是直径 8mm 的 HPB235 级钢筋，钢筋的中心间距为 200mm。

3. 钢筋混凝土梁、板、柱

（1）钢筋混凝土梁。如图 7-18 所示为钢筋混凝土梁的配筋图，包括立面图、断面图、钢筋详图和钢筋表。

1）立面图。由立面图可知梁的长度，梁的两端搁置在砖墙上，该梁共有四种钢筋：①、②号钢筋为受力筋，位于梁下部，通长配置，其中②号钢筋为弯起钢筋，其中间段位于梁下部，在两端支座处弯起到梁上部，图中标注出了钢筋弯起点的位置；③号钢筋为架立筋，通长配置，位于梁上部；④号钢筋为箍筋，沿梁全长均匀布置，在立面图中箍筋采用了简化画法，在适当位置绘制出三至四根即可。

2）断面图。断面图表达梁的断面形状尺寸，各纵向钢筋的数量、位置和箍筋的形状。本例分别在跨中和支座处选取断面，1—1 断面表达跨中的配筋情况，该处梁下部有三根受力筋，2 根①号钢筋在外侧，中间 1 根为②号弯起钢筋；梁上部是 2 根③号钢筋。2—2 断面表达两端支座处的配筋情况，可以看出，梁下部只有 2 根①号钢筋，②号钢筋弯起到梁上部，其他钢筋没有变化。

3）钢筋详图。钢筋详图绘制在与立面图相对应的位置，比例与立面图一致。每个编号只绘制出一根钢筋，标注编号、根数、规格、直径和钢筋上各段长度及单根长度。计算各段长度时，箍筋尺寸为内皮尺寸，弯起钢筋的高度尺寸为外皮尺寸。

4）钢筋表。为了便于钢筋用量的统计、下料和加工，要列出钢筋表，钢筋表的内容如图 7-18 所示。简单构件可以不绘制钢筋详图和钢筋表。

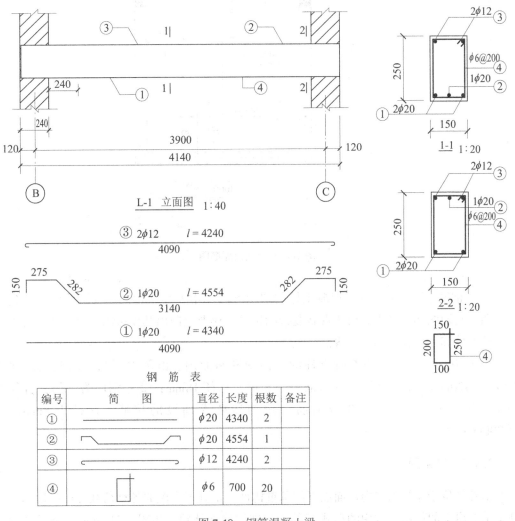

钢 筋 表

编号	简　　图	直径	长度	根数	备注
①		φ20	4340	2	
②		φ20	4554	1	
③		φ12	4240	2	
④		φ6	700	20	

图 7-18　钢筋混凝土梁

195

（2）钢筋混凝土板。钢筋混凝土现浇板的配筋一般用平面图表达。如图 7-19 所示为现浇板 B—1 的配筋图。按《建筑结构制图标准》（GB/T 50105—2001）规定：底层钢筋弯钩应向上或向左，顶层钢筋弯钩应向下或向右。由图 7-19 可知，该板中共配置了四种钢筋，①号钢筋 φ10@150，两端半圆弯钩向左；②号钢筋 φ8@150；两端半圆弯钩向上，均配置在板底层；③号钢筋 φ6@200，两端直弯钩向右；④号钢筋 φ6@200，两端直弯钩向下，均配置在板顶层。并由图中可以看出板的形状尺寸。

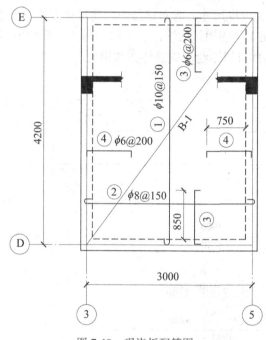

图 7-19　现浇板配筋图

（3）钢筋混凝土柱。钢筋混凝土柱的图示方法基本上和梁相同。其配筋图一般包括立面图、断面图和钢筋表。对于形状复杂的构件，还要绘制出其模板图，以表达其外形尺寸、预埋件和预留孔洞的位置等。

图 7-20 所示为某钢筋混凝土柱的立面图和断面图。由图中可知柱的截面尺寸为 370mm×370mm，①号钢筋为受力筋，共 8 根，直径 18mm；②号钢筋为箍筋，直径为 8mm，中心间距 200mm；③号钢筋为按构造要求加设的拉筋，直径为 8mm，间距 200mm。

7.3.3　基础图

基础是位于建筑物室内地面以下的承重构件，基础把房屋的各种荷载传递给地基，起到了承上启下的作用。常用的形式有条形基础和独立基础，如图 7-21 所示。条形基础一般为砖墙的基础，为了扩大基础墙（从室内地面到基础顶面的墙）与基础顶面的接触面，

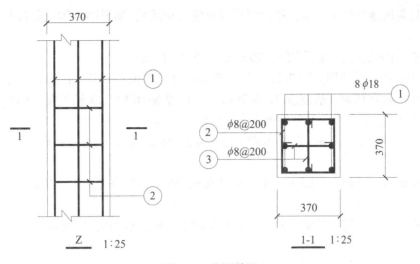

图 7-20　柱配筋图

常将墙的下端加宽墙厚，加宽部分的构造称为大放脚，如图 7-21（a）所示；独立基础常用做柱的基础。如图 7-21（b）所示。

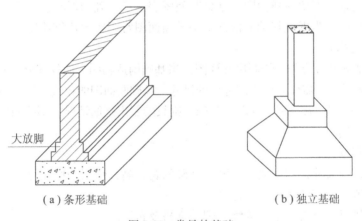

（a）条形基础　　　　　（b）独立基础

图 7-21　常见的基础

　　基础图是表示建筑物室内地面以下基础部分的平面布置和详细构造的图样，基础图是施工时放灰线、开挖基坑和砌筑基础的依据。基础图包括基础平面图和基础详图。下面以前述住宅楼的条形基础为例，说明基础平面图和基础详图的图示内容和读图方法。

　　1. 基础平面图

　　（1）图示方法。基础平面图是假想用一个水平剖切平面在房屋底层地面以下适当位置剖切，移去上部房屋和回填土后，所作出的水平投影图。基础平面图主要表达基础的平面布置。

　　在基础平面图中，剖切到的基础墙绘制粗实线，基础底面轮廓线绘制细实线，大放脚等其他可见轮廓线省略不绘制，梁绘制粗点画线（单线），如果剖切到钢筋混凝土柱，则用涂黑表示。

基础平面图的比例一般采用1∶100或1∶200、1∶50。

（2）图示内容及读图。图7-22是某宿舍楼的基础平面图、基础配筋图，本实例为钢筋混凝土柱下独立基础。基础沿 *A*，*B* 轴布置，1、2 轴和 12，13 轴的左右两柱各共用一个基础，为 JC1，共四个，其他为 JC2，共 8 个。

①）图名和比例。基础平面图的比例应与建筑平面图相同。常用比例为1∶100、1∶200。

②定位轴线。基础平面图应标注出与建筑平面图相一致的定位轴线及其编号和轴线之间的尺寸。

③基础的平面布置。基础平面图应反映基础墙、柱、基础底面的形状、大小及基础与轴线的尺寸关系。

④基础梁的布置与代号。不同形式的基础梁用代号 JL1，JL2，…表示。

⑤剖切符号。构造、尺寸、配筋不同的基础，都要绘制出其断面图，即基础详图，并在基础平面图上用剖切符号表示断面图的剖切位置。

⑥施工说明。用文字说明地基承载力及材料强度等级等。

2. 基础详图

基础详图是垂直剖切的断面图。基础断面图表达了基础的形状、大小、构造、材料及埋置深度，并以此作为砌筑基础的依据。基础断面图常用较大比例绘制。

（1）特点与内容。

①不同构造的基础应分别绘制出其详图，当基础构造相同，而仅部分尺寸不同时，也可以用一个详图表示，但需标注出不同部分的尺寸。基础断面图的边线一般用粗实线绘制，断面内应绘制材料图例；若是钢筋混凝土基础，则只绘制出配筋情况，不绘制出材料图例。

②图名与比例。

③轴线及其编号。

④基础的详细尺寸，基础墙的厚度，基础的宽、高，垫层的厚度等。

⑤室内外地面标高及基础底面标高。

⑥基础及垫层的材料、强度等级、配筋规格及布置。

⑦防潮层、圈梁的做法和位置。

⑧施工说明等。

（2）读图

如图7-22所示，基础 JC1、JC2 有详图表示其各部尺寸、配筋和标高等。基础用基础梁连系，横向基础梁为 JL1，共 8 根，纵向基础梁为 JL2，共 2 根。

①基础梁 JL1 采用集中标注方法，标注含义：JL1 为梁编号；（1）为跨数；300mm×600mm 为梁截面尺寸；$\phi10@200$ 为箍筋；（2）为双肢箍；$4\phi20$ 为下部钢筋；$4\phi20$ 为上部钢筋。

②基础梁 JL2（7）表示梁从 1~13 轴共 7 跨；截面尺寸为 300mm×750mm，$\phi10@200$ 为箍筋；双肢箍；$4\phi25$ 为下部钢筋；$4\phi25$ 为上部钢筋。

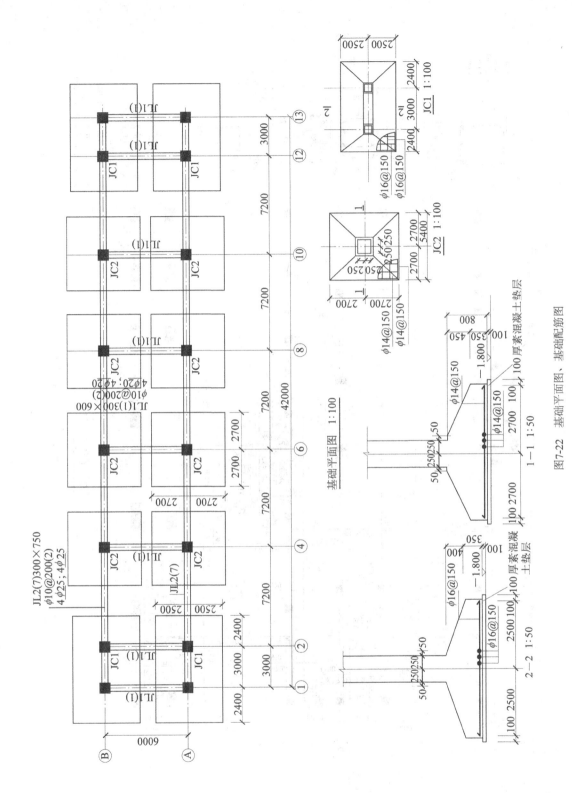

基础平面图 1:100

JC1 1:100

JC2 1:100

1—1 1:50

2—2 1:50

图7-22 基础平面图、基础配筋图

199

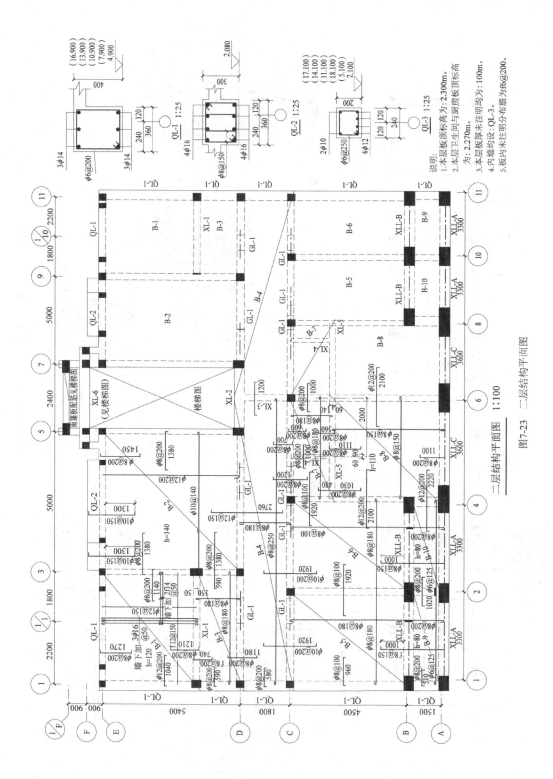

说明：
1. 本层板顶标高为：2.300m。
2. 本层卫生间与厨房顶板顶标高为：2.270m。
3. 本层板厚未注明均为：100m。
4. 内墙均设：QL-3。
5. 板内未注明分布筋为φ6@200。

二层结构平面图 1:100

图7-23 二层结构平面图

二层结构平面图

200

7.3.4 楼层结构平面图

1. 图示方法

楼层结构平面图也称为楼层结构平面布置图，是假想用一个紧贴楼面的水平面剖切后所得的水平剖视图，表示楼面板及其下面的墙、梁、柱等承重构件的平面布置以及这类构件之间的结构关系。楼层结构平面图主要为现场安装构件，或制作构件提供施工依据。

楼层结构平面图的常用比例是 1：200、1：100 或 1：50。在楼层结构平面图中，可见的钢筋混凝土楼板的轮廓线用细实线表示，剖切到墙身轮廓线用中实线表示，楼板下面不可见的墙身轮廓线用中虚线表示，剖切到的钢筋混凝土柱子涂黑表示，梁可以用粗点画线表示其中心位置。对多层建筑，一般应分层绘制。但如果多层构件的类型、大小、数量布置均相同，可以共用一个楼层结构平面布置图，但应注明合用各层的层数。

2. 图示内容及读图

图 7-23 是某住宅楼的二层结构平面图。现以该图为例，说明楼层结构平面图的内容及读图方法。

（1）绘图比例。本例采用 1：100。与基础平面图的比例相同。

（2）定位轴线。轴线编号必须和建筑施工图中平面图的轴线编号完全一致，图中标注了定位轴线间距。

（3）现浇楼板。楼板均采用现浇钢筋混凝土板，不同尺寸和配筋的楼板要进行编号，如图 7-23 所示。现浇楼板的钢筋配置采用将钢筋直接画在平面图中的表示法，如 B—8，板厚为 110mm，板底配置双向受力钢筋 $\phi 8@150$，四周支座顶部还配置有 $\phi 8@200$ 和 $\phi 12@200$ 的钢筋。

每一种编号的楼板，只需详细地绘制出一处，在该块楼板的总范围内用细实线绘制一条对角线并在其上标注编号，绘制出钢筋布置，其他相同的楼板仅标注出板的编号即可。如图中住宅东西两户户型完全一样，故东户即采用这种简化办法进行标注。

（4）梁。图中标注了圈梁（QL）、过梁（GL）、现浇梁（XL）、现浇连梁（XLL）的位置及编号。为了图面清晰，只有过梁和现浇连梁用粗点画线画出其中心位置。各种梁的断面大小和配筋情况由详图来表明，本例中给出了 QL-1、QL-2、QL-3 的断面图，可知其尺寸、配筋、梁底标高等。

思考与练习题

一、单选题

1. 下列图中不是建筑施工图的是（   ）。
   A. 总平面图　　　　　　　　　　　　B. 建筑立面图
   C. 配筋图　　　　　　　　　　　　　D. 阳台详图
2. 下列立面图的命名错误的是（   ）。
   A. 左侧立面图　　　　　　　　　　　B. I—I 立面图

C. 南立面图　　　　　　　　　　　　　D. ①～⑤立面图

3. 下列图中不需要标注定位轴线的是（　　　）。
　　A. 建筑平面图　　　　　　　　　　　　B. 建筑立面图
　　C. 总平面图　　　　　　　　　　　　　D. 建筑详图

4. 建筑物的平面形状用图例表示的图是（　　　）。
　　A. 总平面图　　　　　　　　　　　　　B. 底层平面图
　　C. 详图　　　　　　　　　　　　　　　D. 标准层平面图

5. 在建筑立面图中，为了使立面层次分明，绘图时用（　　　）。
　　A. 一种实线　　　　　　　　　　　　　B. 两种实线
　　C. 三种实线　　　　　　　　　　　　　D. 四种实线

6. 剖视图的剖切位置、投射方向、编号等内容应标注在（　　　）。
　　A. 立面图上　　　　　　　　　　　　　B. 底层平面图上
　　C. 顶层平面图上　　　　　　　　　　　D. 总平面图上

7. 绘制详图不能采用的图示方法是（　　　）。
　　A. 视图　　　　　　　　　　　　　　　B. 剖视图
　　C. 断面图　　　　　　　　　　　　　　D. 示意图

8. 总平面图中的室内地面高程是指（　　　）。
　　A. 底层窗台的高程　　　　　　　　　　B. 二层楼板的高程
　　C. 屋顶的高程　　　　　　　　　　　　D. 底层室内地面高程

9. 建筑平面图中定位轴线的位置是指（　　　）。
　　A. 墙、柱中心位置　　　　　　　　　　B. 外墙的外轮廓线
　　C. 墙的轮廓线　　　　　　　　　　　　D. 柱的轮廓线

10. 在建筑平面图中，门、窗应（　　　）。
　　A. 绘制出实形　　　　　　　　　　　　B. 标注代号和编号
　　C. 用图例表示并标注门、窗的代号和编号　D. 不表示

11. 为了便于施工，在建筑平面图的外部通常标注（　　　）。
　　A. 一道尺寸　　　　　　　　　　　　　B. 二道尺寸
　　C. 三道尺寸　　　　　　　　　　　　　D. 四道尺寸

12. 建筑立面图中，外墙面的装饰做法，应该（　　　）。
　　A. 绘制出详图　　　　　　　　　　　　B. 用图例表示
　　C. 注写文字说明　　　　　　　　　　　D. 绘制出建筑材料符号

二、简答题

1. 房屋工程图是如何分类的？它们各包括哪些内容？

2. 建筑总平面是如何形成的？有何作用？图示内容有哪些？

3. 建筑平面图是如何形成的？有何作用？图示内容有哪些？

4. 建筑平面图和建筑剖面图在表达内容和表达方法上各有什么相同之处和不同之处？

5. 建筑立面图和建筑剖面图在表达内容和表达方法上有何区别？在尺寸标注上有何

不同？

6. 结构施工图包含哪些图样？

7. 试分别说明钢筋混凝土梁、柱、板内钢筋的组成、作用及其配筋图的图示方法。

8. 楼层结构平面图应标注哪些平面尺寸和标高？为何要标注出各承重构件的底面标高？

第8章 道路与桥梁工程图

【教学目标】

道路是行人步行和车辆行驶用地的统称。道路主要由路基和路面组成，同时还有相当数量的桥梁、涵洞、隧道等工程实体。因此道路工程图是由表达路线整体状况的路线工程图和表达各工程实体构造的桥梁、涵洞及隧道等工程图组合而成。这类工程图均应符合现行的国家标准《道路工程制图标准》（GB 50162—1992）。

通过本章学习，要求学生掌握道路路线工程图和桥梁、涵洞、隧道工程图的内容、图示方法和图示特点，能够熟练地阅读这类图件。

8.1 道路路线工程图识读

道路工程具有长、宽、高三向尺寸相差大的特点，因此，道路工程图的图示方法与一般工程图不同。道路工程图是以地形图作为平面图，以纵向展开断面图作为立面图，以横断面图作为侧面图，利用这三种图样来表达道路的空间位置、形状和尺寸。

按照交通量和使用性质，公路分为五级：高速公路、一级公路、二级公路、三级公路和四级公路。

公路路线工程图包括路线平面图、平面总体设计图、路线纵断面图和路基横断面图。

8.1.1 路线平面图

1. 路线平面图的形成及作用

路线平面图是从上向下投影所得到的水平投影图，也就是用标高投影法所绘制的道路沿线周围地区的地形图。

路线平面图的作用是表达路线的长度、位置、走向、平面线型（直线和左、右弯道）、道路上各构造物的位置和规格以及沿线两侧一定范围内的地形、地物等情况。

2. 路线平面图的内容与图示方法

路线平面图的内容包括地形和路线两部分。如图 8-1 所示，为某公路 K63＋400 至 K64+100 路段的路线平面图。

（1）地形部分。

1）比例。公路路线平面图所用比例一般较小，根据地形起伏情况的不同，地形图采用不同的比例。道路平面图所用比例一般较小，通常在城镇区为 1∶500 或 1∶1000；山岭区为 1∶2000；丘陵区和平原区为 1∶5000 或 1∶10000。本图比例为 1∶2000。

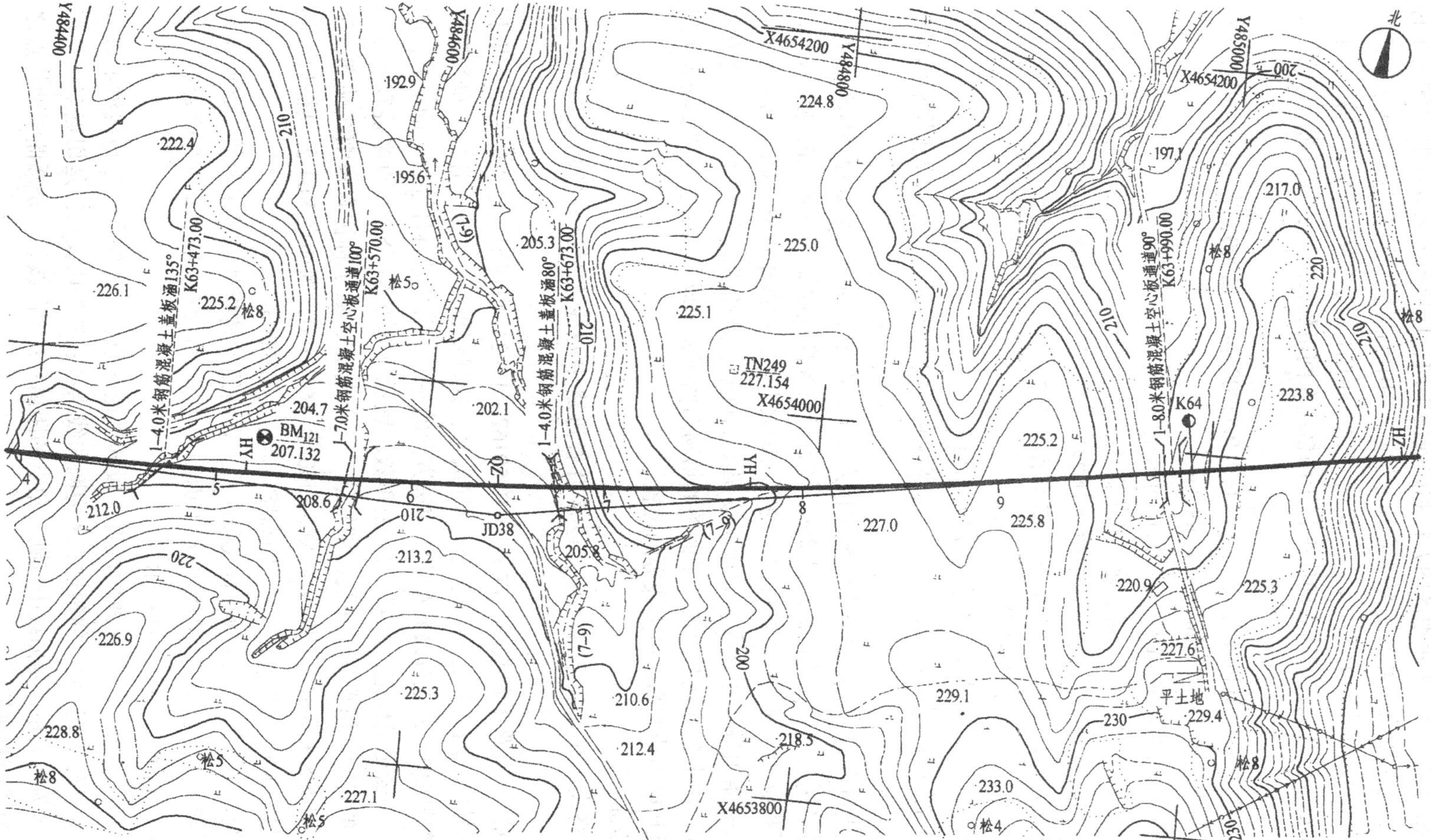

图 8-1 路线平面图

比例 1:2000

控制点表

导线点	北坐标(X)	东坐标(Y)	高程
TN249	4654009.046	484787.073	227.154

平曲线要素表

NO	α	R	T	Ls	L	E	交角点里程
JD38	13°41′43″	3000	581.095	335	1156.543	28.817	K63+645.250

205

2）方位和走向。为了表示地区的方位和路线的走向，地形图上需要绘制出测量坐标网或指北针。图 8-1 中指北针的箭头指示正北方向。图中细线绘制的十字交叉线表示测量坐标网，南北方向轴线代号为 X（X 表示北），东西方向轴线代号为 Y（Y 表示东），坐标值的标注应靠近被标注点，书写方向应平行于网格或在网格延长线上，数值前应标注坐标轴线代号。

如图 8-1 中指北针附近的十字交叉，标有 X4654200 和 Y485000，表示两垂直线的交点坐标为距坐标原点北 4654200m、东 485000m。

指北针和坐标网也为拼接图纸时提供核对依据。

3）导线点和水准点。为了测量地面和道路的高程，地形图上标注出了导线点和水准点。导线点主要用于平面控制，图 8-1 中"TN249"表示导线点编号为 249，其坐标为距原点北 4654009.646m，东 484787.073m，其高程为 227.154m。在路线的附近每隔一定距离设有水准点，用于路线的高程测量。

地形图中还标注了已测出的各地面控制点高程。

4）地形。路线周围的地形图一般是用等高线和图例表示的，地物和构造物常用平面图图例表示。

从图 8-1 中可以看出，该路段周围地形较为复杂，图中等高线密集处地势较陡，等高线稀疏处地势平缓。两等高线的高差是 2m，每隔四条等高线绘制出一条粗的计曲线，计曲线上标注了相应的高程数字，高程数字的字头朝向上坡。路线中 K63+500～K63+700 段和 K64 附近有多条山谷，并有多处冲沟。按照图例可知，道路沿线多为旱地，东北方向山坡上为草地，山上多处种有松树，平面图的植物图例应朝上或向北绘制。图中还表示出了大车道、低压电力线和高压电力线等的位置。

（2）路线部分。

1）设计路线。在路线平面图中，通常沿着道路中心线绘制出一条粗实线来表示道路。

2）里程桩。《道路工程制图标准》（GB 50162—1992）中规定，路线的长度用里程表示。里程桩号应从路线的起点至终点依顺序编号，并规定里程由左向右递增。里程桩分公里桩和百米桩两种。公里桩绘制在路线前进方向的左侧，公里数标注在符号的上方，图 8-1 中"K64"为公里桩标记，"64"为整公里数，表示离起点 64 公里。百米桩宜标注在路线前进方向的右侧，用垂直于路线的细短线"|"标记，数字标注在短细线端部，字头朝向上方。如图 8-1 所示，该路段为 K63+400 至 K64+100，例如在 K64 公里桩后方的"9"，表示桩号为 K63+900，说明该点距离路线起点为 63900m。

3）平曲线。路线的平面线型有直线和曲线，在路线的转折处应设平曲线，平曲线包括圆曲线和缓和曲线。对于曲线型路线在平面图中用交角点编号和"平曲线要素表"来表示。其基本的几何要素如图 8-2 所示。

图 8-2 中 JD 为交角点，是路线的两直线段的理论交点；α 为偏角，是路线沿前进方向向左（Z）或向右（Y）偏转的角度；R 为圆曲线半径；T 为切线长，是切点与交角点之间的长度；E 为外矢距，是曲线中点到交角点的距离；L 为曲线长，是圆曲线两切点之间的弧长；L_s 为缓和曲线长。

206

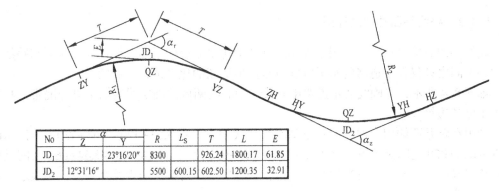

No	α		R	L_s	T	L	E
	Z	Y					
JD₁		23°16'20"	8300		926.24	1800.17	61.85
JD₂	12°31'16"		5500	600.15	602.50	1200.35	32.91

图 8-2　平曲线几何要素

在公路转弯处标注的交角点要依次编号，如 JDl 表示第 1 个交角点。还要在曲线内侧标注出曲线的起点 ZY（直圆）、中点 QZ（曲中）、终点 YZ（圆直）的位置，如图 8-2 左侧所示。如果设置了缓和曲线，则将缓和曲线与前、后段直线的切点分别记为 ZH（直缓）和 HZ（缓直）；将圆曲线与前、后缓和曲线的切点分别记为 HY（缓圆）和 YH（圆缓），如图 8-2 右侧所示。

图 8-1 中表示了交角点 38 的位置，标注出了 HY 点、QZ 点、YH 点、HZ 点，ZH 点在前一张图纸中，并给出了平曲线要素表，可知 QZ 点的桩号为 K63+645.250。

4）其他构造物。在图 8-1 中还表示了该段里程中有两座盖板涵和两座通道，并分别标明了它们的中心里程和规格。K63+473.00 处有一座钢筋混凝土盖板涵，与路线纵方向成 135°角；K63+673.00 处也有一座钢筋混凝土盖板涵，与路线纵方向成 80°角。在 K63+570.00 处有一座钢筋混凝土空心板通道，与路线纵方向成 100°角；在 K63+990.00 处也有一座钢筋混凝土空心板通道，与路线纵方向成 90°角。

3. 平面图的拼接

一般情况下，由于路线较长，无法把整条路线绘制于一张图纸内，这就需要把路线分段绘制在各张图纸上，使用时再将各张图拼接起来。平面图中路线的分段宜在整桩号处断开，断开的两端均应绘制出垂直于路线的点画线作为接图线，相邻图纸拼接时，路线中心对齐，接图线重合，并以正北方向为准，如图 8-3 所示。

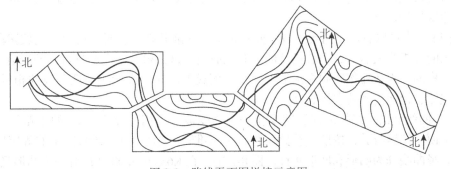

图 8-3　路线平面图拼接示意图

8.1.2　路线平面总体设计图

路线平面总体设计图主要用于表达路基外的排水系统的平面总体设计。该图与路线平面图的不同之处仅在于道路的水平宽度也是按地形图的比例进行绘制的。

如图 8-4 所示,点画线表示道路中心线,中心线两侧的细实线表示中央分隔带,粗实线表示路基边缘线。

图中在路基两侧用示坡线表示路基的填方或挖方。在 K63+420~K63+730 之间、K63+950~K64+020 之间是填方;在 K63+730~K63+950 之间、K64+020~K64+060 之间是挖方;该路段右端还有一小段半填半挖路基,并连接一座桥梁。图中路基两侧箭头表示排水设施和水流方向。

8.1.3　路线纵断面图

1. 路线纵断面图的形成及作用

路线纵断面图是通过公路中心线用假想的铅垂面进行纵向剖切展平后获得的。

由于公路中心线是由直线和曲线构成的,因此剖切的铅垂面既有平面又有柱面。为了清楚地表达路线的纵断面情况,需要采用展开的方法将纵断面图展平,然后进行投影,形成了路线纵断面图。路线纵断面图的作用是表达路线中心纵向线型以及地面起伏、地质和沿线设置构造物等情况。

2. 路线纵断面图的内容和图示方法

路线纵断面图的内容包括图样和资料表两部分。如图 8-5 所示,为某公路 K63+400 至 K64+100 段的路线纵断面图。

(1)图样部分。

1)比例。由于路线纵断面图是用展开剖切方法获得的断面图,因此该图的长度就表示了路线的长度。在图样中水平方向表示路线的里程长度,垂直方向表示高程。由于路线的高差比路线的长度尺寸小得多,为了能清楚地显示地面线的起伏和设计线纵向坡度的变化,制图标准规定断面图中垂直方向与水平方向宜按不同的比例绘制,垂直方向的比例应比水平方向的比例放大 10 倍。为了便于画图和读图,一般还应在纵断面图的左侧按垂直方向的比例绘制出高程的标尺。比例标注在竖向标尺处。在图 8-5 中,水平方向的比例采用 1∶2000,而垂直方向的比例则采用 1∶200。

2)设计线和地面线。在纵断面图中的粗实线为公路纵向设计线,公路纵向设计线表示路基边缘的设计高程。

在图 8-5 中可以看出,粗实线自左向右是由低逐渐升高,说明该路段是上坡路段。图中不规则的细折线表示道路中心线处的纵向地面线,这是根据水准测量得出的原地面上一系列中心桩的高程按比例绘制在图纸上后连接而成的。比较设计线与地面线的相对位置,可以决定填、挖地段和填、挖高度。

3)竖曲线。设计线的纵向坡度变化处称为变坡点,用直径为 2mm 的中粗线圆圈表示。为了便于车辆行驶,按照《公路工程技术标准》(JTG B01—2003)中的规定应设置竖曲线。竖曲线分为凸形和凹形两种。图 8-5 中,在 K63+640.00 处设有一个凸形竖曲线,其半径为 100000m,切线长为 245.54m,外矢距为 0.30m,变坡点的高程为 218.00m。

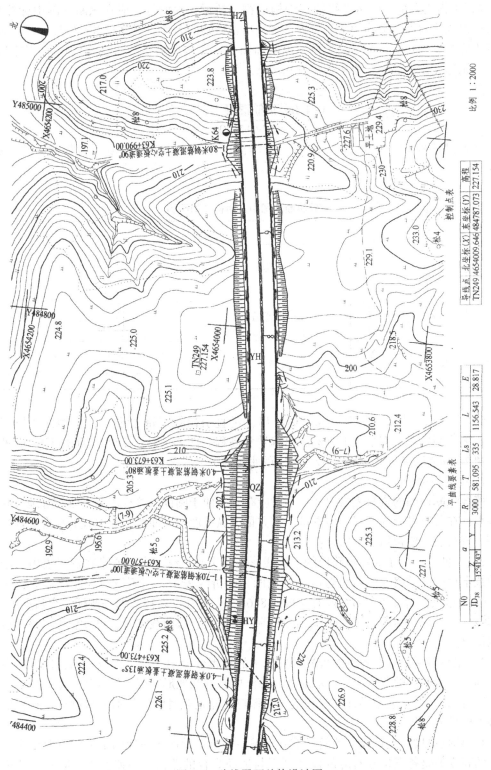

图 8-4 路线平面总体设计图

209

4）工程构造物。公路沿线的工程构造物如桥梁、涵洞等，应在纵断面图中标注出。竖直引出线应对准构造物的中心位置，标注出构造物的名称、规格和里程桩号，并在对应位置下方绘制出相应构造物的图例，纵断面图中常用构造物图例如表 8-1 所示。在图 8-5 中，分别标注出了涵洞、通道的位置和规格。

如

1-4.0m 钢筋混凝土盖板涵

K63+473.00

表示在里程桩号 K63+473.00 处设有一座涵洞，该涵洞为钢筋混凝土盖板涵，共一孔，宽 4.0m。

表 8-1   道路纵断面图中常用构造物图例

序号	名称	图例	序号	名称	图 例
1	箱涵	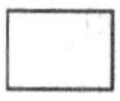 ▭	4	桥梁	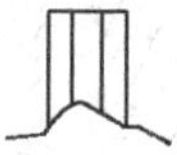 ∏
2	盖板涵	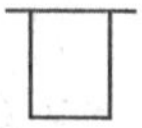 ▢	5	箱形通道	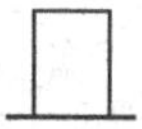 ∏
3	拱涵	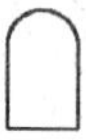 ⌂	5	管涵	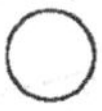 ○

5）水准点。沿线的水准点也应标注出，竖直引出线对准水准点，左侧标注里程桩号，右侧注明位置，水平线上方标注出编号和高程。图 8-5 中，在里程 K63+520.00 处右侧距离为 5m 的岩石上有一个编号为 121 的水准点，其高程为 207.132m。

（2）资料部分。

路线纵断面图的资料表与图样上下对应布置，便于阅读。这种表示方法较好地反映了纵向设计在各桩号处的高程、填方量、挖方量、纵坡度、平曲线与竖曲线的配合、地质概况等。资料表主要包括以下内容：

1）平曲线。为了表示该路段的平面线形，便于平、纵配合，通常在资料表中绘制出平曲线示意图。道路左、右转弯应分别用凹、凸折线表示。当不设缓和曲线段时，按图 8-6（a）标注；当设缓和曲线段时，按图 8-6（b）标注。在曲线的一侧标注交角点编号、圆曲线半径、偏角角度和缓和曲线的长度等。平曲线、竖曲线结合，可以想象出该路段的空间情况。

2）里程桩号。沿线各点的桩号是按测量的里程数值填入的，单位是 m，桩号从左向右排列。在平曲线的各特征点、水准点、桥涵中心点和地形突变点等处还需增设桩号。

3）高程。资料表中设计高程和地面高程与图样相互对应，分别表示设计线和地面线上各点桩号的高程。

4）填挖高度。设计线在地面线下方时需要挖土，设计线在地面上方时需要填土。填或挖的高度值是各点桩号对应的设计高程与地面高程的差值。当差值为正时其数值为填高，当差值为负时其数值为挖深，如图 8-5 所示。

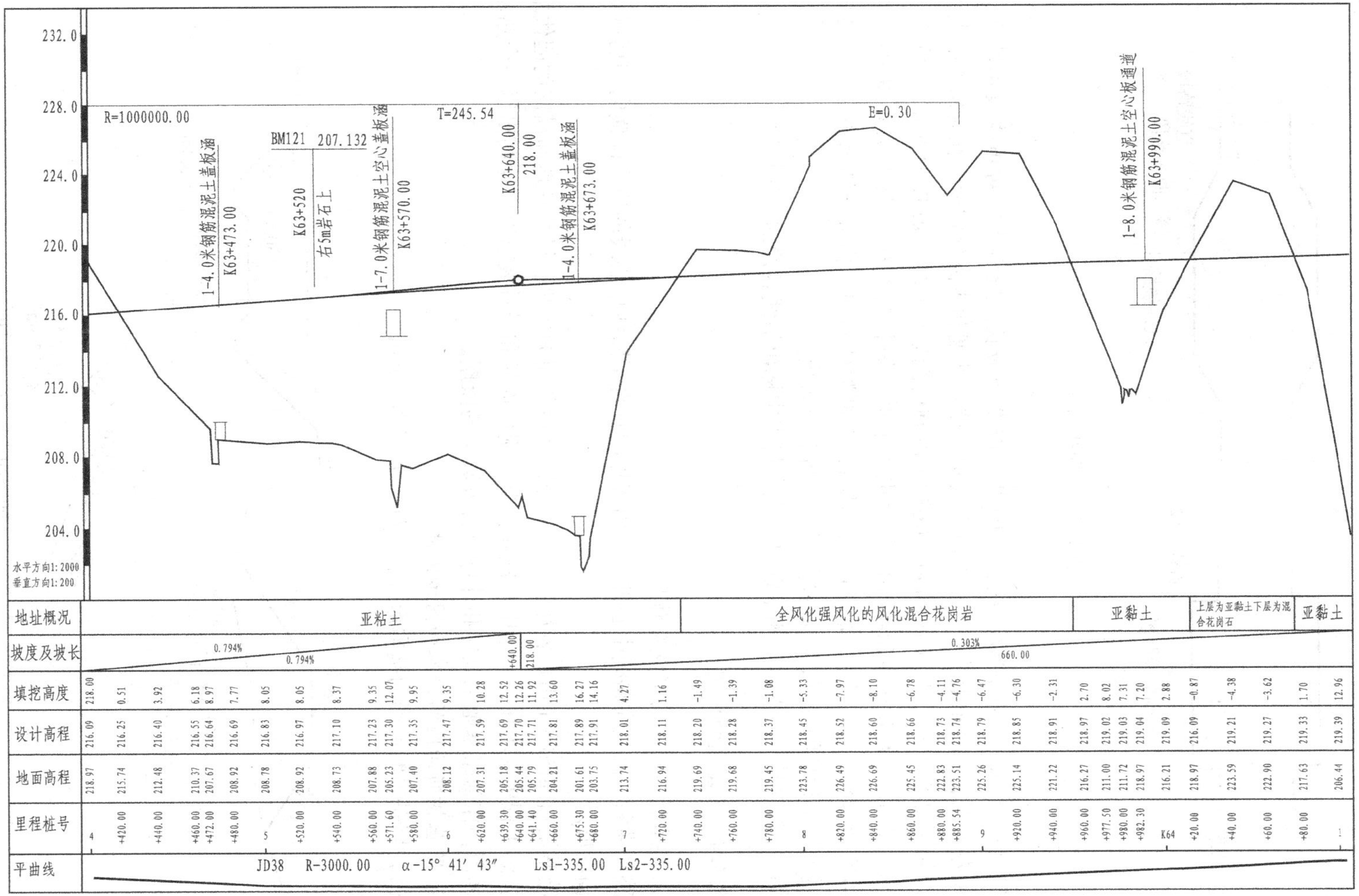

232.0
228.0
224.0
220.0
216.0
212.0
208.0
204.0
水平方向1:2000
垂直方向1:200
R=1000000.00
T=245.54
E=0.30
1-4.0米钢筋混泥土盖板涵
K63+473.00
BM121 207.132
K63+520
右5m岩石上
1-7.0米钢筋混泥土空心盖板涵
K63+570.00
K63+640.00
218.00
1-4.0米钢筋混泥土盖板涵
K63+673.00
1-8.0米钢筋混泥土空心板通道
K63+990.00
地址概况 亚粘土 全风化强风化的风化混合花岗岩 亚黏土 上层为亚黏土下层为混合花岗石 亚黏土
坡度及坡长 0.794% 0.794% +640.00 218.00 0.303% 660.00
填挖高度 218.00 0.51 3.92 6.18 8.97 7.77 8.05 8.05 8.37 9.35 12.07 9.95 9.35 10.28 12.52 12.26 11.92 13.60 16.27 14.16 4.27 1.16 -1.49 -1.39 -1.08 -5.33 -7.97 -8.10 -6.78 -4.11 -4.76 -6.47 -6.30 -2.31 2.70 8.02 7.31 7.20 2.88 -0.87 -4.38 -3.62 1.70 12.96
设计高程 216.09 216.25 216.40 216.55 216.64 216.69 216.83 216.97 217.10 217.23 217.30 217.35 217.47 217.59 217.69 217.70 217.71 217.81 217.89 217.91 218.01 218.11 218.20 218.28 218.37 218.45 218.52 218.60 218.66 218.73 218.74 218.79 218.85 218.91 218.97 219.02 219.03 219.04 219.09 216.09 219.21 219.27 219.33 219.39
地面高程 218.97 215.74 212.48 210.37 207.67 208.92 208.78 208.92 208.73 207.88 205.23 207.40 208.12 207.31 205.18 205.44 205.79 204.21 201.61 203.75 213.74 216.94 219.69 219.68 219.45 223.78 226.49 226.69 225.45 222.83 223.51 225.26 225.14 221.22 216.27 211.00 211.72 218.97 216.21 218.97 223.59 222.90 217.63 206.44
里程桩号 4 +420.00 +440.00 +460.00 +472.00 +480.00 5 +520.00 +540.00 +560.00 +571.60 +580.00 6 +620.00 +639.30 +640.00 +641.40 +660.00 +675.30 +680.00 7 +720.00 +740.00 +760.00 +780.00 8 +820.00 +840.00 +860.00 +880.00 +885.54 9 +920.00 +940.00 +960.00 +977.50 +980.00 +982.30 K64 +20.00 +40.00 +60.00 +80.00 1
平曲线 JD38 R-3000.00 α-15° 41′ 43″ Ls1-335.00 Ls2-335.00

图8-5 路线纵断面图

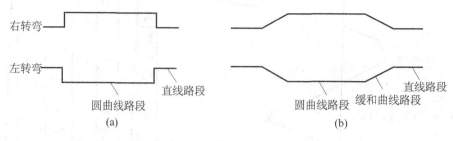

图 8-6　平曲线的标注

5）坡度和坡长。标注设计线各段的纵向坡度和坡长。资料表中对角线表示坡度方向，从左下至右上表示上坡，左上至右下表示下坡，坡度和距离分别标注在对角线的上下两侧。如图 8-5 所示，在 K63+400～K63+640.00 路段为上坡，坡长为 680m，坡度为 0.794%，在 K63+640.00～K64+100 路段也为上坡，坡长为 660m，坡度为 0.303%。在 K63+640.00 处虽然前后路段都为上坡，但因为坡度数值不同（由大坡转为小坡）且坡度差超过了技术标准的规定，因此设置了一个凸形竖曲线。

6）地质情况。根据实际测量资料，在资料表中标出沿线各段的地质情况。

8.1.4　路基横断面图

1. 路基横断面图的形成及作用

路基横断面图是在路线中心桩处，用假想的垂直于路线中心线的铅垂面横向剖切得到的断面图形。

路基横断面图的作用是表达各中心桩处路基横断面的形状、尺寸和地面横向的起伏情况。实际工程中要求在每一个中心桩处，根据测量资料和设计要求顺次绘制出每一个路基横断面图，作为路基施工放样和计算土石方数量的依据。

2. 路基横断面图的内容和图示方法

（1）路基横断面图的基本形式有三种，如图 8-7 所示。

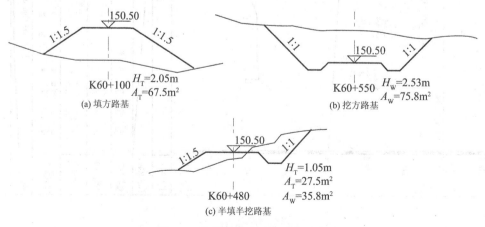

图 8-7　路基横断面图的基本形式

1) 填方路基。填方路基称为路堤，整个路基全部为填土区，填土高度等于设计高程减去地面高程，填方边坡的坡度视土质而定。在图下标注有该断面的里程桩号、中心线处的填方高度 H_T（m）以及该断面的填方面积 A_T（m²），如图 8-7（a）所示。

2) 挖方路基。挖方路基称为路堑，整个路基全部为挖土区，挖土深度等于地面高程减去设计高程，挖方边坡的坡度视土质而定。在图下标注有该断面的里程桩号、中心线处的挖方深度 H_W（m）以及该断面的挖方面积 A_W（m²），如图 8-7（b）所示。

3) 半填半挖路基。这种断面是前两种断面的综合，路基断面一部分为填土区，一部分为挖土区。在图下标有该断面的里程桩号、中心线处的填（或挖）方高度以及该断面的填（或挖）方面积，如图 8-7（c）所示。

（2）路基横断面图的图示方法。在路基横断面图中，路基轮廓线用粗实线表示，原地面线用细实线表示，路中心线用细点画线表示。路基横断面图的比例，一般为 1∶200、1∶100 或 1∶50。

在同一张图纸上，路基横断面图按照桩号的顺序，从图纸的左下方开始，先从下向上，再从左向右排列。每个路基横断面图的下方应标注有该断面的里程桩号、中心线处的填（或挖）方高度以及该断面的填（或挖）方面积等。在每张路基横断面图的右上角的角标中注明图纸序号和总张数，如图 8-8 所示。

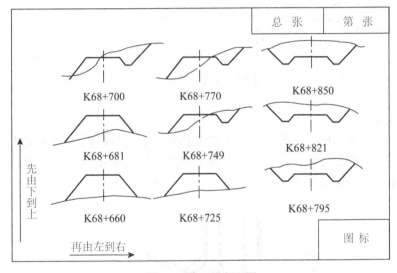

图 8-8　路基横断面图

8.2　道路交叉口

道路与道路（或铁路）相交时所形成的共同空间称为道路交叉口。道路交叉口可以分为平面交叉口和立体交叉口两大类型。

道路交叉口交通状况、构造和排水设计均比较复杂，所以道路交叉口工程图除了平、纵、横 3 个图样以外，一般还包括竖向设计图、交通组织图和鸟瞰图等。

213

8.2.1 平面交叉口

1. 概述

平面交叉口就是将相交各道路的交通流组织在同一平面内的道路交叉形式。

（1）平面交叉口的形式。

平面交叉口按相交道路的连接性质可以分为十字交叉口、T形交叉口、斜交叉口、Y形交叉口、交错T形交叉口、折角交叉口、漏斗（加宽路口）形交叉口、环形交叉口、斜交Y形交叉口、多路交叉口等，如图8-9所示，图中（a）十字交叉口；（b）T形交叉口；（c）斜交叉口；（d）Y形交叉口；（e）交错T形交叉口；（f）折角交叉口；（g）漏斗（加宽路口）形交叉口；（h）双环交叉口；（i）斜交Y形交叉口；（j）多路交叉口

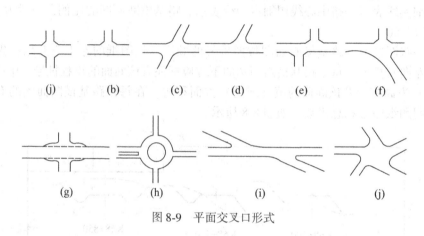

图8-9 平面交叉口形式

（2）冲突点。

在平面交叉口处不同方向的行车往往相互干扰，行车路线往往在某些点处相交、分叉或汇集，这些点分别称为冲突点、分流点和交织点。如图8-10所示，为五路交叉口各向车流的冲突情况，图中箭线表示车流。

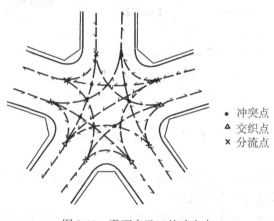

图8-10 平面交叉口的冲突点

214

（3）交通组织。

交通组织就是把各向各类行车和行人在时间和空间上进行合理安排，从而尽可能地消除"冲突点"，使得道路的通行能力和安全运行达到最佳状态。平面交叉口的组织形式有渠化、环形和自动化交通组织等。如图8-11所示，为交通组织的两个例子。

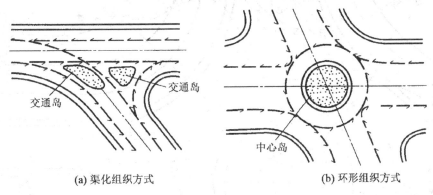

图 8-11　交通组织图

2. 平面交叉口的图示方法

（1）平面图。

如图8-12所示，为广州市东莞庄路某平面交叉口的平面图。从图中可知，该交叉口的形式为斜交叉口，交通组织为环形。与道路路线平面图相似，交叉口平面图的内容也包括道路与地形、地物各部分。

1）道路情况。

①道路中心线用点画线表示。各段道路里程分别标注在其各自的中心线上。由于北段道路是待建道路，其里程起点是道路中心线的交点。

②图8-12中道路的地理位置和走向是用坐标网法表示的，X 轴向表示南北（左指北），Y 轴向表示东西（上指东）。

③由于道路在交叉口处连接关系比较复杂，为了清晰表达相交道路的平面位置关系和交通组织设施等，道路交叉口平面图的绘图比例较路线平面图大得多（如图8-12中比例1：500），以便车、人行道的分布和宽度等可以按比例绘制出。由图8-12可知，待建北段道路为"三块板"断面形式，机动车道的标准宽度为16m、非机动车道宽度为7m、人行道宽度为5m、中间两条分隔带宽度均为2m。

④图8-12中两同心标准实线圆表示交通岛，同心点画线圆表示环岛车道中心线。

2）地形和地物。

①该交叉口所处地段地势平坦，等高线稀疏，用大量的地形测点表示高程。

②北段道路需占用沿路两侧的一些土地。

（2）纵断面图。

交叉口纵断面图是沿相交两条道路的中线分别作出，其作用与内容均与道路路线纵断面图基本相同。

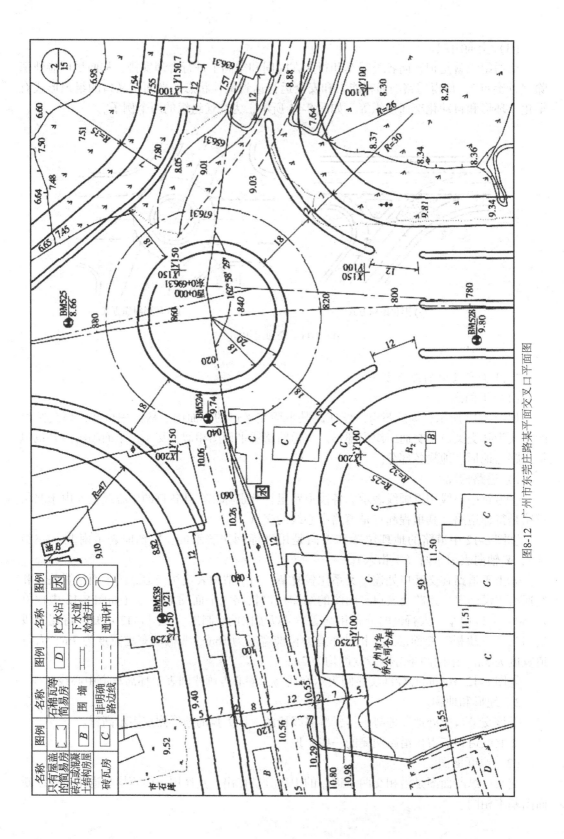

图8-12 广州市东莞庄路某平面交叉口平面图

名称	图例	名称	图例	名称	图例
只有屋盖的简易房		石棉瓦等简易房	D	贮水池	
砖石或混凝土结构房屋	B	围墙		下水道检查井	◎
砖瓦房	C	非明确路边线		通讯杆	

216

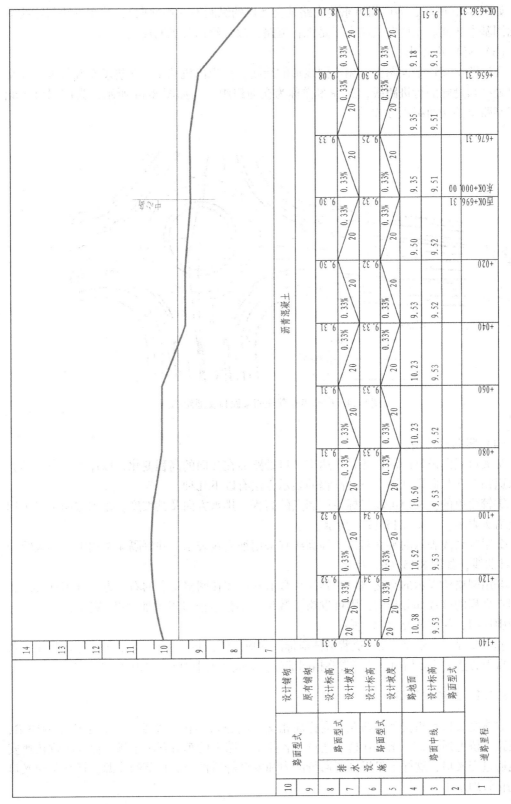

图8-13 广州市东莞庄路某平面交叉口断面图（南北向）

如图 8-13 所示，为广州市东莞庄路某交叉口的纵断面（南北向），读图方法与路线纵断面图基本相同。东西向道路由于是现存道路，故没给出其纵断面图。

（3）交通组织图。

在道路交叉口平面图上，用不同线形的箭线，标识出机动车、非机动车和行人等在交叉口处必须遵守的行进路线，这种图样称为交通组织图。如图 8-14 所示，为广州市东莞庄路某路口的交通组织方式。

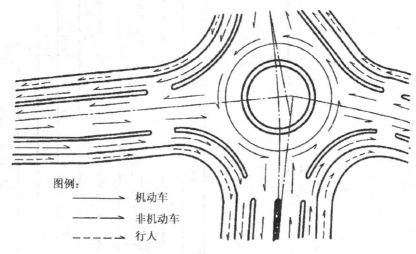

图 8-14　广州市东莞庄路某路口交通组织图

（4）竖向设计图。

交叉口竖向设计图的任务是表达交叉口处路面在竖向的高程变化，以保证行车平顺和排水通畅。在竖向设计图上设计高程的表示方法有以下几种：

①较简单的交叉口可以仅标注控制点的高程、排水方向及其坡度。排水方向可以采用单边箭头表示，如图 8-15（a）所示。

②用等高线表示的平交路口，等高线宜采用细实线表示，并每隔 4 条用中粗实线绘制 1 条计曲线，如图 8-15（b）所示。

③用网格法表示的平交路口，其高程数值宜标注在网格交点的右上方，并加括号。若各测点高程的整数部分相同，则可省略整数位，小数点前可以不加"0"定位，整数部分在图中注明，如图 8-15（c）所示。

④水泥混凝土路面的设计高程数值应标注在板角处，并加注括号。在同一张图纸中，若设计高程的整数部分相同，则可省略相同部分，但应在图中说明，如图 8-15（d）所示。

8.2.2　立体交叉口

立体交叉口是指交叉道路在不同标高相交时的道口，在交叉处设置跨越道路的桥梁，一条路在桥上通过，一条路在桥下通过，各相交道路上的车流互不干扰，保证车辆快速安全地通过交叉口，这样不仅提高了通行能力和安全舒适性，而且节约能源，提高了交叉口现代化管理水平。

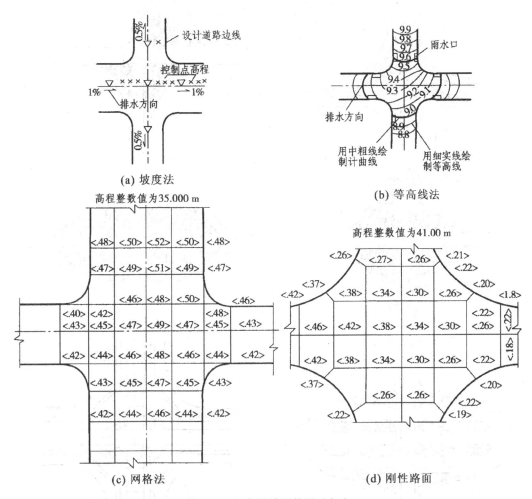

(a) 坡度法

(b) 等高线法

(c) 网格法

(d) 刚性路面

图 8-15　竖向设计图的图示方法

近年来，我国交通事业发展迅猛，高速公路的通车里程与日俱增，交通量日益加大，平面交叉口已不能适应现代化交通的需求。我国《公路工程技术标准》（JTJB01—2003）中规定：高速公路与其他各级公路交叉，应采用立体交叉；一级公路与交通量大的其他公路交叉，宜采用立体交叉。立体交叉从根本上解决了各向车流在交叉口处的冲突。现在，立体交叉工程已成为道路工程中的重要组成部分。

1. 概述

（1）立体交叉的形式。

如图 8-16 所示，立体交叉的分类方法大致有以下几种：

①根据行车、行人交通在空间的组织关系，可以将立体交叉分为 2 层次、3 层次和 4 层次，如图 8-16（d），（e），（f）所示。

②根据相交道路上是否可以互通交通，可以将立体交叉分为分离式、定向互通和全互通，如图 8-16（g），（a），（b）所示。

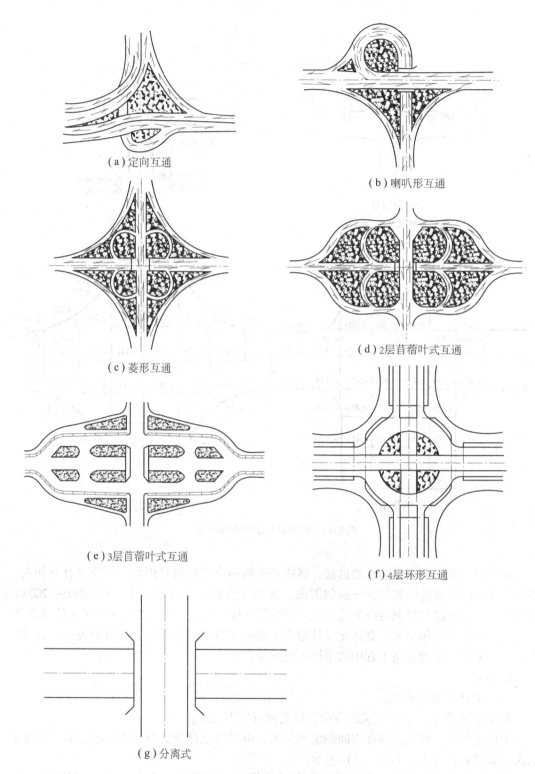

（a）定向互通

（b）喇叭形互通

（c）菱形互通

（d）2层苜蓿叶式互通

（e）3层苜蓿叶式互通

（f）4层环形互通

（g）分离式

图8-16　立体交叉的分类示意图

③根据立体交叉在水平面上的几何形状来分，可以分为菱形、苜蓿叶形、喇叭形等，而且各种形式又可以有多种变形，如图 8-16（b），（c），（d），（f）所示。

④根据主线与被交道路的上下关系分，又可以分为主线上跨式和主线下穿式两种，如图 8-16（b），（d）所示。

（2）立体交叉的作用。

无论立体交叉形式如何，所要解决的问题只有一个，就是消除或部分消除各向车流的冲突点，也就是将冲突点处的各向车流组织在空间的不同高度上，使各向车流分道行驶，提高道路交叉口处的通行能力和安全舒适性。

（3）立体交叉口的组成。

立体交叉口由相交道路、跨线桥、匝道、通道和其他附属设施组成。

跨线桥是跨越相交道路之间的构造物，有主线跨线桥和匝道跨线桥之分。

匝道是用以连接上、下相交道路左、右转弯车辆行驶的构造物，使相交道路上的车流可以相互通行。

引道是干道与跨线桥相接的桥头路，其范围是干道的加宽或变速路段的起点与桥头相连接的路段。

通道是行人或农机具等横穿封闭式道路时的下穿式结构物。

2. 平面设计图

如图 8-17 所示，为某立体交叉口的平面设计图，其内容包括立体交叉口的平面设计形式、各组成部分的相互位置关系、地形地物以及建设区域内的附属构造物。

从图 8-17 中可以看出，该立体交叉的交叉方式为主线下穿式，平面几何图样为双喇叭形，交通组织类型为双向互通。

（1）图示方法。

与道路平面图不同，立体交叉平面图既表示出道路的设计中线，又表示出道路的宽度、边坡和各路线的交接关系。道路立体交叉平面设计图的图示方法和各种线条的意义，如图 8-18 所示。

（2）图示内容。

1）比例。与路线平面图不同，立体交叉工程建设规模宏大，但为了读图方便，实际工程中一般将立体交叉主体尽可能布置在一张图幅内，故绘图比例较小。

2）地形地物。图中用指北针与大地坐标网表示方位，用等高线和地形测点表示地形，城镇、低压电线和临时便道等地物用相应图例表示得极为详尽。

3）结构物。在平面设计图上，沿线桥梁、涵洞、通道等结构物均按类编号，以引出线标注。

3. 立体交叉纵断面设计图

组成互通的主线、支线和匝道等各线均应进行纵向设计，用纵断面图表示。它们各自独立分开，但又是一个统一协调的整体。

立体交叉纵断面图的图示方法与路线纵断面图的图示方法基本相同，此处不再举例。

立体交叉纵断面图在图样部分和测设数据表中增加了横断面形式这一内容，这种图示方法更适应于立体交叉横断面表达复杂的需要，也使道路横向与纵向的对应关系表达得更清晰。

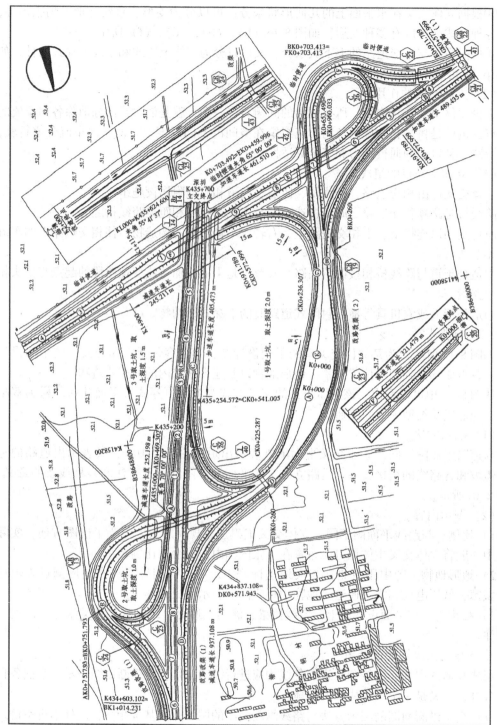

图8-17 某立交体交叉平面设计图

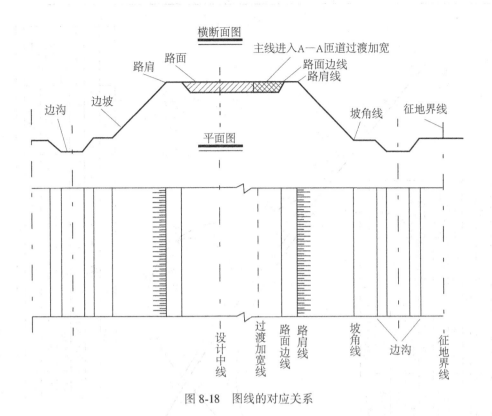

图 8-18　图线的对应关系

4. 线位数据图

将立体交叉的全部平面测设数据标注在简化的平面示意图上，并在坐标表中给出主要线形控制点的坐标值，这种图样称为立体交叉的线位数据图。

线位数据图的作用是为控制道路的位置和高程提供依据，也为施工放样提供方便，如图 8-19 所示。

5. 连接部位设计图和路面高程数据图

连接部位设计图包括连接位置图、连接部位大样图和分隔带横断面图。

连接位置图是在立体交叉平面示意图上，标示出两条道路的连接位置。

连接部位大样图是用局部放大的图示方法，把立体交叉平面图上无法表达清楚的道路连接部位单独绘制成图。

分隔带横断面图是将连接部位大样图尚未表达清楚的道路分隔带的构造用更大的比例尺绘制出，如图 8-20 所示。

连接部位标高数据图是在立体交叉平面图上标注出主要控制点的设计标高，如图 8-21 所示。

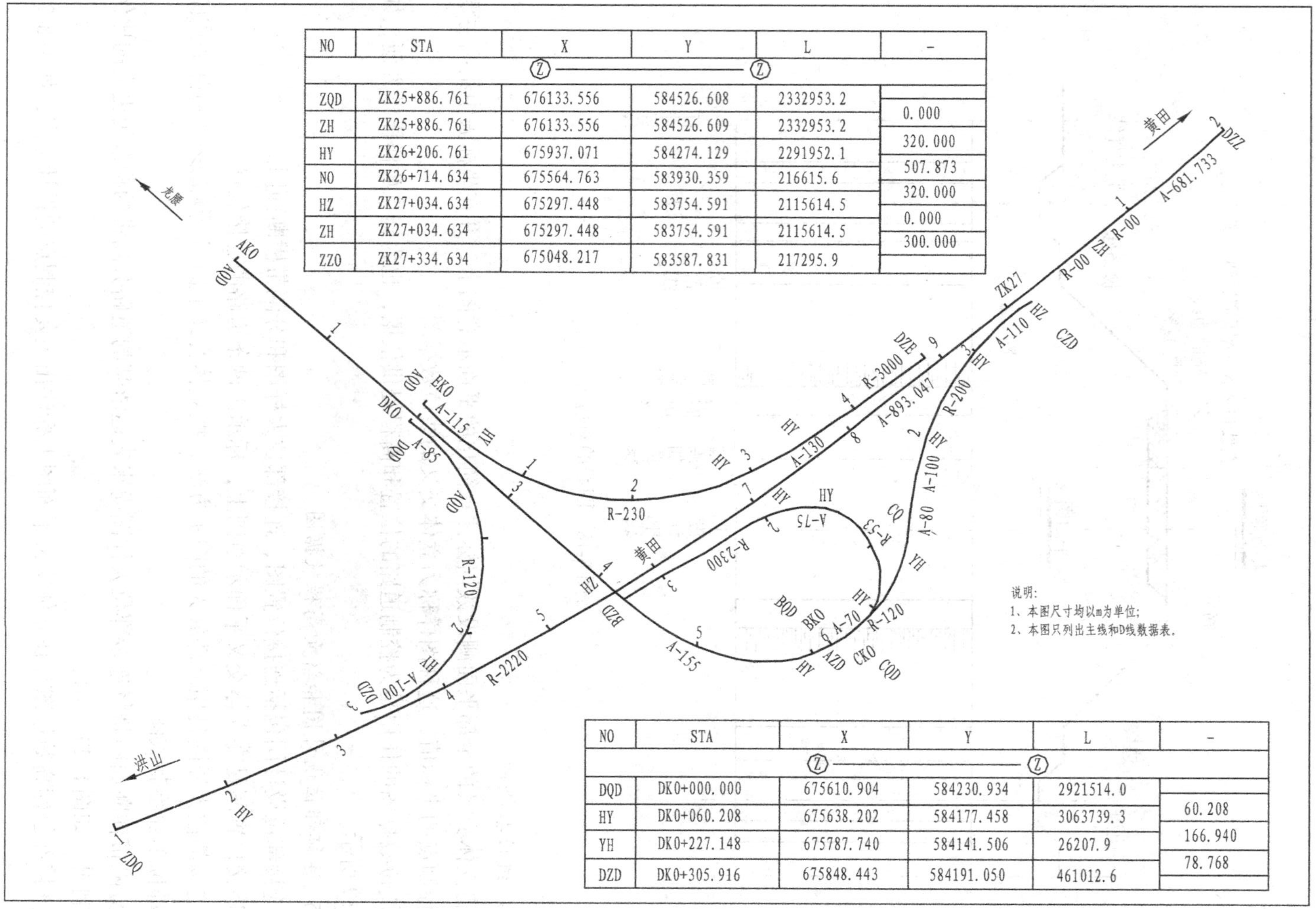

图8-19 某立体交叉线位数据图

NO	STA	X Ⓩ	Y	L Ⓩ	–
ZQD	ZK25+886.761	676133.556	584526.608	2332953.2	
ZH	ZK25+886.761	676133.556	584526.609	2332953.2	0.000
HY	ZK26+206.761	675937.071	584274.129	2291952.1	320.000
NO	ZK26+714.634	675564.763	583930.359	216615.6	507.873
HZ	ZK27+034.634	675297.448	583754.591	2115614.5	320.000
ZH	ZK27+034.634	675297.448	583754.591	2115614.5	0.000
ZZD	ZK27+334.634	675048.217	583587.831	217295.9	300.000

NO	STA	X Ⓩ	Y	L Ⓩ	–
DQD	DK0+000.000	675610.904	584230.934	2921514.0	
HY	DK0+060.208	675638.202	584177.458	3063739.3	60.208
YH	DK0+227.148	675787.740	584141.506	26207.9	166.940
DZD	DK0+305.916	675848.443	584191.050	461012.6	78.768

说明:
1. 本图尺寸均以m为单位;
2. 本图只列出主线和匝线数据表.

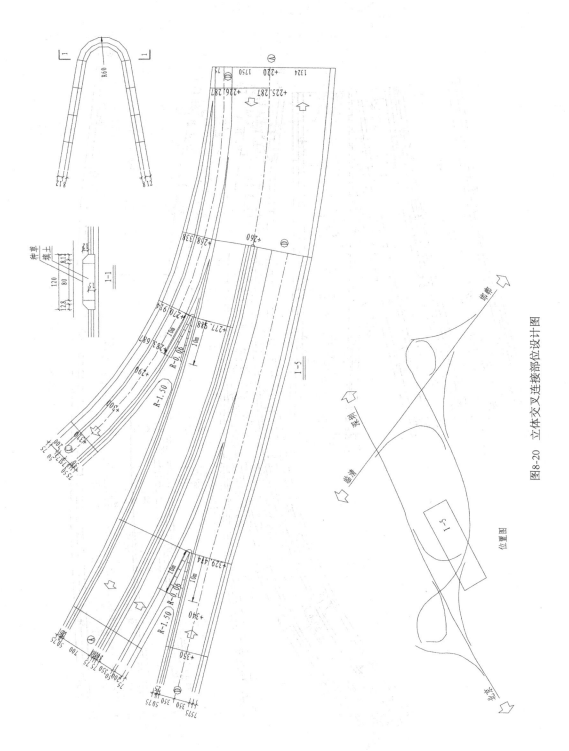

图8-20 立体交叉连接部位设计图

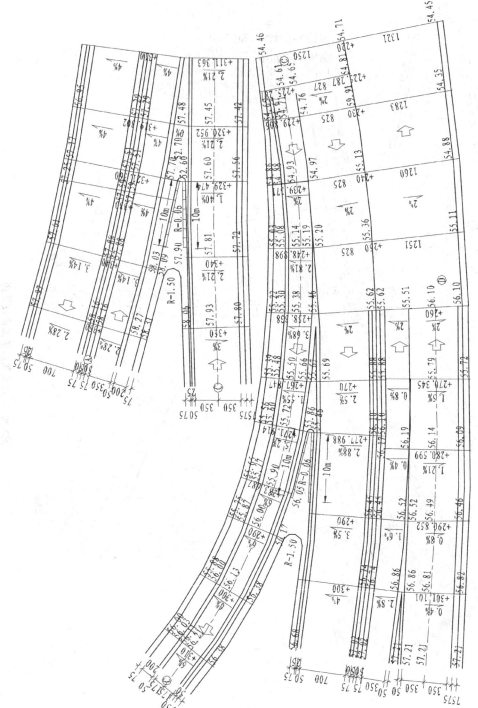

图8-21 立体交叉连接部位标高数据图

226

8.3 桥梁、涵洞、隧道工程图识读

8.3.1 桥梁、涵洞、隧道工程图的表达方法

1. 桥梁的图示方法及表达内容

桥梁的形式有许多种，常见的分类形式有：

（1）按结构形式可以分为梁式桥、拱桥、悬索桥、钢架桥、斜拉桥和组合体系桥等。

（2）按主要承重结构所用的材料可以分为木桥、圬工桥（包括砖桥、石桥、混凝土桥）、钢筋混凝土桥、预应力混凝土桥和钢桥等。

（3）按跨越障碍物的性质可以分为跨河桥、跨谷桥、跨线桥和高架线路桥等。

（4）按桥长和跨径不同可以分为特大桥、大桥、中桥、小桥和涵洞。

桥梁的结构形式和建筑材料不同，但图示方法基本上是相同的。表示桥梁工程的图样一般可以分为桥位平面图、桥位地质断面图、桥梁总体布置图、构件图等。

2. 涵洞的图示方法及表达内容

涵洞是窄而长的构筑物，涵洞从路面下方横穿过道路，埋置于路基土层中。尽管涵洞的种类很多，但图示方法和表达内容基本相同。涵洞工程图主要有纵剖面图、平面图、侧面图，除上述三种投影图外，还应绘制出必要的构造详图，如钢筋布置图、翼墙断面图等。

（1）在图示表达时，涵洞工程图以水流方向为纵向（即与路线前进方向垂直布置）并以纵剖面图代替立面图。

（2）平面图一般不考虑涵洞上方的覆土，或假想土层是透明的。有时平面图与侧面图以半剖形式表达，水平剖面图一般沿基础顶面剖切，横剖面图则垂直于纵向剖切。

（3）洞口正面布置在侧视图位置作为侧面视图，当进、出水洞口形状不一样时，则需分别绘制出其进、出水洞口布置图。

涵洞体积较桥梁小，故画图所选用的比例较桥梁图稍大。

3. 隧道的图示方法及表达内容

隧道是道路穿越山岭的建筑物，隧道虽然形体很长，但中间断面形状很少变化，所以隧道工程图除了用平面图表示其位置外，隧道的构造图主要用隧道洞门图、横断面图（表示洞身形状和衬砌）及避车洞图等来表达。

8.3.2 桥梁、涵洞、隧道工程图的识读

1. 钢筋混凝土梁桥

（1）桥位平面图。

桥位平面图主要是表示桥梁的平面位置，与路线的连接情况以及周围地形、地物等情况。桥位平面图常用的比例有 1∶500、1∶1000 或 1∶2000 等。

通过地形测量绘制出桥位处的道路、河流、水准点、钻孔及附近的地形和地物，作为设计桥梁、施工定位的依据。

如图 8-22 所示，为××大桥桥位平面图。

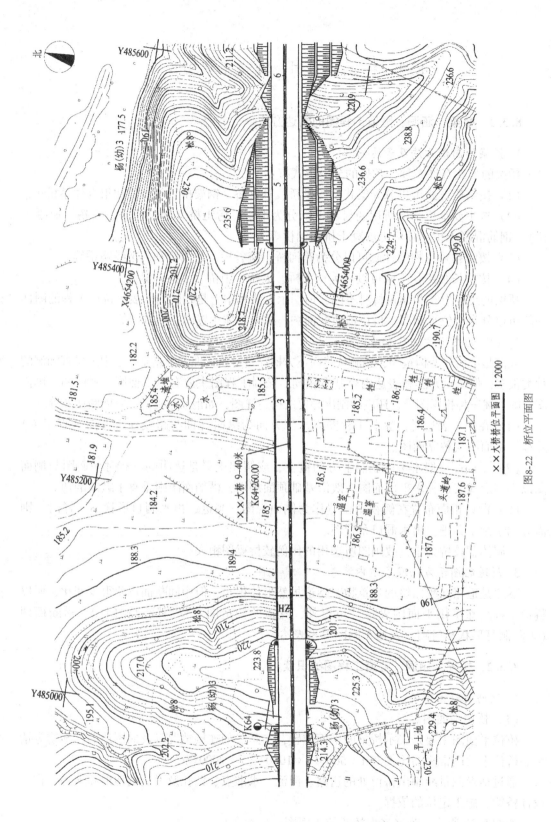

图8-22　桥位平面图

×× 大桥桥位平面图 1：2000

228

该桥梁与本章 8.1 中所述某公路 K63+400 至 K64+100 路段相连接。可以看出，桥位平面图与路线工程图中的"平面总体设计图"基本相同，不同的是突出了桥梁，把桥墩和桥台的位置明确地表示出来了。

该图比例为 1：2000，表示了桥位与路线的连接情况，桥位周围的地形和地物等情况。桥位平面图中有关地形部分的植被、水准符号、测点高程及地物等均应朝正北方向标注，而路线、桥位文字方向则可以按路线要求以及总图标方向来决定。桥梁中心里程桩号为 K64+260.000，为 9 孔 40m 预应力混凝土梁桥。

（2）桥梁总体布置图。

桥梁总体布置图是指导桥梁施工的主要图样，该图表明了桥梁的形式、跨径、孔数、总体尺寸、桥梁标高、各主要构件的相互位置关系、材料数量以及总的技术说明等，是施工时确定墩台位置、安装构件和控制高程的依据。桥梁总体布置图包括立面图、平面图、资料表和横剖面图等。

图 8-23 和图 8-24 为××大桥桥梁总体布置图，该大桥为 9 孔 40m 预应力混凝土简支变连续 T 梁桥。由于这座桥较大，桥梁总体布置图在一张图样中无法表达，因此由两张图纸构成。立面图、平面图和资料表对应布置在同一张图样中，比例为 1：1000，如图 8-23 所示。为了清晰表达上、下部结构的形状和尺寸，横剖面图的比例较立面图、平面图更大，为 1：100，布置在另一张图样上，如图 8-24 所示。

①立面图。如图 8-23 所示，立面图比例为 1：1000，可以看出桥梁的特征和桥型。桥梁全长 367.04m，中心里程桩号为 K64+260.000，起点桩号 K64+076.480，终点桩号 K64+443.520。全桥共有 9 孔，分为（2×40+40.01）m+（40.01+40+40.01）m+（40.01+2×40）m 三联。

上部结构采用 40m 预应力混凝土简支变连续 T 形梁。下部结构桥墩采用柱式桥墩，桩基础；两端桥台采用重力式桥台和埋置式桥台，扩大基础。图中 0 号~9 号为桥梁墩台的编号，0 号和 9 号为桥台，其余为桥墩编号。

立面图中梁底至桥面之间绘制了三条线，表示梁高和桥中心线处的桥面厚度。桥墩直径为 1.8m，其基础圆桩直径为 2.0m。图中标注了各桩基顶面和底面的高程，由此可知每根圆桩的长度。图中还标注了两端桥台基础的埋置深度。

在工程图中，人们习惯假设没有填土或填土为透明体，因此埋在土里的基础和桥台部分仍用实线表示。

②平面图。如图 8-23 所示，平面图比例为 1：1000。

左半部分为平面图，主要表达与路基的连接情况、锥形护坡、车行道、安全栏和中央分隔带的布置等。

从图中尺寸标注看出：路基宽 26m，桥梁全宽 25.5m，两侧车行道各宽 11.25m，中央分隔带宽 2.0m，两侧安全栏各宽 0.5m。

右半部分是假想把上部结构移去，表达了 5 号、6 号、7 号、8 号桥墩及 9 号桥台的平面形状和位置。图中绘制出了墩帽和圆柱墩的投影，并给出了双柱式墩之间的中心距离及墩帽的尺寸。绘制右端桥台平面图时，通常将桥台背后的路堤填土掀开，两边的锥形护坡也省略不绘制，其目的使桥台平面图更为清晰。按施工时挖基坑的需要，只标注出桥台基础的平面尺寸。

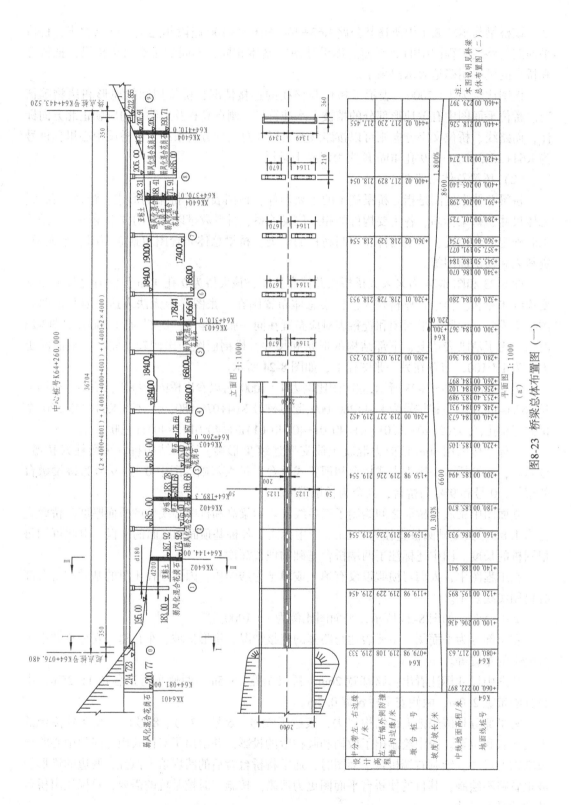

图8-23 桥梁总体布置图（一）

顺便指出，根据《道路工程制图标准》（GB50162—1992）中的规定，尺寸标注中的尺寸起止符号宜采用箭头，如图 8-23 所示。尺寸起止符号也可以绘制成 45°角短斜线。

③资料表。在平面图的下方对应有资料表，资料表的内容包括地面线桩号、中线地面高程、坡度和坡长、墩台桩号、设计高程。

④横剖面图。图 8-24 所示为横剖面图，该图包括 I—I 和 Ⅱ—Ⅱ 两个图样，比例 1∶100。根据立面图中标注的剖切位置可以看出，I—I 是在 0 号桥台和 1 号桥墩之间的跨端进行剖切；Ⅱ—Ⅱ 是在 1、2 号桥墩之间的跨中进行剖切。

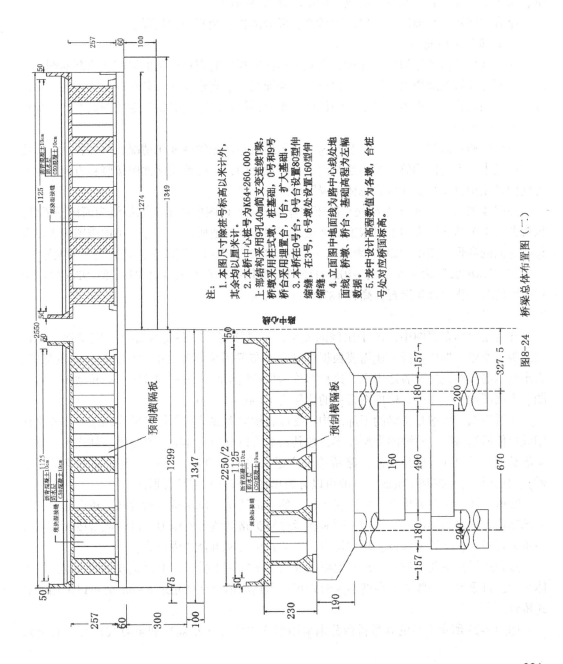

注：
1. 本图尺寸除桩号标高以米计外，其余均以厘米计。
2. 本桥中心桩号为K64+260.000，上部结构采用9孔40m简支变连续T梁，桥墩采用柱式墩，U台，0号和9号桥台采用埋置台，扩大基础。
3. 本桥在0号台、9号台处设置80型伸缩缝，在3号、6号墩处设置160型伸缩缝。
4. 立面图中地面线为除中心线处地面高程，桥台、桥墩、基础高程数值为左幅数据。
5. 表中设计高程数值为各墩、台桩号处对应桥面标高。

图8-24　桥梁总体布置图（二）

231

I—I 剖面图主要表达桥梁的上部结构和桥台，因为 0 号桥台的左、右幅不对称，所以用全剖面图表示。桥梁的上部结构共由 10 片 T 型梁组成，0 号桥台左幅采用埋置式桥台，右幅采用重力式桥台。图中清晰反映出桥面各部分的宽度尺寸、桥面的横向坡度和桥面铺装的材料及厚度。图中还绘制出了 T 形梁翼板和预制横隔板之间的湿接缝，湿接缝是在梁、板之间通过钢筋、钢板连接后再浇筑混凝土而使梁板成为一体共同受力。

II—II 剖面图主要表达桥梁的上部结构和桥墩，因为对称，剖面图只绘制了左半边。由于是在跨中剖切，可以看出 T 形梁的截面尺寸与 I—I 剖面图中不同。桥墩为双柱式桥墩，由盖梁、立柱和柱间系梁组成，桥墩下面为桩基础。

结合立面图和平面图，可以知道桥梁各部分的构造及其布置情况。

（3）桥位地质断面图。

桥位地质断面图是根据水文调查和地质钻探所探得的资料绘制的河床地质断面图，表示桥梁所在位置的地质水文情况，包括河床断面线、最高水位线、各钻井位置以及钻探的地质情况和高程等，作为桥梁设计的依据。小型桥梁可以不绘制桥位地质断面图，但应该写出地质情况说明。

桥位地质断面图可以单独绘制，为了显示地质和河床深度变化情况，可以将地形高度的比例较水平方向比例放大数倍绘制出。实际设计中，常把地质断面图按竖直方向和水平方向同样比例直接绘制入桥梁总体布置图中。

在图 8-23 中，立面图上反映了河床的地质情况。该图中的不规则折线为河床断面线。该桥共有 7 个钻孔，表示了河床不同部位、不同深度的地质情况，分别用地质图例表示并标明它们的高程。图中"CK"表示初步勘探，"XK"表示详细勘探，其后数字为编号。

如"XK6402"表示编号为 6402 的详细勘探钻孔，在高程 174.92~187.92m 之间为 13m 厚的弱风化混合花岗石，高程 187.92m 以上为亚黏土。

（4）构件图。

在桥梁总体布置图中，由于比例的关系，不可能将桥梁各构件详细、完整地表达出来。为了给施工提供依据，还需要根据桥梁总体布置图采用较大的比例，把构件的形状、大小和钢筋的布置情况表达出来，这种图称为构件结构图，简称构件图，如桥墩图、桥台图、主梁图和桩基图等。构件图常用的比例为 1：10~1：50。

①桥墩图。桥墩是桥梁的下部结构，支撑着桥梁上部结构所传来的作用效应，并将作用效应传递给基础。桥墩的类型较多，按其构造可以分为实体墩、空心墩、柱式墩、排架墩等类型。其中柱式墩是目前公路桥梁中广泛采用的桥墩形式，柱式墩主要由盖梁（墩帽）、柱式墩身和桩基础组成。一般可以分为单柱、双柱和多柱等形式。

②桥台图。桥台和桥墩一样同属于桥梁的下部结构，位于桥梁的两端，桥台起着支撑上部结构和连接两岸道路的作用，同时还承受桥头路基填土的压力。桥台通常按其形式分为重力式桥台、埋置式桥台、轻型桥台、框架式桥台和组合式桥台等。

重力式桥台主要由砌石、片石混凝土或混凝土等圬工材料就地砌筑或浇筑而成，圬工体积大，自重大，一般填土高度不大时采用；当路堤填土高度超过 6~8m 时可以采用埋置式桥台。

如图 8-23 所示大桥的 0 号桥台分别采用埋置式桥台（左幅）和重力式桥台（右幅），

扩大基础；9 号桥台采用埋置式桥台，扩大基础。

③主梁图。梁是上部结构中的主要受力构件，梁两端搁置在桥墩和桥台上。由桥梁总体布置图可知本例中桥梁的上部结构共由 10 片 T 形梁组成。

T 形梁由梁肋、翼板和横隔板（梁）组成，如图 8-24 所示。由于每根 T 形梁的宽度较小，所以常常几片并在一起使用，习惯上称两侧的 T 形梁为边主梁，中间位置的 T 形梁为中主梁。

T 形梁之间主要是靠横隔板联系在一起，有横隔板连接的 T 形梁能保证主梁的整体稳定性，中主梁两侧均有横隔板，而边主梁只有一侧有横隔板。本例中 T 形梁翼板、横隔板采用现浇连接。

图 8-25 是中跨中主梁的一般构造图，由立面图和Ⅰ—Ⅰ、Ⅱ—Ⅱ、Ⅲ—Ⅲ三个断面图构成，主要表达梁的形状和尺寸。从图 8-25 中可以看出，主梁为带马蹄形的变截面 T 形梁，中心梁高 230cm，跨中梁肋厚度 20cm，梁端加厚到 60cm，马蹄宽度 74cm。立面图中还表示了横隔板的位置。

2. 斜拉桥

斜拉桥是我国近年发展最快最多的一种桥梁，斜拉桥具有外形轻巧，简洁美观，跨越能力大等特点。如图 8-26 所示，斜拉桥有主梁、索塔和形成扇状的拉索组成，三者形成一个统一体。

如图 8-27 所示，为一座双塔单索面钢筋混凝土斜拉桥总体布置图，主跨为 165m，两旁边跨各为 80m，两边引桥部分断开不绘制。

（1）立面图。

由于采用较小的比例（1∶2000），故仅绘制桥梁的外形不绘制剖面图。梁高仍用两条粗线表示，最上面绘制一条细线表示桥面高度，横隔梁、人行道和栏杆均省略不绘制。

桥墩是由承台和钻孔灌注桩所组成，桥墩和上面的塔柱固结成一整体，使荷载能稳妥地传递到地基上。

立面图还反映了河床起伏（地质资料另有图，此处从略）及水文情况，根据标高尺寸可知桩和桥台基础的埋置深度、梁底、桥面中心和通航水位的标高尺寸。

（2）平面图。

以中心线为界，左半边绘制外形图，显示了人行道和桥面的宽度，并显示了塔柱断面和拉索。右半边是把桥的上部分揭去后，显示桩位的平面布置图。

（3）横剖面图。

横剖面图采用较大的比例（1∶60）绘制，从图中可以看出梁的上部结构，桥面总宽为 29m，两边人行道包括栏杆宽为 1.75m，车道宽为 11.25m，中央分隔带宽为 3m，塔柱高为 58m。同时还显示了拉索在塔柱上的分布尺寸、基础标高和灌注桩的埋置深度等。

对箱梁剖面，另采用更大比例 1∶20 绘制，显示单箱三室钢筋混凝土梁的各主要部分尺寸。图 8-27 为方案比较图，仅把内容和图示特点作简要的介绍，许多细部尺寸和详图均没有绘制出。

3. 涵洞工程图

（1）钢筋混凝土盖板涵。

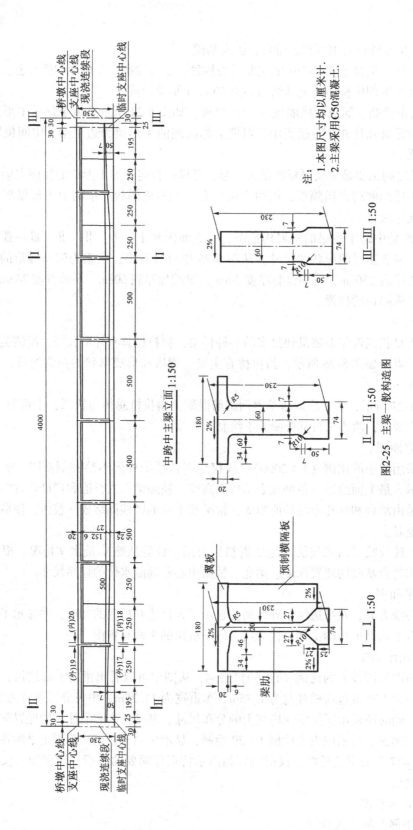

注:
1.本图尺寸均以厘米计.
2.主梁采用C50混凝土.

Ⅲ—Ⅲ 1:50

Ⅱ—Ⅱ 1:50
图2-25 主梁一般构造图

中跨中主梁立面 1:150

Ⅰ—Ⅰ 1:50

234

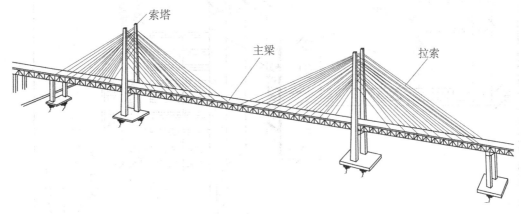

图 8-26　斜拉桥透视图

如图 8-28 所示,为单孔钢筋混凝土盖板涵立体图。图 8-29 为其构造图,比例为
1∶50,洞口两侧为八字翼墙,洞高 120cm,净跨 100cm,总长 1482cm。由于其构造对称故
仍采用半纵剖面图、半剖平面图和侧面图等来表示。

1)半纵剖面图。

半纵剖面图把带有 1∶1.5 坡度的八字翼墙和洞身的连接关系以及洞高 120cm、洞底
铺砌 20cm、基础纵断面形状、设计流水坡度 1% 等表示出来。盖板及基础所用材料亦可以
由图中看出,但未绘制出沉降缝位置。

2)半平面图及半剖面图。

用半平面图和半剖面图能把涵洞的墙身宽度、八字翼墙的位置表示得更加清楚,涵身
长度、洞口的平面形状和尺寸以及墙身和翼墙的材料均在图上可以看出。为了便于施工,
在八字翼墙的Ⅰ—Ⅰ和Ⅱ—Ⅱ位置进行剖切,并另作Ⅰ—Ⅰ和Ⅱ—Ⅱ断面图来表示该位置
翼墙墙身和基础的详细尺寸、墙背坡度以及材料情况。Ⅳ—Ⅳ断面图和Ⅱ—Ⅱ断面图类
似,但有些尺寸要变动。

3)侧面图。

侧面图反映出洞高 120cm 和净跨 100cm,同时反映出缘石、盖板、八字翼墙、基础等
的相对位置和它们的侧面形状,在图 8-29 中按习惯称为洞口立面图。

(2)圆管涵洞。

如图 8-30 所示,为圆管涵洞分解图。如图 8-31 所示,为钢筋混凝土圆管涵洞,其比
例为 1∶50,洞口为端墙式,端墙前洞口两侧有 20cm 厚干砌片石铺面的锥形护坡,涵管
内径为 75cm,涵管长为 106cm,再加上两边洞口铺砌长度得出涵洞的总长为 1335cm。由
于其构造对称,故采用半纵剖面图、半平面图和侧面图来表示。

1)半纵剖面图。

由于涵洞进出洞口一样,左右基本对称,所以只绘制半纵剖面图,以对称中心线为分界
线。纵剖面图中表示出涵洞各部分的相对位置和构造形状,由图可知:管壁厚 10cm,防水
层厚 15cm,设计流水坡度 1%,涵身长 1060cm,洞身铺砌厚 20cm,以及基础、截水墙的断

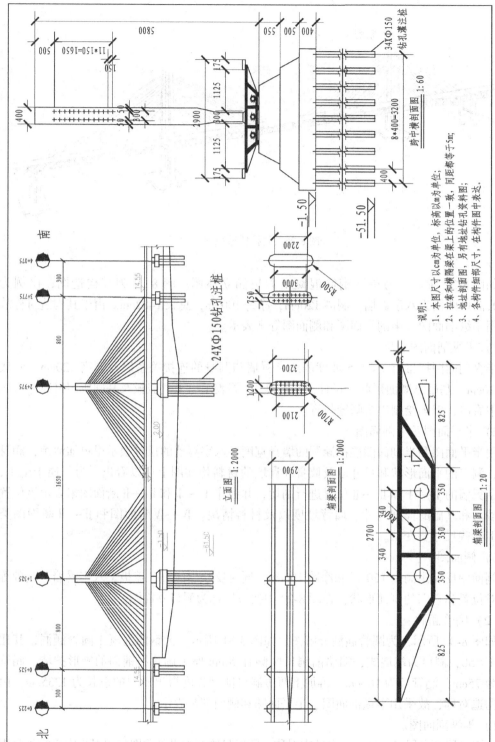

图8-27 斜拉桥总体布置图

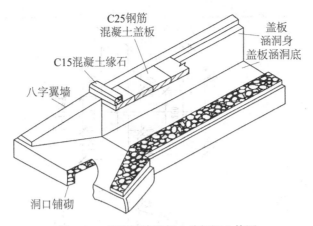

　　C25钢筋
　混凝土盖板

　　C15混凝土缘石

八字翼墙

盖板
涵洞身
盖板涵洞底

洞口铺砌

图 8-28　单孔钢筋混凝土盖板涵立体图

面形式等，路基覆土厚度大于 50cm，路基宽度 800cm，锥形护坡顺水方向的坡度与路基边坡一致，均为 1∶1.5。各部分所用材料均于图中表达出来，但未标注出洞身的分段。

　　2）半平面图。

　　为了同半纵剖面图相配合，故平面图也只绘制一半。图中表达了管径尺寸与管壁厚度，以及洞口基础、端墙、缘石和护坡的平面形状和尺寸、涵顶覆土作透明处理，但路基边缘线应予以绘制出，并以示坡线表示路基边坡。

　　3）侧面图。

　　侧面图主要表示管涵孔径和壁厚、洞口缘石和端墙的侧面形状及尺寸、锥形护坡的坡度等。为了使图形清晰起见，把土壤作为透明体处理，并且某些虚线未予绘制出，如路基边坡与缘石背面的交线和防水层的轮廓线等，图 8-31 中的侧面图，按习惯称为洞口正面图。

　　（3）石拱涵。

　　1）纵剖面图。

　　如图 8-32 所示，为石拱涵洞示意图。以八字式单孔石拱涵构造图（如图 8-33 所示）为例介绍涵洞的构造。涵洞的纵向是指水流方向，即洞身的长度方向。由于主要是表达涵洞的内部构造，所以通常用纵剖面图来代替立面图。纵剖面图是沿涵洞的中心线位置纵向剖切的，凡是剖到的各部分如截水墙、涵底、拱顶、防水层、端墙帽、路基等都应按剖开绘制，并绘制出相应的材料图例，另外能看到的各部分如翼墙、端墙、涵台、基础等也应绘制出它们的位置。

　　如果进水洞口和出水洞口的构造和形式基本相同，整个涵洞是左右对称的，则纵剖面图可以只绘制出一半。由于这里是通用图，路基宽度 B。和填土厚度 F 在图中没有注出具体数值，可以根据实际情况确定。翼墙的坡度一般和路基的边坡相同，均为 1∶1.5。整个涵洞较长，考虑到地基的不均匀沉降的影响，在翼墙和洞身之间应设有沉降缝，洞身部分每隔 4~6m 也应设沉降缝，沉降缝的宽度均为 2cm。主拱圈是用条石砌成的，内表面为圆柱面，在纵剖面图中用上密下疏的水平细线表示。拱顶的上面有 15cm 厚的黏土胶泥防水层。端墙的断面为梯形，背面是用虚线绘制的，坡度为 3∶1。端墙上面有端墙帽，又称缘石。

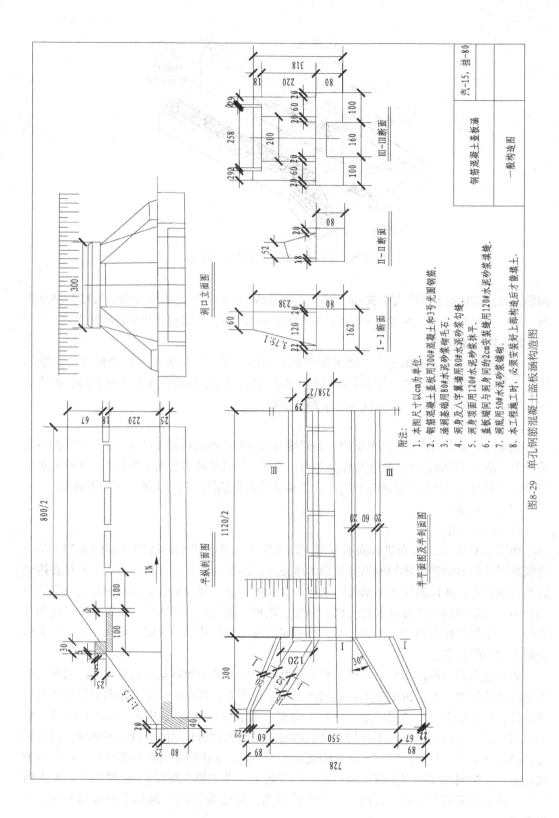

洞口立面图

Ⅲ—Ⅲ断面

汽—15、挂—80

钢筋混凝土盖板涵

一般构造图

Ⅱ—Ⅱ断面

Ⅰ—Ⅰ断面

半纵剖面图

半平面图及半剖面图

附注:
1. 本图尺寸以cm为单位.
2. 钢筋混凝土盖板用200#混凝土和3号光圆钢筋.
3. 涵洞基础用80#水泥砂浆砌毛石.
4. 洞身及八字翼墙用80#水泥砂浆勾缝.
5. 洞身顶面用120#水泥砂浆抹平.
6. 盖板端与洞身间的2cm安装用120#水泥砂浆填缝.
7. 洞底用50#水泥砂浆铺砌.
8. 本工程施工时,必须安装好上部构造后才能填土.

图8-29 单孔钢筋混凝土盖板涵构造图

238

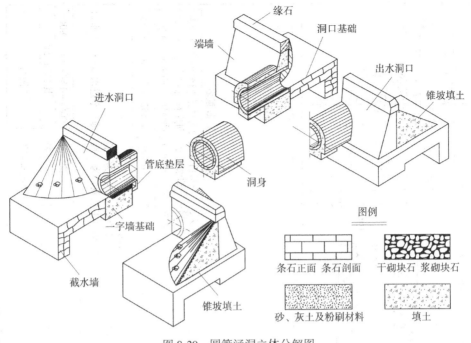

图 8-30 圆管涵洞立体分解图

2）平面图。

由于该涵洞是左右对称的，所以平面图也只绘制出左边一半，而且采用了半剖画法。后边一半为涵洞的外形投影图，是移去了顶面上的填土和防水层以及护拱等绘制出的，拱顶的圆柱面部分也是用一系列疏密有致的细线表示的，拱顶与端墙背面交线为椭圆曲线。前边一半是沿涵台基础的上面（襟边）作水平剖切后绘制出的剖面图，为了绘制出翼墙和涵台的基础宽度，涵底板没有绘制出，这样就把翼墙和涵台的位置表示得更清楚了。八字式翼墙是斜置的，与涵洞纵向成30°角。为了把翼墙的形状表达清楚，在两个位置进行了剖切，并绘制出 I—I 和 II—II 断面图，从这两个断面图可以看出翼墙及其基础的构造、材料、尺寸和斜面坡度等内容。

3）侧面图。

涵洞的侧面图也常用半剖画法。左半部为洞口部分的外形投影，主要反映洞口的正面形状和翼墙、端墙、缘石、基础等的相对位置，所以习惯上称为洞口正面图。右半部为洞身横断面图，主要表达洞身的断面形状，主拱、护拱和涵台的连接关系以及防水层的设置情况等。

以上分别介绍了表达涵洞工程的各个图样，实际上各个图样是紧密相关的，应该互相对照联系起来读图，才能将涵洞工程的各部分位置、构造、形状、尺寸搞清楚。

由于涵洞图是石拱涵洞的通用构造图，适用于矢跨比 $\dfrac{f_0}{L_0} = \dfrac{1}{3}$ 的各种跨径（$L_0 = 1.0 \sim$ 5.0m）的涵洞，故图中一些尺寸是可变的，用字母代替，设计绘图时，可以根据需要选择跨径、涵高等主要参数，然后从标准图册的尺寸表中查得相应的各部分尺寸。

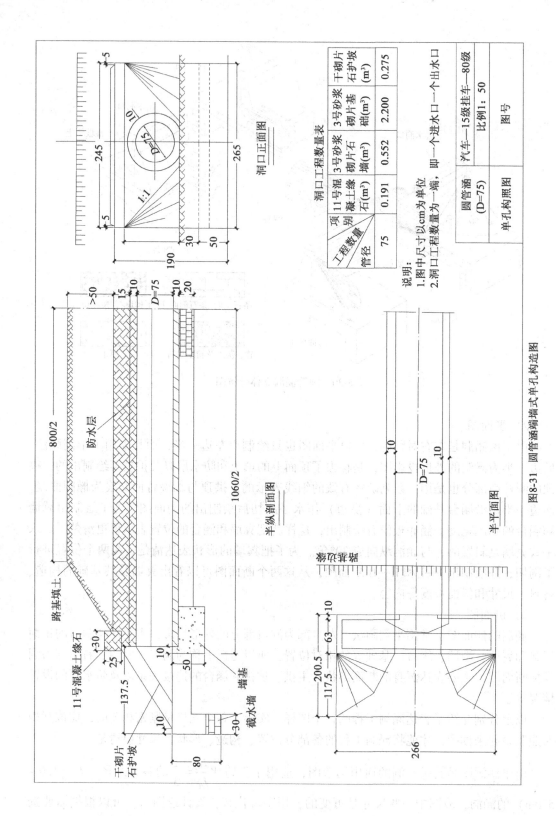

图8-31 圆管涵涵端端墙式单孔构造图

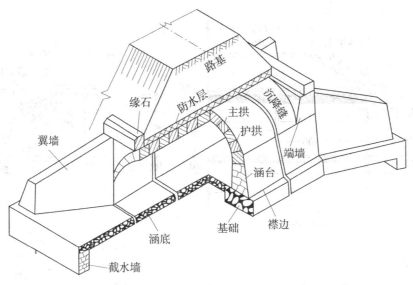

图 8-32　石拱涵洞示意图

图中标注：路基、缘石、防水层、沉降缝、主拱、护拱、端墙、翼墙、涵台、襟边、基础、涵底、截水墙

例如确定跨径 $L_0 = 300$cm，涵高 $H = 200$cm 后，可以查得各部分尺寸如下：

拱圈尺寸：$f_0 = 100$，$d_0 = 40$，$r = 163$，$R = 203$，$x = 37$，$y = 15$。

端墙尺寸：$h_1 = 125$，$c_2 = 102$。

涵台尺寸：$a = 73$，$a_1 = 110$，$a_2 = 182$，$a_3 = 212$。

翼墙尺寸：$h_2 = 340$，$G_1 = 450$，$G_2 = 465$，$c_3 = 174$。

以上尺寸单位均为 cm。

(4) 钢筋混凝土箱涵

涵洞与路线有正交与斜交两种相交方式，以上所举例子均为正交。下面以单孔斜交钢筋混凝土箱涵为例说明斜交工程图的图示特点。

如图 8-34 所示，涵洞为抬高式箱涵，翼墙式洞口，箱式洞身。该图为标准图，可适用于汽—20，挂—100 荷载，涵顶填土 0.5～8.0m 高，其涵高及净跨分别为 1.5～4m 的各等级公路正交与斜交（倾斜角 $\alpha = 0°$、$15°$、$30°$、$45°$）布置。左侧进水口采用了抬高式洞门，右侧出水口采用了不抬高式洞门，洞口均采用斜八字式翼墙，以提高其通用性。

1) 立面图。

立面图采用沿箱涵轴线剖切的Ⅰ—Ⅰ纵剖面图，但剖切平面与正立投影面倾斜，故立面图上不反映截断面的实形。

2) 平面图。

平面图左半部分揭掉覆土，表示抬高式洞口部分与箱涵身的水平投影，右半部分则以路中心线为界绘制出水平投影图，路基边缘以示坡线表示，同时采用截断面法，截去涵身两侧路段。图中采用了省略画法，如平面图中洞身基础未绘制出。

3) 侧面图。

侧面图采用Ⅱ—Ⅱ剖面图表示洞口的立面投影，另外还绘制出了洞身的横断面图，并采用抬高段与不抬高段各绘制一半的合成图。

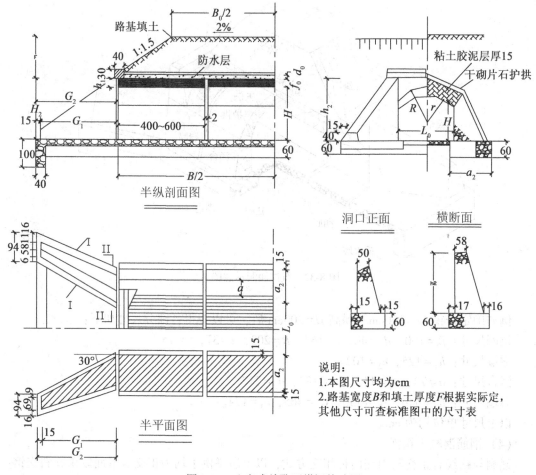

图 8-33　八字式单孔石拱涵构造图

4）涵身钢筋结构图。

由于箱涵的配筋结构与盖板涵或预制板不同，图样表达也不同，如图 8-35 所示，为 $B \times H = 1.5m \times 1.5m$ 的涵身钢筋结构图。

该箱涵钢筋结构图的图示特点是：左半幅给出不抬高式或抬高式不抬高段的三面视图，平面钢筋布置图和Ⅰ—Ⅰ剖面及相应的侧面投影图Ⅱ—Ⅱ剖面的局部；右半幅给出抬高式抬高段的立面（Ⅰ—Ⅰ剖面）和侧面（Ⅲ—Ⅲ剖面）。为了表示钢筋安装组合情况，对两种不同组合排列方式，组合Ⅰ（I_x）和组合Ⅱ（II_x）以横断面钢筋组合图的形式给出，并结合平面图中的代号作表达。

各钢筋的具体尺寸应按图 8-36 箱涵身尺寸表中查得。

5）标准图的套用。

为了使标准图一图多用，增加其灵活性和通用性，在标准图中均以字母代替尺寸数字，具体数值以主要指标表的形式给出，以便设计和施工时直接套用。如图 8-36 所示，各表列尺寸是以正涵身长 10m 计算的，具体套用时应以实际涵长来查算。

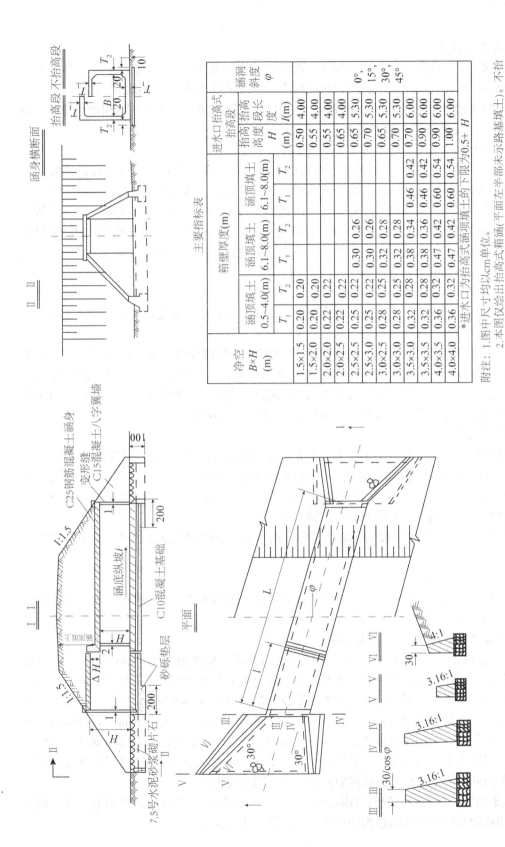

涵身横断面

拾高段　不拾高段

Ⅱ—Ⅱ

主要指标表

净空 $B×H$ (m)	箱壁厚度(m) 涵顶填土 0.5~4.0(m) T_1	T_2	涵顶填土 6.1~8.0(m) T_1	T_2	涵顶填土 6.1~8.0(m) T_1	T_2	进水口抬高式抬高段 抬高段高度 H (m)	抬高段长度 l (m)	涵洞斜度 φ
1.5×1.5	0.20	0.20					0.50	4.00	
1.5×2.0	0.20	0.20					0.55	4.00	
2.0×2.0	0.22	0.22					0.55	4.00	
2.0×2.5	0.22	0.22					0.65	4.00	
2.5×2.5	0.25	0.22	0.30	0.26			0.65	5.30	0°,
2.5×3.0	0.25	0.22	0.30	0.26			0.70	5.30	15°,
3.0×2.5	0.28	0.25	0.32	0.28			0.65	5.30	30°,
3.0×3.0	0.28	0.25	0.32	0.28			0.70	5.30	45°
3.5×3.0	0.32	0.28	0.38	0.34	0.46	0.42	0.70	6.00	
3.5×3.5	0.32	0.28	0.38	0.36	0.46	0.42	0.90	6.00	
4.0×3.5	0.36	0.32	0.47	0.42	0.60	0.54	0.90	6.00	
4.0×4.0	0.36	0.32	0.47	0.42	0.60	0.54	1.00	6.00	

*进水口为抬高式涵顶填土的下限为 $0.5+H$

附注：1.图中尺寸均以cm单位。
　　　2.本图仅绘出抬高式箱涵(平面左半部未示路基填土)。不抬高式箱涵进水口构造与出水口基本相同。

Ⅰ—Ⅰ

7.5号水泥砂浆砌片石
C25钢筋混凝土涵身
变形缝
C15混凝土八字翼墙
涵底纵坡 i
C10混凝土基础
砂砾垫层
1:1.5

平面

L　φ　l

30°

4:1
3.16:1
30/$\cos\varphi$

图8-34 钢筋混凝土箱涵图

243

4. 通道工程图

由于通道工程的跨径一般也比较小，故视图处理及投影特点与涵洞工程图一样，也是以通道洞身轴线作为纵轴，立面图以纵断面表示；水平投影则以平面图的形式表达，投影过程中同时连同通道支线道路一起投影，从而比较完整地描述了通道的结构布置情况。如图8-37所示，是某通道一般布置图。

(1) 立面图。

从图8-37中可以看出，立面图用纵断面取而代之，高速公路路面宽26m，边坡采用1∶2，通道净高3m、长26m，与高速路同宽，属明涵形式。洞口为八字墙，为顺接支线原路及外形线条流畅，采用倒八字翼墙，既起到挡土防护作用，又保证了美观。洞口两侧各20m支线路面为混凝土路面，厚20m，以外为15cm厚砂石路面，支线纵向用2.5%的单坡，汇集路面水于主线边沟处集中排走，由于通道较长，在通道中部，即高速路中央分隔带设有采光井，以利于通道内采光。

(2) 平面图及断面图。

平面图与立面图对应，反映了通道宽度与支线路面宽度的变化情况，还反映了高速公路的路面宽度及与支线道路和通道的位置关系。

从平面图可以看出，通道宽4m，即与高速路正交的两虚线同宽，依投影原理绘制出通道内壁轮廓线。通道帽石宽50cm，长度依倒八字翼墙长确定。支线两洞口设渐变段与原路顺接，沿高速公路边坡角两边各留出2m宽的护坡道，其外侧设有底宽100cm的梯形断面排水边沟，边沟内坡面投影宽各100cm，最外侧设100cm宽的挡堤，支线路面排水也流向主线纵向排水边沟。

在图纸最下边还给出了半Ⅰ—Ⅰ、半Ⅱ—Ⅱ的合成剖面图。显示了右侧洞口附近剖切支线路面及附属构造物断面的情况。其混凝土路面厚20cm、砂垫层厚3cm、石灰土厚15cm、砂砾垫层厚10cm。为使读图方便，还给出半洞身断面与半洞口断面的合成图，可以知道该通道为钢筋混凝土箱涵洞身，倒八字翼墙。

通道洞身及各构件的一般构造图及钢筋结构图与前面介绍的桥涵图类似，此处不赘述。

5. 隧道工程图

(1) 隧道洞门图。

隧道洞门大体上可以分为端墙式和翼墙式两种。如图8-38 (a) 所示，为端墙式洞门立体图，图8-38 (b) 为翼墙式洞门立体图。

如图8-39所示，为端墙式隧道洞门三投影图。

1) 正立面图 (即立面图)。正立面图是洞门的正立面投影，无论洞门是否左右对称均应绘制全。正立面图反映出洞门墙的式样，洞门墙上面高出的部分为顶帽，同时也表示出洞口衬砌断面类型，洞门是由两个不同半径 ($R=385cm$ 和 $R=585cm$) 的三段圆弧和两直边墙所组成，拱圈厚度为45m。洞口净空尺寸高为740cm，宽为790cm；洞门墙的上面有一条从左往右方向倾斜的虚线，并注有 $i=0.02$ 箭头，这表明洞口顶部有坡度为2%的排水沟，用箭头表示流水方向。其他虚线反映了洞门墙和隧道底面的不可见轮廓线。它们被洞门前面两侧路堑边坡和公路路面遮住，所以用虚线表示。

2) 平面图。仅绘制出洞门外露部分的投影，平面图表示了洞门墙顶帽的宽度，洞顶排水沟的构造及洞门口外两边沟的位置 (边沟断面未示出)。

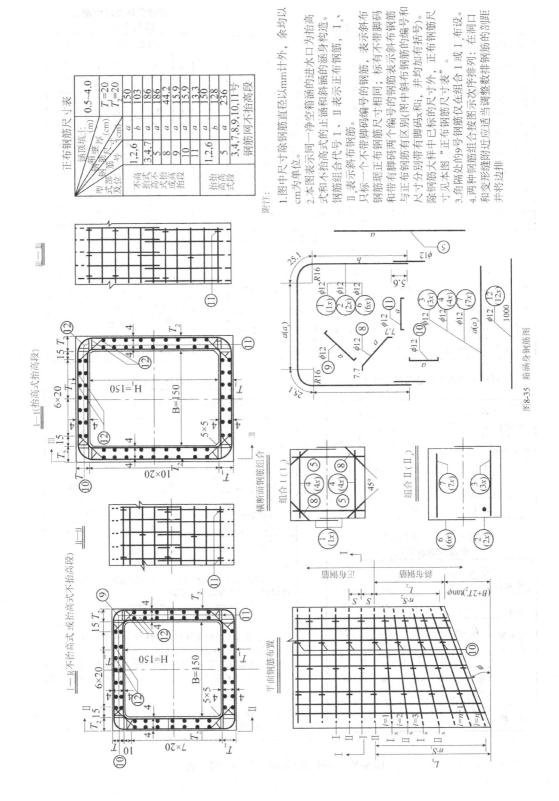

正布钢筋尺寸表

涵顶填土 涵梁厚 涵节高 度及位		0.5～4.0
型式抬式高度 钢筋度	$T_2=20$ $T_2=20$	

型式 抬式高度位置 钢筋度	钢筋尺寸 编号	尺寸(cm)	
不高 抬式 高度 或高抬	1,2,6	a	150
	3,4,7	b	103
	5	a	186
	8	a	186
	9	a	44.2
	10	a	15.9
	11	a	15.9
抬抬高 度式	1,2,6	a	13.3
		b	150
	5	a	128
			236

钢筋网不抬高段 3,4,7,8,9,10,11号

附注：

1. 图中尺寸除钢筋直径以mm计外，余均以cm为单位。

2. 本图表示同一净空箱涵的进水口斜涵和不抬高式和不抬高式的正涵和斜涵的涵身构造，I$_x$、钢筋组合代号I、II表示正布钢筋，II$_x$表示带斜布钢筋。

只标一个带脚码编号的钢筋，表示不带斜布钢筋；标有不带斜布钢筋的编号的钢筋和带脚码钢筋两个编号有区别(图中斜脚码x和，并均加I括号)。与正布斜布钢筋尺寸相同，表示斜布钢筋的编号有括号。

除带脚码钢筋大样中已标布尺寸外，正布钢筋尺寸见本图"正布钢筋尺寸表"。

3. 角隅处的9号钢筋组合按图示组合I或I布设。

4. 两种钢筋附近应定当调整钢筋数排列和变形缝附近的剖距并排边排

图8-35 箱涵身例钢筋图

斜涵一端斜布钢筋表

涵顶填土/(m)			0.5~2.5								
涵洞斜度 φ			15°			30°			45°		
钢筋号	直径(mm)	每根长(m)	平均长(m)	根数	共长(m)	平均长(m)	根数	共长(m)	平均长(m)	根数	共长(m)
1x	φ12	/	4.09	4	16.36	4.20	10	42.00	4.44	16	71.40
2x	φ12	/	4.09	2	8.18	4.20	4	16.80	4.44	8	35.52
3x	φ12	/	1.89	2	3.78	1.99	4	7.96	2.24	16	19.92
4x	φ12	/	1.89	4	7.56	1.99	10	19.90	2.24	16	35.84
5x	φ12	1.86	/	4	7.44	/	10	18.60	/	16	29.76
6x	φ12	/	4.09	2	8.18	4.20	4	16.80	4.44	8	35.52
7x	φ12	/	1.89	2	3.78	1.99	4	7.96	2.24	5	17.92
8	φ12	0.60	/	8	4.80	/	20	12.00	/	32	19.20
9	φ12	0.26	/	16	4.16	/	40	10.40	/	64	16.64
10	φ12	0.26	/	16	4.16	/	40	10.40	/	64	16.64
11	φ12	0.24	/	8	1.92	/	20	4.80	/	32	7.68
12x	φ12	/	0.73	72	52.56	1.58	72	113.76	2.73	72	196.56

正涵身钢筋及混凝土数量表(每10m)

钢筋号	直径/(mm)	每根长/(m)	根数	共长/(m)
1	φ12	4.06	60	243.60
2	φ12	4.06	30	121.80
3	φ12	1.86	30	55.80
4	φ12	1.86	60	111.60
5	φ12	1.86	60	111.60
6	φ12	4.06	30	121.80
7	φ12	1.86	30	55.80
8	φ12	0.60	120	72.00
9	φ12	0.26	240	62.40
10	φ12	0.24	300	78.00
11	φ12	0.24	150	36.00
12	φ12	10.00	72	720.00
组合片间距 S(cm)	16.7			
钢筋合计(kg)	φ12	1589.9		1589.9
混凝土(m³)	13.6			

斜涵一端斜布钢筋质量汇总表 (单位:kg)

涵顶填土/(m)	0.5~2.5		
涵洞斜度 φ — 直径/(mm)	15°	30°	45°
φ12	109.1	249.9	444.2
/	/	/	/
合计	109.1	249.9	444.2

斜布钢筋尺寸计算式

涵顶填土/(m)	0.5~2.5	
钢筋尺寸/(cm) — 钢筋号	a_i	l_i
$1x_{i=1,3,5,\cdots}$	$B_i - 32$	$a_i + 256$
$1x_{i=1,3,5,\cdots}$	$B_i - 32$	$a_i + 256$
$2x_{i=2,4,6,\cdots}$	$B_i - 32$	$a_i + 256$
$3x_{i=2,4,6,\cdots}$	/	$B_i + 4$
$4x_{i=1,3,5,\cdots}$	/	$B_i + 4$
$6x_{i=2,4,6,\cdots}$	$B_i - 32$	$a_i + 256$
$7x_{i=2,4,6,\cdots}$	/	$B_i + 4$
式中:B_i	$\sqrt{33/24 + (S_1 - S_2)^2 i^2}$	

钢筋号为 $1x$、$2x$、$6x$ 的尺寸 b 与正布的相应钢筋的 b 值相同,详见正布钢筋尺寸表

斜布钢筋范围一端斜布钢筋组合片数及间距

涵顶填土/(m)		0.5~2.5		
涵洞斜度 φ — 项目		15°	30°	45°
斜布钢筋范围	L_1(cm)	99	212	368
	L_2(cm)	48	103	178
组合片数 n		4	9	16
组合片间距	S_1(cm)	22.3		
	S_2(cm)	11.1		

附注:

1.斜涵身混凝土数量计算与正涵涵身相同,即以涵身长度按正涵身钢筋混凝土数量表(每10 m)计算。

2.斜涵正布钢筋数量从正布钢筋部分的涵长(设为 L_x)亦按上表计算,进水口不抬高式涵洞 $L_x = L - L_1 - L_2$;进水口抬高式涵洞 $L_x = L - l - \dfrac{L_1 - L_2}{2}$。

3.斜涵一端斜布钢筋表中,钢筋编号不带脚码 x 者,按表中"每根长"下料,钢筋编号带脚码 x 者,按斜布钢筋尺寸计算式计算的结果下料,表中平均长度仅作统计数量之用。

图8-36 单孔钢筋混凝土箱涵身尺寸表

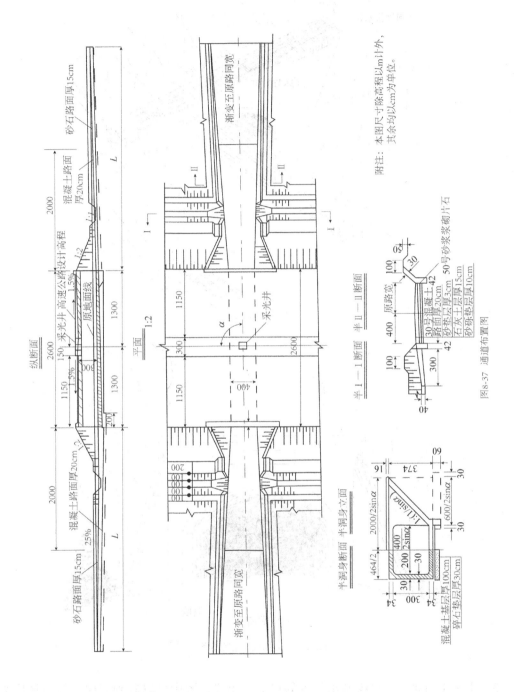

纵断面

砂石路面厚15cm

混凝土路面厚20cm

采光井高速公路设计高程

2000

2600

2000

原地面线

1.5%

1.5%

150

1150

1300

1300

混凝土路面厚20cm

砂石路面厚15cm

.25%

L

L

平面

1:2

1150

300

1150

2600

采光井

α

采光井

渐变至原路路宽

渐变至原路路宽

Ⅰ

Ⅰ

Ⅱ

Ⅱ

400

200

半洞身断面 半洞身立面

2000/2sinα

1:(1/sinα)

600/2sinα

464/2

374

16

60

30

30

34

34

30

300

30

400/2sinα

200

30

混凝土基层厚100cm

碎石垫层厚30cm

半Ⅰ—Ⅰ断面 半Ⅱ—Ⅱ断面

30号混凝土路面厚20cm

砂垫层厚3cm

石灰土层厚15cm

砂砾垫层厚10cm

50号砂浆砌片石

原路路宽

400

300

100

100

100

30

42

42

40

渐变至原路路宽

混凝土路面厚20cm

附注：本图尺寸除高程以m计外，其余均以cm为单位。

图8-37 通道布置图

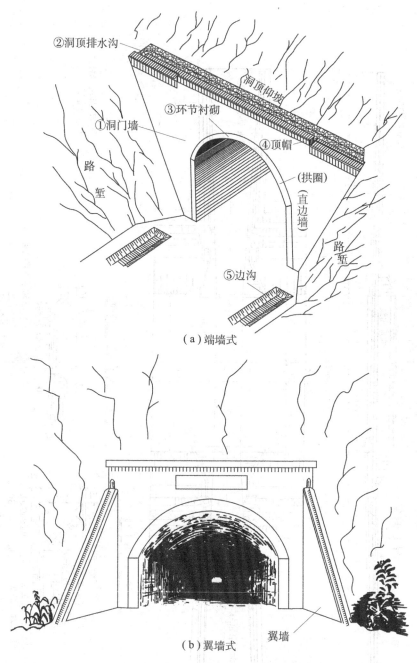

（a）端墙式

（b）翼墙式

图 8-38　隧道洞门立体图

3）Ⅰ—Ⅰ剖面图。仅绘制出靠近洞口的一小段，图中可以看到洞门墙倾斜坡度为
10：1,洞门墙厚度为60cm，还可以看到排水沟的断面形状、拱圈厚度及材料断面符号等。
为了读图方便，图8-40还在三个投影图上对不同的构件分别用数字注出。如洞门墙

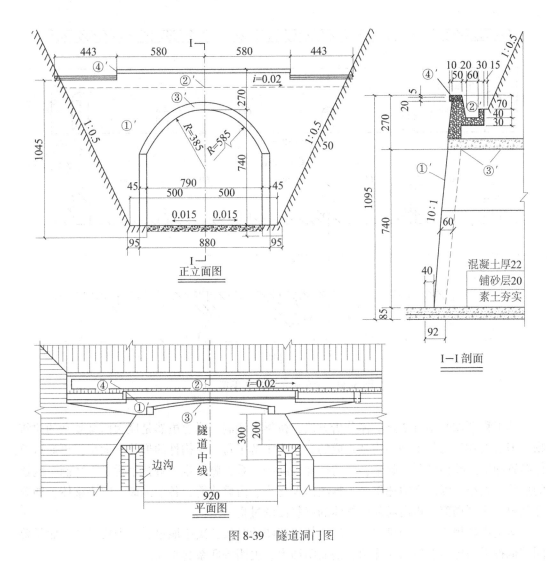

图 8-39 隧道洞门图

①′、①、①″，洞顶排水沟为②′、②、②″，拱圈为③′、③、③″，顶帽为④′、④、④″等。

（2）避车洞图。

避车洞有大、小两种，是供行人和隧道维修人员及维修小车避让来往车辆而设置的，避车洞沿路线方向交错设置在隧道两侧的边墙上。小避车洞通常每隔 30m 设置一个，大避车洞则每隔 150m 设置一个，为了表示大、小避车洞的相互位置，采用位置布置图来表示。

8.3.2 桥梁、涵洞、隧道工程图的画图步骤

1. 读图

（1）读图的方法。

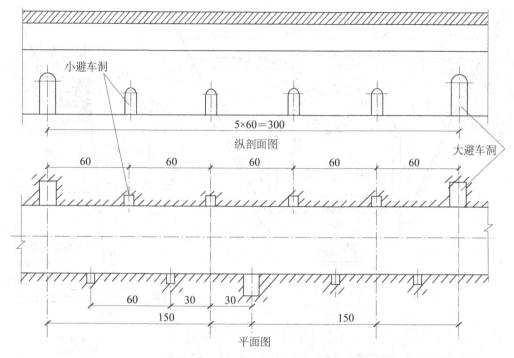

图 8-40 避车洞布置图（单位：m）

读工程图的基本方法是形体分析方法，桥梁、涵洞、隧道虽然是庞大而又复杂的建筑物，但这类建筑物是由许多构件组成的，只要了解了每一个构件的形状和大小，再通过总体布置图把这些构件联系起来，弄清彼此之间的关系，就不难了解整个桥梁、涵洞、隧道的形状和大小。因此必须把整个工程图由大化小、由繁化简，各个击破、解决整体，即要经过由整体到局部，再由局部到整体的反复读图过程。

运用投影规律，互相对照，弄清整体。读图的时候，决不能单看一个投影图，而是要同其他投影图包括总体图或详图、钢筋明细表、说明等联系起来读。

（2）读图步骤。

读图步骤可以按以下顺序进行：

①先看图纸标题栏和附注，了解桥梁、涵洞、隧道名称、种类、主要技术指标、施工措施、比例、尺寸单位等。读平面图、地质断面图，了解位置、水文、地质状况。

②读总体图，掌握桥梁、涵洞、隧道的基本情况，了解断面及地质情况，应先读立面图（包括纵剖面图），对照读平面图和侧面图、横剖面图等。若有剖面、断面，则要找出剖切线位置和观察方向，以便对桥梁、涵洞、隧道的全貌有一个初步的了解。

③分别阅读构件图和大样图，搞清构件的详细构造。各构件图读懂之后，再重来阅读总体图，了解各构件的相互配置及尺寸，直到全部读懂为止。

④读懂工程图后，了解工程所使用的建筑材料，并阅读工程数量表、钢筋明细表及说明等。再对尺寸进行校核，检查有无错误或遗漏。

2. 画图

绘制桥梁、涵洞、隧道工程图，首先是确定投影图数目（包括剖面、断面）、比例和图纸尺寸。

画图的步骤：

（1）布置和绘制出各投影图的基线。根据所选定的比例及各投影图的相对位置把它们匀称地分布在图框内，布置时要注意空出图标、说明、投影图名称和标注尺寸的地方。当投影图位置确定之后便可以绘制出各投影图的基线，一般选取各投影图的中心线为基线。

（2）绘制出构件的主要轮廓线。以基线作为量度的起点，根据标高及各构件的尺寸绘制构件的主要轮廓线。

（3）绘制各构件的细部。根据主要轮廓从大到小绘制全各构件的投影，注意各投影图的对应线条要对齐，把剖面栏杆、坡度符号线的位置、标高符号及尺寸线等绘制出来。

（4）检查无误，最后标注尺寸注解等。

思考与练习题

一、单选题

1. 路线平面图的图示内容不包括（　　）。

    A. 竖曲线　　　B. 平曲线　　　C. 地形地物　　　D. 附属建筑物图例

2. 路线纵断面图中，当横向比例为 1∶5000 时，纵向比例通常选用（　　）。

    A. 1∶50　　　B. 1∶200　　　C. 1∶500　　　D. 1∶5000

3. 路线纵断面图属于（　　）。

    A. 单一全剖　　B. 阶梯剖　　　C. 旋转剖　　　D. 展开复合剖

4. 测设表中符号"V"表示（　　）。

    A. 山谷　　　　　　　　　　　　B. 河流

    C. 转弯处不设平曲线　　　　　　D. 变坡处不设竖曲线

5. 路基横断面图，通常按桩号排列，排列顺序是（　　）。

    A. 从下到上，从左到右　　　　　B. 从下到上，从右到左

    C. 从上到下，从右到左　　　　　D. 从上到下，从左到右

6. 路基横断面图中的标注内容不包括（　　）。

    A. 桩号　　　　　　　　　　　　B. 填高龙深

    C. 填方面积龙方面积　　　　　　D. 土石方量

7. 桥梁总体布置图中的平面图，为了能看到桥面、支座、墩台，常采用（　　）。

    A. 拆卸画法　　　　　　　　　　B. 合成视图

    C. 简化画法　　　　　　　　　　D. 分层画法

8. 桥台结构图中，侧视图常采用（　　）。

    A. 省略画法　　　　　　　　　　B. 合成视图

    C. 简化画法　　　　　　　　　　D. 分层画法

9. 道路防护栏设计图属于道路工程图中的（　　　）。
    A. 沿线设施及排水设施工程图　　　B. 环境保护工程图
    C. 交叉口工程图　　　　　　　　　D. 路基路面工程图
10. 交叉口的工程图不包括（　　　）。
    A. 平面图　　　　　　　　　　　　B. 交通组织图
    C. 竖向设计图　　　　　　　　　　D. 交通岛标志图

二、简答题

1. 道路工程图包含哪些内容？其图示方法有何特点？
2. 道路路线工程图包含哪些图样？其作用是什么？
3. 试述路线平面图的图示特点及图示内容。
4. 什么是道路标准横断面图？
5. 什么是道路路基横断面图？有何作用？
6. 道路路线纵断面图是如何形成的？
7. 道路交叉口工程包含哪些内容？图样的作用分别是什么？
8. 道路交叉与路线工程图在平面和纵断面图的图示方法有何差异？
9. 桥梁总体布置图包括哪些内容？图示特点如何？
10. 桥梁工程图包括的主要图样有哪些？图示特点有哪些？
11. 钢筋结构图的图示特点是什么？
12. 隧道工程图的主要内容有哪些？
13. 通道工程图有哪些图示特点？

第9章　水利工程图

【教学目标】

水利工程的设计工作一般要经过可行性研究、初步设计和施工设计几个阶段。图样的基本类型有工程位置图、水利枢纽总体布置图、建筑物结构图和施工图等。施工过程中还有可能对原设计进行修改，根据工程建成后的实际情况绘制出来的图称为竣工图。

通过本章学习，要求学生掌握水工图的图示方法、尺寸标注法以及读图方法与步骤，为工程技术人员识读水工图打下基础。

9.1　概　　述

人类需要适时适量的水，水量偏多、偏少或水污染都会给社会造成灾害。因此，需要因地制宜地修建必要的泄水、蓄水、引水、提水、跨流域调水或净水工程，以使水资源得到合理的开发、利用和保护。对自然界的地表水和地下水进行控制和调配，以达到除害兴利目的而兴建的各项工程，总称为水利工程。水利工程按照其承担的任务可以分为防洪、农田灌溉、水力发电、城市给排水、航道港口、环境水利工程等。一项工程同时兼有若干种任务的，称为综合利用水利工程。现代水利工程多是综合利用的工程。

9.1.1　水工建筑物中的常见结构及其作用

水工建筑物按照用途，可以分为一般建筑物（如挡水、泄水、输水等）和专用建筑物（如发电、水运、灌溉等）。常见的建筑物有各种堤坝、水闸、渠道等。

1. 大坝中的常见结构及其作用（如图9-1所示）

（1）廊道及排水结构。廊道是在混凝土坝内，为了灌浆、排水、输水、观测、检查及交通等要求而设置的结构，廊道断面形式多为城门洞形。坝体排水一般是在上游防渗层之后，沿坝轴线方向布置竖向排水管。大部分渗水通过排水管汇集于设在廊道内的排水沟（管），再经横向排水沟（管）排出坝体。

（2）分缝及止水结构。对于较长的或较大体积的混凝土建筑物，为防止因温度变化或地基不均匀沉陷而引起的断裂现象，要人为地设置结构分缝（伸缩缝或沉陷缝）。为防止水流的渗漏，在水工建筑物的分缝中应设置止水结构，其材料一般为金属止水片、油毛毡、沥青、麻丝等。如图9-1中可见坝体上的伸缩缝及止水做法。

（3）其他结构。坝基和两岸的防渗措施，主要是设置灌浆帷幕。防渗灌浆帷幕一般沿坝轴线设置，由数排灌浆孔组成。在坝顶常设置防浪墙用于挡水、防浪。

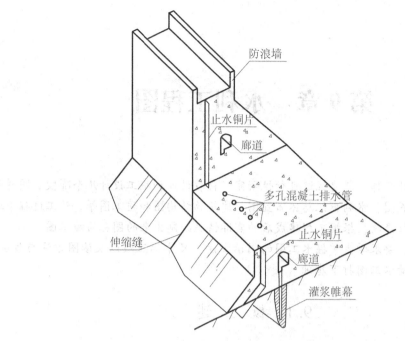

图 9-1　大坝中的常见结构图

2. 水闸中的常见结构及其作用（如图 9-2 所示）

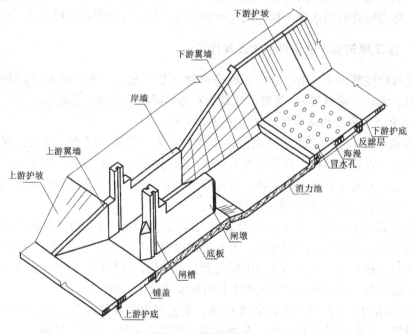

图 9-2　水闸轴测图

（1）上、下游翼墙。上游翼墙的作用是引导水流平顺地进入闸室；下游翼墙的作用是将出闸水流均匀地扩散，使水流平稳，减少冲刷。常见的有八字形翼墙（如图 9-2 中的上游翼墙）、扭平面翼墙（如图 9-2 中的下游翼墙）及圆柱面翼墙等。

（2）铺盖。铺盖是铺设在上游河床之上的一层保护层，紧靠闸室。其作用是减少渗透，保护上游河床，提高闸室的稳定性。

（3）消力池及海漫。经闸室流下的水具有很大的冲击力，为防止下游河床受冲刷，在紧接闸室的下游部分常用钢筋混凝土做成消力池，水流到池中产生翻滚，消耗大量能量。在消力池后的河床上铺设一段护底称为海漫，海漫的作用是继续消除余能，使水流均匀扩散，保护河床免受冲刷。通常在海漫上设排水孔，用以排出闸基的渗透水，降低底板所承受的渗透压力。海漫下设反滤层，反滤层的作用是滤土、排水。

（4）其他结构。为了保证河床和河岸不受冲刷，还需作上、下游护底和护坡，常用块石作护面。

9.1.2　水工建筑物中的常见曲面

为了使水流平顺，改善水工建筑物的受力条件，水工建筑物的某些表面往往做成规则曲面，如溢流坝坝面、水闸闸墩前后端面、水闸两岸翼墙等。下面介绍两种水工建筑物中常见曲面的形成和表示方法。

1. 柱面

一直母线沿着一曲导线并平行于一直导线运动而形成的曲面，称为柱面。柱面的特征是所有素线互相平行。如图 9-3（a）所示，水利工程中的溢流坝坝面为柱面，由直母线 AB 沿着曲导线 T 并始终平行于直导线 L 运动而形成。图 9-3（b）为其投影图，必要时可以绘制出若干条疏密不等的素线表示曲面。

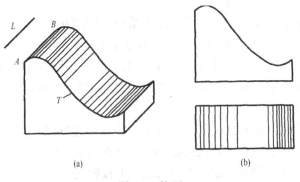

(a)　　　　　　　　　　　　(b)

图 9-3　柱面

垂直于柱面素线的截面称为正截面。当正截面为圆时，称为圆柱面；当正截面为椭圆时，称为椭圆柱面。圆柱面与椭圆柱面都有轴线，当轴线为投影面垂直线时，称为正圆（或正椭圆）柱面；否则称为斜圆（或斜椭圆）柱面。

如图 9-4（a）所示是斜椭圆柱面的投影图。若用垂直于该柱面素线的平面截切，则所得截交线为椭圆。从图中可以看出，正平位置的柱面轴线为直导线，水平圆为曲导线，斜椭圆柱面的素线都是正平线。

画图时，应绘制出形成曲面的各个元素（如直导线、曲导线等）的投影，以及各投影图的外形轮廓线。如图 9-4（b）所示为斜椭圆柱面在实际工程中的应用实例，闸墩的左端面为斜椭圆柱面。

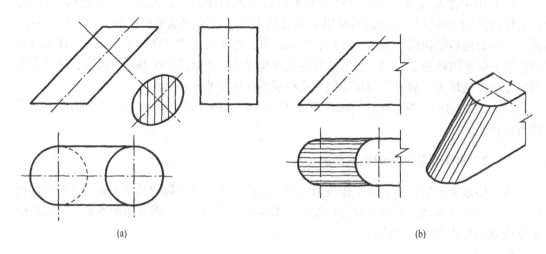

(a)   (b)

图 9-4　斜椭圆柱面和工程实例

2. 扭平面

一直母线沿着两条交叉的直导线并始终平行于一导平面运动而形成的曲面，称为双曲抛物面，在水利水电工程中称为扭平面。如图 9-5（a）所示为一河岸边坡，侧垂面 Q 与正平面 P 之间用一个扭平面过渡。

现将扭平面 ABDC 拿出来放在三投影面体系中，如图 9-5（b）所示，该面可以看成直母线 AC 沿着交叉两直导线 AB、CD 运动，运动中始终平行于水平面，这时扭平面上的素线都是水平线。该面还可以看成直母线 AB 沿着交叉两直导线 AC、BD 运动，运动中始终平行于侧平面，这时扭平面上的素线都是侧平线。即扭平面可以由两组素线形成。施工时就是根据这个特点立模放样的。

绘制扭平面投影时，除了绘制出扭平面的四条外形轮廓线（两条直导线和两条边界素线）的投影外，还要绘制上直素线的投影。图 9-5（c）为素线是一组水平线时的三面投影图，图 9-5（d）为素线是一组侧平线时的三面投影图。

按《水利水电工程制图标准》（SL73—95）规定，在工程图上，常在扭平面的 V、H 面投影上绘制出水平素线的投影，而在 w 面投影上绘制出侧平素线的投影，即 H、W 面投影都绘制成放射线束，规定画法如图 9-5（e）所示。

9.1.3　水工图的分类

水利工程的兴建一般需要经过 5 个阶段：勘测、规划、设计、施工、竣工验收。各个

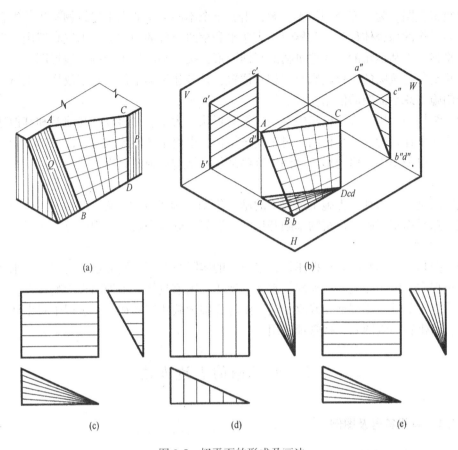

图 9-5　扭平面的形成及画法

阶段都绘制其相应的图样，每一阶段对图样都有具体的图示内容和表达方法。

1. 勘测图

勘探测量阶段绘制的图样称为勘测图，其包括地质图和地形图。勘测阶段的地质图、地形图以及相关的地质、地形报告和相关的技术文件由勘探和测量人员提供，是水工设计最原始的资料。水利工程技术人员利用这些图纸和资料来编制相关的技术文件。勘测图样常用专业图例和地质符号表达，并根据图形的特点允许一个图上用两种比例表示。

2. 规划图

在规划阶段绘制的图样称为规划图。其是表达水利资源综合开发全面规划的示意图。按照水利工程的范围大小，规划图有流域规划图、水利资源综合利用规划图、灌区规划图、行政区域规划图等。规划图是以勘测阶段的地形图为基础的，采用符号图例示意的方式表明整个工程的布局、位置和受益面积等项内容的图样。

3. 枢纽布置图和建筑结构图

在设计阶段绘制的图包括：枢纽布置图、建筑结构图。一般在大型工程设计中分初步设计和技术设计，小型工程中可以合二为一。初步设计是进行枢纽布置，提供方案比较；技术设计是在确定初步设计方案以后，具体对建筑物结构和细部构造进行设计。

枢纽布置图。为了充分利用水资源，由若干个不同类型的水工建筑物有机地组合在一起，协同工作的综合体称为水利枢纽，表达水利枢纽布置的图样称为枢纽布置图。枢纽布置图是将整个水利枢纽的主要建筑物的平面图形，按其平面位置绘制在地形图上。枢纽布置图反映出各建筑物的大致轮廓及其相对位置，是各建筑物定位、施工放样、土石方施工以及绘制施工总平面图的依据。

建筑结构图。用于表达枢纽中某一建筑物形状、大小、材料以及与地基和其他建筑物连接方式的图样称为建筑结构图。对于建筑结构图中由于图形比例太小而表达不清楚的局部结构，可以采用大于原图形的比例将这些部位和结构单独绘制出。

4. 施工图

施工图是表达水利工程施工过程中的施工组织、施工程序、施工方法等内容的图样，包括施工总平面布置图、建筑物基础开挖图、混凝土分块浇筑图、坝体温控布置图等。

5. 竣工图

竣工图是指工程验收时根据建筑物建成后的实际情况所绘制的建筑物图样。水利工程在兴建过程中，由于受气候、地理、水文、地质、国家政策等各种因素影响较大，原设计图纸随着施工的进展要调整和修改，竣工图应详细记载建筑物在施工过程中对设计图修改的情况，以供存档查阅和工程管理之用。

9.2 水工图的表达方法

9.2.1 常用符号及图例

1. 水工图中的常用符号

（1）图样中表示水流方向的箭头符号，根据需要可以按图9-6所示的样式选用。图9-6（a）为标准样式，图9-6（b）、（c）为简化样式。

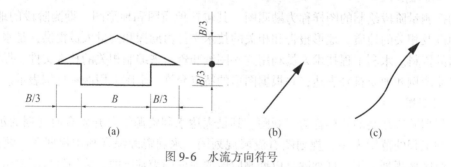

图9-6 水流方向符号

（2）平面图中指北针有如图9-7（a）、（b）、（c）三种式样供选用，其位置一般在图的左上角，必要时也可以放在其他适当位置。

此外，水利水电工程制图标准中，还规定了原型观测中常用的仪器设备图形符号和文字代号，需要应用时可以查阅《水利水电工程制图标准 水工建筑图》（SL73.2—1995）。

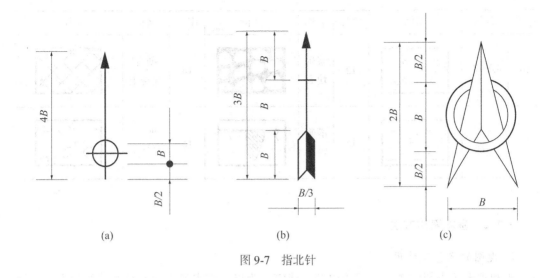

(a) (b) (c)

图 9-7　指北针

2. 水工图中的常用图例

水工建筑物的平面图例主要用于规划图、施工总平面布置图,枢纽总布置图中非主要建筑物也可以用图例表示。

图样中的建筑材料也用图例表示,表 9-1 为水工图中部分常用的建筑材料图例。土木建筑图中的建筑材料图例,水工图也采用。特别值得提及的是,水工图中金属和砖的材料图例相同,均使用平行等间距的 45°角细斜线。其他可以查阅《水利水电工程制图标准水工建筑图》(SL73.2—1995)。

表 9-1　　　　　　　　　　　水工图中常用的建筑材料图例

序号	名称	图例	序号	名称	图例	序号	名称	图例
1	岩石		4	干砌条石		7	回填土	
2	碎石		5	浆砌条石		8	黏土	
3	卵石		6	干砌块石		9	二期混凝	

序号	名称	图例	序号	名称	图例	序号	名称	图例
10	砂卵石		12	浆砌块石		14	沥青混凝土	
11	水、液体		13	灌浆帷幕		15	埋石混凝土	

9.2.2 基本表达方法

1. 视图的名称及作用

水利水电工程图中规定：河流以挡水建筑物为界，逆水流方向在挡水建筑物上方的河流段称为上游，在挡水建筑物下方的河流段称为下游；并规定视向顺水流方向时，左边为左岸，右边为右岸。布置视图时，习惯将河流的流向布置成自上而下或自左而右，并绘制水流方向符号，以便区分河流的左、右岸。

（1）平面图。建筑物的俯视图在水工图中称为平面图，如图9-8所示。常见的平面图有枢纽布置图和单一建筑物的平面图。平面图主要用来表达水利工程的平面布置，建筑物水平投影的形状、大小及各组成部分的相互位置关系，剖视、断面的剖切位置、投影方向和剖切面名称等。

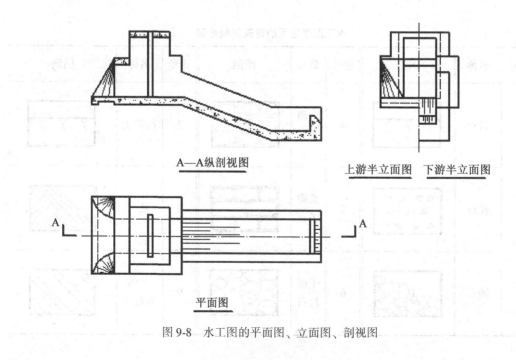

A—A纵剖视图　　　　　　　　上游半立面图　下游半立面图

平面图

图9-8　水工图的平面图、立面图、剖视图

260

（2）立面图。建筑物的主视图、后视图、左视图、右视图，即反映高度的视图，在水工图中称为立面图，如图9-8所示。立面图的名称与水流方向有关，观察者顺水流方向观察建筑物所得到的视图，称为上游立面图；观察者逆水流方向观察建筑物得到的视图，称为下游立面图。上、下游立面图均为水工图中常见的立面图，其主要表达建筑物的外部形状。

（3）剖视图、断面图。剖切平面平行于建筑物轴线剖切的剖视图或断面图，在水工图中称为纵剖视图或纵断面图如图9-8所示；剖切平面垂直于建筑物轴线剖切的剖视图或断面图，在水工图中称为横剖视图或横断面图。剖视图主要用来表达建筑物的内部结构形状和各组成部分的相互位置关系，建筑物主要高程和主要水位，地形、地质和建筑材料及工作情况等。断面图的作用主要是表达建筑物某一组成部分的断面形状、尺寸、构造及其所采用的材料。

（4）详图。将物体的部分结构用大于原图的比例绘制出的图样称为详图。如图9-9所示，其主要用来表达建筑物的某些细部结构形状、大小及所用材料。详图可以根据需要绘制成视图、剖视图或断面图，详图与放大部分的表达方式无关。详图一般应标注图名代号，其标注的形式为：把被放大部分在原图上用细实线小圆圈圈住，并标注字母，在相应的详图下面用相同字母标注图名、比例。

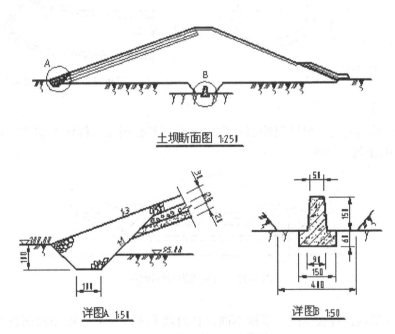

图9-9　土坝的断面图及其详图

2. 视图的配置及标注

水工图的视图应尽量按照投影关系配置在一张图纸上。为了合理的利用图纸，也允许将某些视图配置在图幅的适当位置。当建筑物过大或图形复杂时，根据图形的大小，也可以将同一建筑物的各视图分别绘制在单独的图纸上。

水工图的配置还应考虑水流方向，对于挡水建筑物，如挡水坝、水电站等应使水流方向在图样中呈现自上而下；对于输水建筑物，如水闸、隧洞、渡槽等应使水流方向在图中呈现自左向右。

9.2.3 规定画法和习惯画法

1. 展开画法

当构件、建筑物的轴线（或中心线）为曲线时，可以将曲线展开成直线后，绘制成视图（如图9-10所示）、剖视图（如图9-11所示）和剖面图。这时，应在图名后注写"展开"二字，或弯成"展视图"。

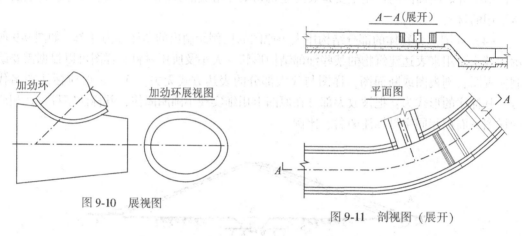

图9-10　展视图

图9-11　剖视图（展开）

2. 省略画法

（1）当图形对称时，可以只绘制对称的一半，但必须在对称线上加注对称符号，如图9-12所示的涵洞平面图。

图9-12　对称图形省略画法

（2）当不影响图样表达时，根据不同设计阶段和实际需要，视图和剖视图中某些次要结构和设备可以省略不绘制。

3. 简化画法

（1）对于图样中的某些设备可以简化绘制，如发电机、水轮机调速器、桥式起重机等。

（2）对于图样中的一些细小结构，当其成规律地分布时，可以简化绘制，如图9-13中螺栓孔的画法。

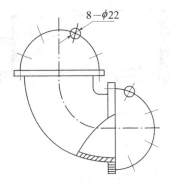

图 9-13 管接头小孔简化画法图

4. 分层画法

当结构有层次时,可以按其构造层次分层绘制,相邻层用波浪线分界,并可以用文字注写各层结构的名称,如图 9-14 所示。

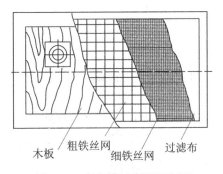

木板   粗铁丝网 细铁丝网 过滤布

图 9-14 真空模板分层画法图

5. 拆卸画法

当视图、剖视图中所要表达的结构被另外的结构或填土遮挡时,可以假想将其拆掉或掀掉,然后再进行投影,如图 9-15 所示平面图中,对称线上半部一部分桥面板及胸墙被假想拆卸,填土被假想掀掉。

6. 合成视图

对称或基本对称的图形,可以将两个相反方向的视图或剖视图或剖面图各绘制对称的一半,并以对称线为界,合成一个图形,如图 10-15 中 *B–B* 和 *C–C* 合成剖视图,图 10-16 中闸门的上、下游合成立视图和 *D–D* 及 *E–E* 合成剖视图。

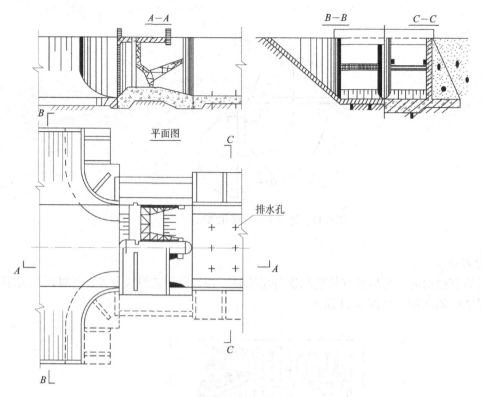

图 9-15 水闸拆卸画法和合成视图

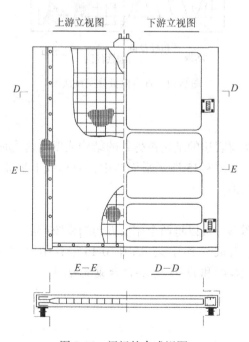

图 9-16 闸门的合成视图

9.3 水工图的尺寸注法

尺寸标注的基本规则和方法，在前面相关章节中已作了详细的介绍。本节根据水工图的特点，介绍水工图尺寸基准的确定和常用尺寸的标注法。

9.3.1 一般规定

（1）水工图中标注尺寸的单位，除高程、桩号、总布置图以米为单位，规划图以千米为单位外，其余尺寸以毫米为单位，且图中不必标注。若采用其他尺寸单位（如厘米）时，则必须在图纸中加以说明。

（2）水工图中尺寸起止符号采用箭头表示，也可以使用45°角短斜线。

9.3.2 平面尺寸的标注法

对于长度和宽度差别不大的建筑物，选定水平方向的基准面后，可以按组合体、剖视图、断面图的规定标注尺寸。对河道、渠道、隧洞、堤坝等长形的建筑物，沿轴线的长度用"桩号"的方法标注水平尺寸，标注形式为：km±m，km 表示公里，m 表示米。例如："0+043"表示该点距起点之后43米的桩号，"0-500"表示该点在起点之前500m。0+000为起点桩号。桩号数字一般垂直于轴线方向标注，且标注在轴线的同一侧，当轴线为折线时，转折点处的桩号数字应重复标注。当同一图中几种建筑物均采用"桩号"标注时，可以在桩号数字之前加注文字以示区别。

水平尺寸的基准一般以建筑物对称线、轴线为基准，不对称时就以水平方向较重要的面为基准。河道、渠道、隧洞、堤坝等以建筑物的进口即轴线的始点为起点桩号。

9.3.3 里程桩号的标注

对于坝、渠道及隧洞等较长的水工建筑物，沿轴线的长度尺寸通常采用里程桩号的标注方法，如图9-17所示。

（1）桩号的标注形式。标注形式为 K±M，K 表示公里，M 表示米，起点桩号标注成0+000，起点桩号之前标注成 K−M，起点桩号之后标注成 K+M。如"0+060.0"表示该桩号距起点桩号为 60m，"0+210.0"表示该桩号距起点桩号为210m，两桩号之间相距150m。

（2）桩号的数字标注。桩号数字一般垂直于轴线标注，且标注在同一侧，如图9-17所示。当建筑物的轴线为曲线时，桩号沿径向设置，桩号的距离数字应按弧长计算。当同一图中多种建筑物均采用"桩号"标注时，可以在桩号数字前加注文字以示区别。如图9-17中的"支0+018.320"表示支线上该桩号距支线起点桩号为18.32m，且为弯曲轴线的弧长；"支0+028.320"，表示支线上该桩号距起点桩号为28.32m（包含弧长）。

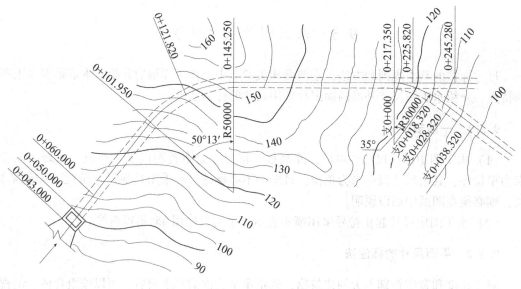

图 9-17　桩号的标注

9.3.4　高度尺寸的标注

由于水工建筑物体积大，在施工时常以水准测量来确定水工建筑物的高度。故在水工图中对于较大或重要的面要标注高程，其他高度以此为基准直接标注高度尺寸，如图 9-18 所示。

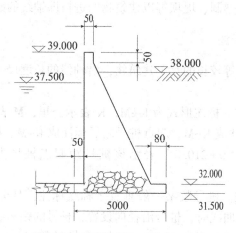

图 9-18　高程的标注（单位：cm）

高程的基准与测量的基准一致，采用统一规定的青岛市黄海海平面为基准。有时为了施工方便，也采用某工程临时控制点、建筑物的底面、较重要的面为基准或辅助基准。

9.3.5 曲线的尺寸标注

（1）连接圆弧的尺寸标注法。连接圆弧需标注出圆心、半径、圆心角，根据施工放样的需要，对于圆心、切点、端点还应标注上高程和长度方向的尺寸。在图9-19中溢流坝右端圆弧曲线上的圆心 O、切点 T、S 和端点 A 都标注出了高程和里程桩号。

（2）非圆曲线的尺寸标注法。非圆曲线尺寸的标注方法是：在视图上列出曲线的数学表达式，标注出其坐标系；在视图旁边列表标注曲线上若干控制点的坐标值，如图9-19所示，溢流坝坝面非圆曲线部分的标注。

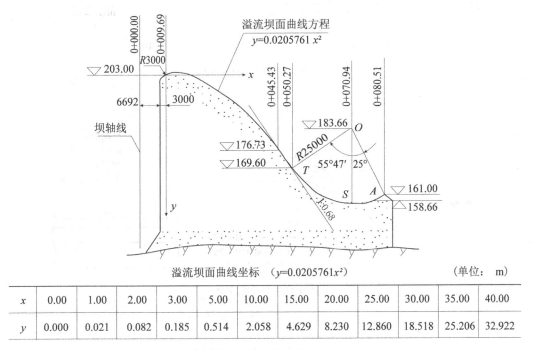

溢流坝面曲线坐标　（$y=0.0205761x^2$）　　　　　　　（单位：　m）

x	0.00	1.00	2.00	3.00	5.00	10.00	15.00	20.00	25.00	30.00	35.00	40.00
y	0.000	0.021	0.082	0.185	0.514	2.058	4.629	8.230	12.860	18.518	25.206	32.922

图 9-19　曲线的尺寸标注法

9.3.6 多层构造的标注

标注多层结构的尺寸时可以用引线引出，引出线必须垂直通过被引出的各层，文字说明和尺寸数字应按结构的层次依次标注，如图9-20所示。

9.3.7 简化标注法

在水工图中多层结构尺寸一般用引出线加文字说明标注。其引出线必须垂直通过引出的各层，文字说明和尺寸数字应按结构的层次标注，如图9-21所示。

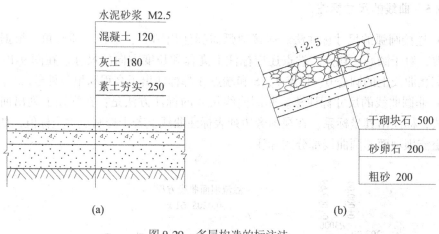

(a)   (b)

图 9-20　多层构造的标注法

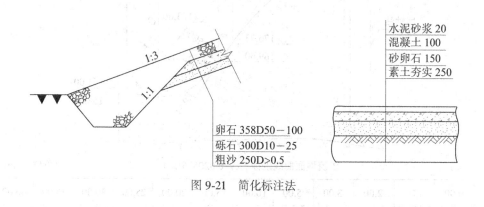

图 9-21　简化标注法

9.4　水工图的识读

9.4.1　读图的方法和步骤

识读水工图的顺序一般是由枢纽布置图到建筑结构图，按先整体后局部，先看主要结构后看次要结构，先粗后细、逐步深入的方法进行。具体步骤如下：

1. 概括了解

了解建筑物的名称、组成及作用。识读任何工程图样时都要从标题栏开始，从标题栏和图样上的有关说明中了解建筑物的名称、作用、比例、尺寸单位等内容。

了解视图表达方法。分析各视图的视向，弄清视图中的基本表达方法、特殊表达方法，找出剖视图和断面图的剖切位置及表达细部结构详图的对应位置，明确各视图所表达的内容，建立起图与图及物与图的对应关系。

2. 形体分析

根据建筑物组成部分的特点和作用，将建筑物分成若干个主要组成部分，可以沿水流方向将建筑物分为几段，也可沿高程方向分将建筑物分为几层，还可以按地理位置或结构来划分。然后运用形体分析的方法，以特征明显的 1、2 个重要视图为主结合其他视图，采用对线条、找投影、想形体的方法，想象出各组成部分的空间形状，对较难想象的局部，可以运用线面分析法识读。在分析过程中，结合相关尺寸和符号，读懂图上每条图线、每个符号、每个线框的意义和作用，弄清建筑物各部分大小、材料、细部构造、位置和作用。

3. 综合想象整体

在形状分析的基础上，对照各组成部分的相互位置关系，综合想象出建筑物的整体形状。

整个读图过程应采用上述方法步骤，循序渐进，几次反复，逐步读懂全套图纸，从而达到完整、正确理解工程设计意图的目的。

9.4.2　读图实例

【例 9-1】阅读进水闸结构图，如图 9-22 所示。

（1）概括了解。该水闸立体示意图如图 9-22 所示。读图时通常将水闸分为上游连接段、闸室、下游连接段三部分。各部分的结构及作用如下：

1）上游连接段。闸室以左的部分为上游连接段。上游连接段由护底、护坡、铺盖和上游翼墙等组成。上游连接段的作用主要是引导水流平顺进入闸室，防止水流冲刷河床，并降低渗透水流在闸底和两侧对水闸的影响。

2）闸室。闸室是水闸的主体，起控制水位、调节流量的作用。闸室由闸底板、闸墩、边墩（或称岸墙）、闸门、交通桥及工作桥等组成。底板是闸室的基础，闸室上部的全部重量通过底板传给地基。闸墩起支撑作用，边墩还有护岸挡土的作用。交通桥供行人和车辆通行，工作桥供安置闸门的启闭设备及人员操作之用。

3）下游连接段。闸室以右的部分称为下游连接段。这一段由消力池、海漫、扭平面翼墙及护底、护坡等组成。下游连接段的主要作用是消除出闸水流的能量，防止其对下游渠底（或河床）的冲刷，即防冲消能。为了降低渗透水压力，在海漫部分留有冒水孔，下设反滤层，反滤层一般由 2~3 层不同粒径的砂石料组成。

如图 9-22 所示，阅读标题栏，可知建筑物名称为"进水闸"，是渠道建筑物，作用是调节进入渠道的灌溉水流量。水闸一般由平面图、纵剖视图、上、下游立面图和若干断面图表达。本例选用了平面图、纵剖视图、上、下游立面图和 A—A、B—B、C—C 三个断面图。

（2）深入读图。首先分析视图：

1）平面图。水闸各组成部分的平面布置情况在图中反映得比较清楚，如翼墙的布置形式、闸墩的数量和形状等。闸室段采用了拆卸画法，冒水孔的分布情况采用了简化画法。图中标注出了 A—A、B—B、C—C 断面图的剖切符号。平面图中的虚线为埋入土里的下部结构轮廓线。

2）纵剖视图。剖切平面经闸孔顺水流方向剖切而得，纵剖视图表达了水闸高度与长度方向的结构形状、尺寸、材料及建筑物与地面的联系等。

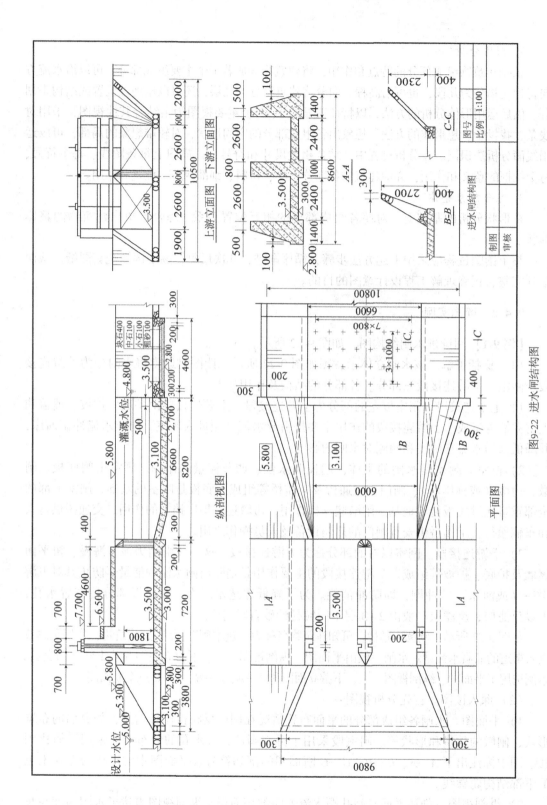

图9-22 进水闸结构图

270

3）上、下游立面图。这是一个合成视图，表达了水闸上游面和下游面的外貌。工作桥、交通桥和启闭机等均采用了简化画法示意表达。

4）三个断面图分别表达了闸墩、下游翼墙、下游护坡的断面形状、尺寸和材料。

然后分析形体：

1）闸室段。先看懂闸墩。借助于闸墩的结构特点，即闸墩上有闸门槽、闸墩两端有利于分水的柱面形状，先确定闸墩的平面图，再结合纵剖视图，可以想象出闸墩的形状是上游端为三棱柱（上部为三棱锥），下游端为半圆柱（上部为半圆锥）的柱体，其上有闸门槽，闸墩顶面左高右低，分别是工作桥和交通桥的支撑，闸墩长 7200mm，宽 800mm，材料为钢筋混凝土。闸墩下部为闸底板，由纵剖视图可知闸底板两端带有齿墙。结合 $A—A$ 断面图可知，闸底板结构型式为带有闸墩基础的底板。闸底板与闸墩同长度，其厚度为 500mm，闸墩基础厚度为 700mm，材料为钢筋混凝土。边墩的平面位置、迎水面结构（如门槽）与闸墩相对应。将平面图、纵剖视图和 $A—A$ 断面图结合识读，可知边墩、闸墩和闸底板形成"山"字形钢筋混凝土整体结构。

从上、下游立面图中可以看出闸门为平面闸门，由于"进水闸结构图"只是该闸设计图的一部分，闸门、桥等部分另有图纸表达。

2）上游连接段。顺水流方向自左向右先识读上游护底。将纵剖视图和上游立面图结合识读，可知上游护底为浆砌块石。与闸室底板相连的铺盖，长 3800mm，厚 400mm，材料为浆砌块石；上游翼墙的平面布置形式为八字形，最高端与岸墙相连，最低端落在铺盖上。

3）下游连接段。对照平面图、纵剖视图、上、下游立面图和 $B—B$、$C—C$ 两个断面图可知，下游连接段的翼墙为扭平面，材料为浆砌块石。与闸底板相连的为消力池，长为 8200mm，深为 400mm，材料为钢筋混凝土。海漫为干砌块石，长度为 4600mm，海漫部分设四排排水孔，其下铺设反滤层，反滤层具体做法见纵剖视图。下游护底为干砌块石，护坡为浆砌块石。

（3）综合整理。将上述读图的成果对照图 9-22 水闸立体示意图综合归纳，想象出进水闸的整体形状。

该进水闸为两孔闸，每孔净宽 2600mm，总宽度 6000mm，设计水位 5.00m，灌溉水位 4.80m。上游连接段以斜降式八字翼墙与闸室相连。闸室为"山"字形整体结构，闸门为升降式平面闸门，闸室上部有工作桥、交通桥，其盖板均为钢筋混凝土构件。下游段与闸室相连的依次为消力池、海漫，两岸翼墙为扭曲面翼墙。

9.4.3 水工图的绘制

绘制水工图一般遵循以下步骤：

（1）熟悉资料，分析确定表达方案。

（2）选择适当的比例和图幅。应力求在表达清楚的前提下选用较小的比例，枢纽平面设置图的比例一般取决于地形图的比例，按比例选定适当的图幅。

（3）合理的布置视图。按所选取的比例估计各视图所占范围，进行合理布置，绘制出各视图的作图基准线。视图应尽量按投影关系配置，有联系的视图应尽量布置在同一张图纸内。

  （4）绘制各视图底稿。绘制图时，应先绘制大的轮廓，后绘制细部；先绘制主要部分，后绘制次要部分。

  （5）绘制断面材料符号。

  （6）标注尺寸和注写文字说明。

  （7）检查、校对、加深。

思考与练习题

一、单选题

1. 表达水利工程的布局、位置、类别等内容的图样是（　　）。
   A. 建筑物结构图　　　B. 规划图　　　C. 施工图　　　D. 下游立面图

2. 根据投射方向，枢纽布置图应该是（　　）。
   A. 立面图　　　　　　B. 平面图　　　C. 主视图　　　D. 左视图

3. 表达水工建筑物形状、大小、构造、材料等内容的图样是（　　）。
   A. 轴测图　　　　　　B. 施工导流图　　C. 枢纽布置图　　D. 建筑物结构图

4. 施工阶段绘制的图样是（　　）。
   A. 地形图　　　　　　B. 枢纽布置图　　C. 基础开挖图　　D. 规划图

5. 反映建筑物高度的视图，在水工图中称为（　　）。
   A. 立面图　　　　　　B. 平面图　　　C. 左视图　　　D. 俯视图

6. 在水工图中，将视向顺水流方向所得到的立面图称为（　　）。
   A. 上游立面图　　　　B. 下游立面图　　C. 合成视图　　D. 纵剖视图

7. 平行水闸轴线剖切得到的剖视图是（　　）。
   A. 横剖视图　　　　　B. 局部剖视图　　C. 纵剖视图　　D. 纵断面图

8. 垂直土坝坝轴线剖切得到的断面图是（　　）。
   A. 横剖视图　　　　　B. 纵剖视图　　　C. 纵断面图　　D. 横断面图

9. 下列哪些图样中需要画出详图（　　）。
   A. 枢纽布置图　　　　B. 建筑物结构图　C. 规划图　　　D. 地形图

10. 挡水建筑物平面布置图上的水流方向应该是（　　）。
    A. 从左到右　　　　B. 自下而上　　　C. 自上而下　　D. 任意方向

11. 水闸平面图上的水流方向应该是（　　）。
    A. 从左到右　　　　B. 自下而上　　　C. 自上而下　　D. 任意方向

12. 水闸的一半绘制上游半立面，一半绘制下游半立面得到的图样是（　　）。
    A. 阶梯视图　　　　B. 半剖视图　　　C. 纵剖视图　　D. 合成视图

13. 水闸的平面图以对称线为界只绘制一半采用的是（　　）。
    A. 省略画法　　　　B. 简化画法　　　C. 示意画法　　D. 半剖视图

14. 某水闸上消力池的排水孔，只绘制出几个圆孔，其余的均绘制出中心线，采用的是什么画法（　　　）。

    A. 省略画法　　　　　　B. 简化画法　　　　C. 连接画法　　　　D. 示意画法

15. 某溢流坝的立面图上绘制出了闸门，采用的画法是（　　　）。

    A. 简化画法　　　　　　B. 示意画法　　　　C. 详图　　　　　　D. 拆卸画法

16. 隧洞的桩号 0+000 应该标注在（　　　）。

    A. 隧洞的尾端　　　　　B. 隧洞的中间　　　　C. 闸门槽处　　　　D. 隧洞的起始端

17. 某桩号为 1+130.00，则表示（　　　）。

    A. 长度 1130m　　　　　　　　　　　　　B. 宽度 130m

    C. 该桩号处距离起点 1130m　　　　　　　D. 高程 1130.000m

18. 某对称水闸宽度方向尺寸基准的位置是（　　　）。

    A. 水闸对称轴线　　　　B. 闸门槽处　　　　C. 水闸起始端　　　D. 水闸尾端

19. 土坝的定位基准是（　　　）。

    A. 上游坝脚　　　　　　B. 上游坝坡　　　　C. 坝轴线　　　　　D. 下游马道

20. 在水工图中需要绘制出地形、方位、河流方向的图样是（　　　）。

    A. 详图　　　　B. 纵剖视图　　　　C. 横断面图　　　　D. 枢纽平面布置图

二、简答题

1. 水工图分为哪几类？它们分别在哪个阶段使用？主要内容是什么？

2. 在视图的配置中，对水流方向的要求是什么？

3. 水工图的尺寸标注法有哪些规定？

4. 拆卸画法和断开画法有什么区别？分别在什么情况下使用？

5. 高程的标注法有哪些要求？

6. 试简述水工图的识读步骤和方法。

7. 表达水闸的工程图样通常有哪些？如何识读？

8. 绘制水工图一般应遵循哪些步骤？

参考文献

[1] 王　侠. 工程制图与识图 [M]. 北京：中国电力出版社，2011.

[2] 曾令宜. 工程制图 [M]. 北京：中国水利水电出版社，2004.

[3] 朱育万，卢传贤. 画法几何及土木工程制图 [M]. 北京：高等教育出版社，2005.

[4] 何铭新，郎宝敏，陈星铭. 建筑工程制图 [M]. 北京：高等教育出版社，2004.

[5] 丁宇明，黄水生. 土建工程制图 [M]. 北京：高等教育出版社，2004.

[6] 郑国权. 道路工程制图 [M]. 北京：人民交通出版社，2004.

[7] 孙世青，曾令宜. 水利工程制图 [M]. 北京：高等教育出版社，2001.

[8] 关俊良，孙世青. 土建工程制图与 AutoCAD [M]. 北京：科学出版社，2004.

[9] 王秀英. 水利工程制图 [M]. 南京：河海大学出版社，1989.

[10] 中华人民共和国机械工业部，中华人民共和国国家标准，技术制图 [M]. 北京：中国标准出版社，2008.